實用家庭電器修護(下)

蔡朝洋、陳嘉良　編著

全華圖書股份有限公司

國家圖書館出版品預行編目資料

實用家庭電器修護 / 蔡朝洋, 陳嘉良編著. -- 五
版. -- 新北市 ： 全華圖書股份有限公司,
2023.06
　　冊 ； 公分
ISBN 978-626-328-472-2(下冊 ：平裝)

1.CST: 家庭電器　2.CST: 機器維修

448.4　　　　　　　　　　　　112007710

實用家庭電器修護(下)

作者 / 蔡朝洋、陳嘉良

發行人 / 陳本源

執行編輯 / 葉書瑋

出版者 / 全華圖書股份有限公司

郵政帳號 / 0100836-1 號

印刷者 / 宏懋打字印刷股份有限公司

圖書編號 / 0018304

五版一刷 / 2023 年 08 月

定價 / 新台幣 400 元

ISBN / 978-626-328-472-2 (平裝)

全華圖書 / www.chwa.com.tw

全華網路書店 Open Tech / www.opentech.com.tw

若您對書籍內容、排版印刷有任何問題，歡迎來信指導 book@chwa.com.tw

臺北總公司(北區營業處)
地址：23671 新北市土城區忠義路 21 號
電話：(02) 2262-5666
傳真：(02) 6637-3695、6637-3696

南區營業處
地址：80769 高雄市三民區應安街 12 號
電話：(07) 381-1377
傳真：(07) 862-5562

中區營業處
地址：40256 臺中市南區樹義一巷 26 號
電話：(04) 2261-8485
傳真：(04) 3600-9806(高中職)
　　　(04) 3601-8600(大專)

作者序

　　近二、三十年來，我國國民生活水準不斷提高，一般家庭已進入電化階段，各電器製造廠商亦不斷地推出各種新穎實用的電器，以供大眾需求。

　　在生活已脫離不了電化製品的今天，各種電器的構造、原理及使用上的注意事項等，已成了現代國民的必備知識。編者深感家庭電器類技術書籍之缺乏，乃貿然將歷年收集之資料與個人研究所得編輯完成此書。

　　本書將各種家庭電器分門別類的按其原理、構造、安裝要領、故障檢修等順序，以淺明的文字加以詳述，並附有極豐富的插圖，以幫助讀者了解。本書內容之最大特色為著重實際；理論部份深入淺出，而實作部份詳盡透徹。研讀本書不必具有高深的電學基礎，本書說理絕無艱澀深奧之處，解說亦無繁雜難懂之弊。本書不僅適用於高級工業職業學校，亦可供科大相關科系及電工從業人員進修或參考之用。

　　第一章及附錄，是專為初學者而寫的，相信對初學者進入電器檢修的領域有不少的幫助。

　　編者才疏學淺，經驗見識有限，疏漏之處或在所難免，尚祈電機界先進及讀者諸君惠予指正是幸。

　　　　　　　　　　　　　　　　蔡朝洋　謹誌

　　　　　　　　　　　　　　　　2023.8

再版序

科技日新月異、突飛猛進，在家庭電器方面，無論是外觀造型、實用性及製造技術更是一日千里。

筆者將電器修護工作的數年經驗、救國團嘉義技藝研習中心家庭電器修護教學經歷，以及過去所累積之資料，完成新增之電器單元。家庭電器修護是一項非常重要且生活化的實用技術，希望能對於有興趣從事家庭電器修護之讀者有所助益，進而能自己動手檢修。

此次參與實用家庭電器修護（上／下）之修訂工作，筆者十分感謝蔡朝洋老師的指導，且承蒙國立新營高工王主任啓雄所給予之協助，並感謝全華圖書編輯部的鼎力相助，尚祈讀者不吝給予指教。

陳嘉良　謹誌

　　「系統編輯」是我們的編輯方針，我們所提供給您的，絕不只是一本書，而是關於這門學問的所有知識，它們由淺入深，且循序漸進。

　　本書將各種家庭電器分門別類地按其原理、構造、安裝要領、故障檢修等順序，以淺明的文字加以詳述，並附有極豐富的插圖，以幫助讀者了解。本書內容之最大特色為著重實際；理論部份深入淺出，而實作部份詳盡透徹。研讀本書不必具有高深的電學基礎，本書說理絕無艱澀深奧之處，解說亦無繁雜難懂之弊。本書適用於科大電機系「家電修護」及家電從業人員或有興趣之讀者使用。

　　同時，為了使您能有系統且循序漸進研習相關方面的叢書，我們以流程圖方式，列出各有關圖書的閱讀順序，以減少您研習此門學問的摸索時間，並能對這門學問有完整的知識。若您在這方面有任何問題，歡迎來函聯繫，我們將竭誠為您服務。

相關叢書介紹

書號：00160
書名：實用家庭電器修護(上)
編著：蔡朝洋.陳嘉良

書號：03797
書名：電工法規
　　　(附參考資料光碟)
編著：黃文良.楊源誠.蕭盈璋

書號：03782
書名：家庭水電安裝修護 DIY
編著：簡詔群.呂文生.楊文明

書號：03469
書名：冷凍空調概論
　　　(含丙級學術科解析)
編著：李居芳

書號：04839
書名：丙級冷凍空調技能檢定學術科
　　　題庫解析(附學科測驗卷)
編著：亞瓦特工作室.顧哲綸.鍾育昇

書號：03812
書名：冷凍空調實務
　　　(含乙級學術科解析)
　編著：李居芳

書號：04844
書名：丙級電器修護學術科分章
　　　題庫解析
　　　(附學科測驗卷)
編著：陳煥卿

流程圖

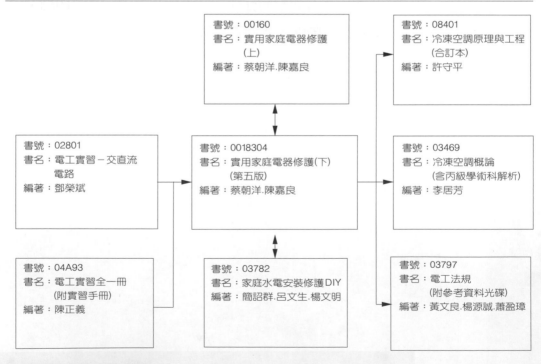

目
錄

第六章　旋轉類電器

第七章　冷凍類電器

附 錄

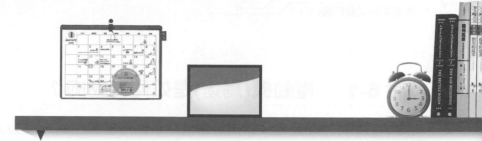

chapter

6

旋轉類電器

🍚 6-1　電動機(馬達)是如何轉動的？

若將載有電流之導體置於磁場中，則導體將受到一個力，此乃電動機之根本原理。一切電動機莫不遵此現象而運行。

載流導體受力之方向則可用弗來明左手定則決定之。將左手之姆指、食指及中指伸直，使互成直角，如圖 6-1-1 所示，食指代表磁場方向，中指代表電流之方向，則姆指所指之方向即為導體受力(運動)之方向。受力之大小則與磁通密度、電流大小及導體的有效長度(磁場內之部份)成正比，即

$$F = B \times l \times i \quad 牛頓$$

F：導體所受之力，牛頓

B：磁通密度，韋伯／米^2

l：導體的有效長度，公尺

i：所載電流，安培

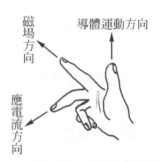

圖 6-1-1　弗來明左手定則(電動機作用)　　圖 6-1-2　弗來明右手定則(發電機作用)

電動機 (Motor，又稱為馬達) 的轉子是聯合很多根載流導體而成，故置於磁場中，能產生相當大的旋轉轉矩。

反之，若將導體置於磁場中運動，則會在導體上產生感應電勢，導體兩端接至負載，則有應電流產生，此應電流之方向，可用圖 6-1-2 所示之弗來明右手定則決定之。而其應電勢之大小與磁通密度、導體的有效長度及導體的運動速度成正比，即

$$E = B \times l \times v \quad 伏特$$

E：應電勢，伏特

B：磁通密度，韋伯／米^2

l ：導體的有效長度，公尺，米

v ：導體的運動速度，米／每秒

 ## 6-2　電動機內之磁通及轉子電流之形成

一、定子磁通之形成

　　電動機內之磁通是如圖 6-2-1 所示，由漆包線繞成的磁極所產生的，磁極多是電動機的固定部份，故接入電流甚易。

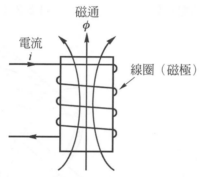

圖 6-2-1　電流通過線圈，會產生磁通

二、轉子內電流之產生

　　轉子電流之獲得有兩種方式。一種是靠感應而得，另一種則由外部經電刷並經換向器適當換向後加入，採用前一種方式者稱為感應電動機，採用後一種方式者稱為整流子電動機。茲分別說明如下：

1.　**感應電動機**

　　感應電動機轉子電流之產生及轉子何以會轉動，我們可由阿拉哥圓盤實驗明白得知。圖 6-2-2 所示者，即為著名的阿拉哥圓盤實驗。當磁鐵沿圓板的周緣順時針方向移動時，圓板被磁力線切割而產生應電流，由弗來明右手定則可知電流由周緣向軸心流動(磁極順時針切割鋁板，等於鋁板逆時針切割磁力線。此猶如火車前進而去，站在地面上的某甲望之為火車前進，但火車上的某乙回顧之，卻為地面上的某甲在往後退。)，此應電流與磁鐵之磁場相作用，圓板即以較磁鐵為低之速度與磁鐵同方向移動之(此可由弗來明左手定則得知)。

　　圖 6-2-3 為阿拉哥圓盤之變形，當磁鐵以箭頭方向移動時，圓筒亦跟著以同方向移動。圖 6-2-4 是圖 6-2-3 的臥式，其情形幾與電動機相似。

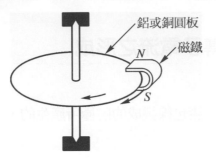

圖 6-2-2　阿拉哥圓盤實驗

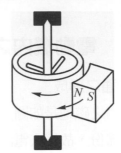

圖 6-2-3　阿拉哥圓盤之變形

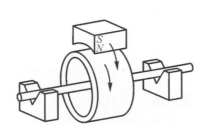

圖 6-2-4　圖 6-2-3 的臥式

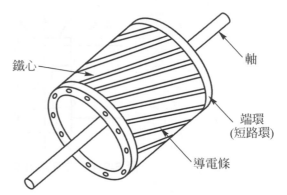

圖 6-2-5　鼠籠式轉子

　　若我們將圓筒改為圖 6-2-5 所示，在圓形鐵心的表面上裝有銅或鋁條，並於兩端短路起來之鼠籠式轉子，則轉子亦將與磁場的移動同方向的旋轉起來。此即成了鼠籠式感應電動機。目前(小型)感應電動機多採用此種鼠籠式轉子。鼠籠式轉子之導電條斜一個間隔放(稱為斜形槽)，乃為減少齒諧波，並使轉子在任何位置都能發生相同的起動轉矩。

　　由以上說明可知一事實，即感應電動機的轉子雖有電流以產生轉矩(使轉子旋轉之力量謂之轉矩)使轉子跟隨磁場而旋轉起來，但轉子之電流完全是以"感應方式"由外圍的旋轉磁場引入，轉子本身是不直接與電源相接的。"感應"電動機一辭乃因而得名。

　　在轉子周圍加上旋轉磁場，即能使轉子跟隨旋轉磁場同方向轉動之事實，請牢記之。一切感應電動機都是利用旋轉磁場驅動轉子。

　　圖 6-2-2、圖 6-2-3 及圖 6-2-4 中,旋轉的永久磁鐵所產生之磁場即是旋轉磁場。在實際的感應電動機中,並不以永久磁鐵轉動來產生旋轉磁場,而是另有它法,請見下節(6-3 節)之說明。

　　自西元 1887 年感應電動機問世以來,已幾乎完全取代了其他各種原動機,而成為最主要、最普偏的原動機。因為它有著下列六大優點:
(1)　體積小、重量輕、構造簡單、容易保養。
(2)　可直接利用商用電源(即電力公司供應之電源),使用簡便。
(3)　故障少、壽命長。
(4)　起動、停止容易。
(5)　振動、噪音小。
(6)　大量生產、價格低廉。

2.　**整流子電動機**

　　整流子電動機轉子之電流是由外電路直接加入。

　　換向器 Commutator 又稱整流子,其作用乃將外加之電流經適當轉換後才輸入電樞(繞組),使之產生定向之轉矩而旋轉。

　　電刷之功用在將外加電流傳送給換向器,以輸入電樞之繞組內。電刷多由碳與石墨組成,故又稱碳刷。

　　最常用的整流子電動機為串激電動機,其構造如圖 6-2-6 所示。

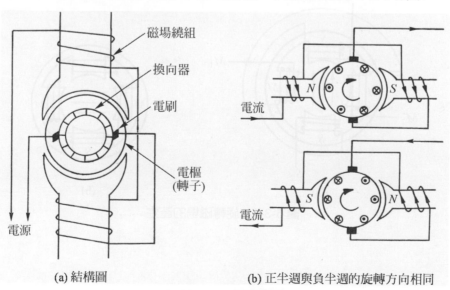

(a) 結構圖　　　　　　　　(b) 正半週與負半週的旋轉方向相同

圖 6-2-6　串激電動機

6-3　單相電動機之特性

　　三相感應電動機，雖是一種極佳之電機，被廣泛使用於工業界。但是三相電源在一般家庭裡取之不易，因此單相電動機便在家庭電器裡大行其道。

　　單相感應電動機加上電源後，猶如二次側短路的變壓器一般，無法自己起動，此乃沒有旋轉磁場產生之故。因此需設法令單相電源產生二相電流以獲得旋轉磁場。

　　現在讓我們先看看二相電流如何產生旋轉磁場，稍後才討論由單相電源獲得二相電流之各種實用方法。

一、二相電流如何產生旋轉磁場

　　設感應電動機之定部有兩組磁極，其空間位置互差 90°。如圖 6-3-1(e)所示，在輔助繞組 S_1S_2 兩出線端通入時間相位超前 90°之電流，並將較通入 S 繞組落後 90°之電流通入主繞組 M 之兩出線端 M_1M_2，則在(e)圖中的 a 位置時，定部磁場之方向如(a)圖所示，於 b 位置時磁場之方向如(b)圖所示，已順時針旋轉 90°，在 c、d 兩位置時之磁場方向則分別對應於(c)、(d)兩圖。觀察(a) → (b) → (c) → (d)圖之變化，當知磁場是以順時針方向在旋轉。而且磁場必自電流相位在前的磁極移向電流相位在後的磁極。(S 繞組通入相位超前於 M 繞組之電流，結果磁場之旋轉方向是由 S_1，往 M_1，由此可見磁場必自電流相位超前的磁極移向電流相位落後之磁極。)

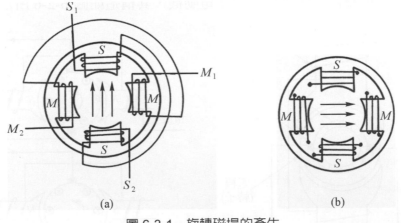

(a)　　　　　　　　　　　　　　　(b)

圖 6-3-1　旋轉磁場的產生

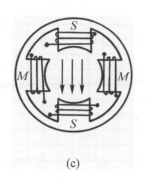 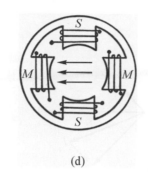 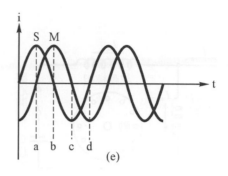

(c)　　　　　　　　(d)　　　　　　　　(e)

圖 6-3-1　旋轉磁場的產生(續)

　　若欲使磁場逆時針方向旋轉，只要將主繞組或輔助繞組之兩出線頭反接入電源即可。亦即只要使繞組 M 與 S 間之相位關係反相 180° 即能獲得反轉。

　　綜觀圖 6-3-1 可知，將二相交流電流通入二相隔 90° 之磁場繞組時，即可產生一隨時間而變化的旋轉磁場。單相感應電動機雖然沒有自己啓動的能力，但若利用電容、電阻、電感等特性，加以適當的組合，使外加單相電壓時，通入主繞組(行駛繞組)及輔助繞組(起動繞組)之電流，彼此有 90° 之時相差(此方法稱為剖相)，就可以產生旋轉磁場，使電動機轉動。

二、單相感應電動機之起動方法

1. 電容起動式電動機

　　如圖 6-3-2(a) 所示，一較大電感性之行駛繞組及較小電感性之起動繞組，兩者空間位置相差 90°，後者串聯適當的電容器及離心開關，再使兩繞組並聯，接上單相電源。當電動機靜止時，離心開關閉合，若施以單相電壓，則通入二繞組之電流可互成 90°。[圖 6-3-2(b)中所示，起動繞組電流 I_a 領前電源電壓 V (其領前之角度視串聯電容 C 容量之大小及繞組本身之電阻、電感而定)，行駛繞組的電流 I_m 則落後電源電壓 V，適當的選擇電容量即可使 I_a 與 I_m 適成 90°。]

　　起動繞組串聯之電容器，容量較大，是使用電解電容器，待起動至 75%同步轉速時，藉離心開關切離電路，使之成單相感應運轉。

　　於圖 6-3-2(c)的轉矩──速率特性曲線，可看出它有一高值之起動轉矩。圖中在速率達 75%左右時轉矩猛然下降，乃因離心開關動作所致。

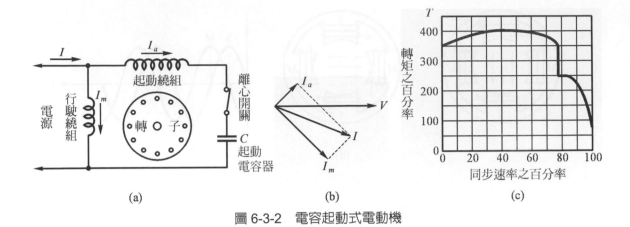

圖 6-3-2　電容起動式電動機

2. 永久電容分相式電動機

　　永久電容分相式電動機又稱電容起動兼運轉式電動機，如圖 6-3-3(a)所示，電容分相之起動繞組於起動後仍繼續連接於電路，使運轉時仍與二相感應電動機一般。因有電容器存在於電路中，使起動繞組取入進相電流，故功率因數得以改善；同時因兩相之旋轉磁場產生之轉矩較單相轉矩之脈動成份為小，故運轉雜音較小，振動亦減少。由於電容值較小，故起動轉矩亦小，如圖 6-3-3(b)所示。

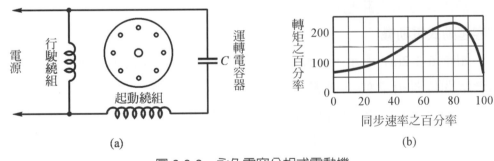

圖 6-3-3　永久電容分相式電動機

3. 雙值電容式電動機

　　為獲得高值之起動轉矩及良好的運轉，可如圖 6-3-4(a)所示同時使用兩個電容器。一個暫時性之大容量電容器 C_2 於起動後切離電路；另一個小容量之電容器 C_1 則永久串接於起動繞組。圖 6-3-4(a)所示即為此種雙值電容式電動機之線路。圖 6-3-4(b)所示為其轉矩——速率特性曲線。雙值電容分相式電動機主要用於啟動轉矩較大之器具。

　　不同規格的電動機，搭配的電容大小也不同，所以維修時必須照原來的規格換新。電容器的外形如圖 6-3-5 所示。

　　離心開關的外形如圖 6-3-6 所示，由公離心開關與母離心開關組成。母離心開關固定在馬達的端板，公離心開關用螺絲固定在馬達的轉軸，公頭壓住母片，使接點閉合。當馬達的轉速達到大約 75%時，離心力使公頭收縮，所以母片彈開，接點打開。

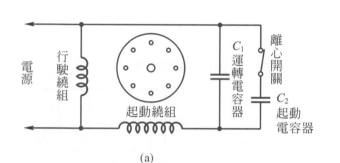
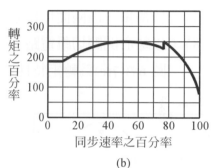

(a) 　　　　　　　　　　　　　　　　　　(b)

圖 6-3-4　雙值電容式電動機

圖 6-3-5　電容器的常見外形

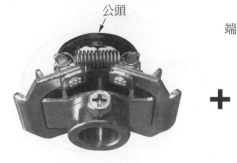

公離心開關　　　　　　　　　　　　母離心開關

圖 6-3-6　離心開關是由公離心開關與母離心開關組成

4. 分相式起動電動機

圖 6-3-7(a)所示即為(電感)分相式電動機，連起動電容器也省去。

較小電感性之起動繞組與電感性較大之行駛繞組，兩者電流之相角差雖然不足 90°，還是可以產生旋轉磁場。

因行駛繞組之電阻甚低 (使用較大截面積之漆包線繞製，因此電阻較低)，且位於槽底，故其電感甚高。反之，起動繞組是以細漆包線繞成，其電阻較大，且位於槽頂，僅兩面為鐵心所包圍，故其電感較小，待起動至 75% 同步速率時，以離心開關切離電路。

圖 6-3-7(c)為轉矩特性。分相式電動機主要用於起動轉矩較小之泵。

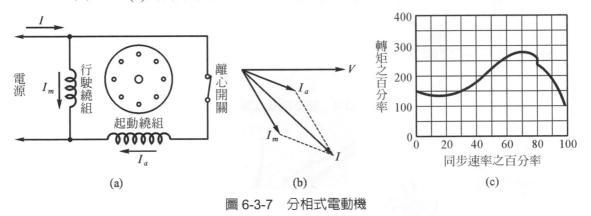

圖 6-3-7　分相式電動機

5. 蔽極式電動機

蔽極式電動機定子之構造如圖 6-3-8(a) 所示，於繞有主繞組的凸極上約三分之一位置處，開有一個槽，用粗銅線或銅片繞一或二圈並短路之(此短路銅環稱為蔽極線圈)，使得每主極上均有一小磁極，即蔽極。主繞組則互相串接。

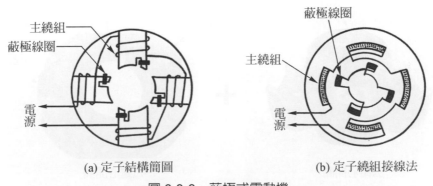

(a) 定子結構簡圖　　　　(b) 定子繞組接線法

圖 6-3-8　蔽極式電動機

有些蔽極式電動機的定子磁極，不用凸極，而用與一般分相式電動機相同之定子，但定子的鐵心有許多槽，各蔽極串聯成一長蔽路，如圖 6-3-8(b)所示。主繞組之接法則與(a)圖同。

主繞組是以交流激磁，產生變化之磁通時，蔽極線圈依楞次定律，將產生感應電流反對磁通的變化。當主磁通增加時，應電流反對其增加，大部份磁通將通過主磁極，如圖 6-3-9(a)。當主繞組中之電流及主磁通達到最大值時，其磁通變化為零，故在蔽極中無應電流產生，主磁通得以通過蔽極部分，如圖 6-3-9(b)。當主磁通減少時，則應電流反對其減少，如圖 6-3-9(c)。綜觀以上磁通之變化，顯而易見的，磁通是從主磁極移向蔽極部分，亦即產生了旋轉磁場。

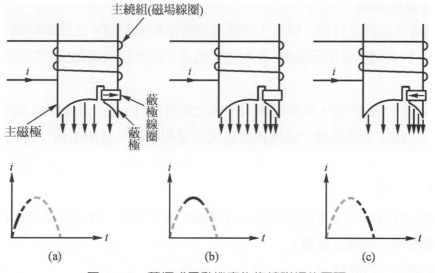

圖 6-3-9　蔽極式電動機產生旋轉磁場的原理

此式電機構造最簡單，價格較廉又不容易故障，但起動轉矩較小，效率較低。圖 6-3-10 為其轉矩特性曲線。蔽極式電動機用於只需較小起動轉矩，如小型電機──吹風機、浴室抽風機或吊扇等。圖 6-3-11 為浴室抽風機所用蔽極式電動機之實體圖。

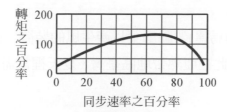

圖 6-3-10　蔽極式電動機之轉矩特性曲線

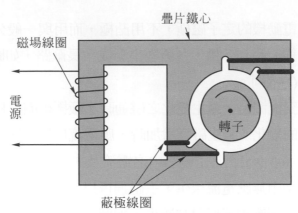

圖 6-3-11　小型蔽極式感應電動機之實體圖

三、交流串激電動機

交流串激電動機之特性、構造，與直流串激電動機類同。此種電動機交流或直流電均可運用，故又稱為通用電動機、普用電動機或交直流兩用電動機。其構造如圖 6-2-6 所示。

依據弗來明左手定則，可知磁場或電樞之電流方向，任一改變時，將改變電動機之旋轉方向；因串激電動機之磁場繞組是與電樞相串聯，雖所加為交流電(源)，但當磁場之電流方向改變時，電樞電流之方向亦同時改變，故無論交流電之變更，其旋轉方向維持固定不變。

串激電動機遇負載重時速度減慢，負荷輕時速度增快，通常運用於果汁機、吸塵器、手提電鑽等小型電器設備。

串激電動機之特點為：

1.　起動電流低，但起動轉矩大。

2.　可得甚高轉速，遠超過感應電動機。

3.　轉速容易調整。

6-4　電扇

電扇是由電動機(俗稱馬達)帶動扇葉以產生風的裝置。由於人體感到舒服的溫度大約在 20～26℃之間，因此在亞熱帶地區臺灣，夏天裡常需藉電扇使溫度降低，以進入舒服的溫度範圍。

6-4-1 電扇的種類

電扇可由扇葉直徑分類，通常以扇葉尖端所畫圓形之直徑表示大小，小者 8 吋，大至 60 吋。由構造分：有桌扇、立扇、吊扇(請見圖 6-4-1)及壁扇(見圖 6-4-29)四種。

桌扇多為 8～14 吋，立扇多為 14～16 吋，壁扇多為 12～18 吋，吊扇則為 36～60 吋。

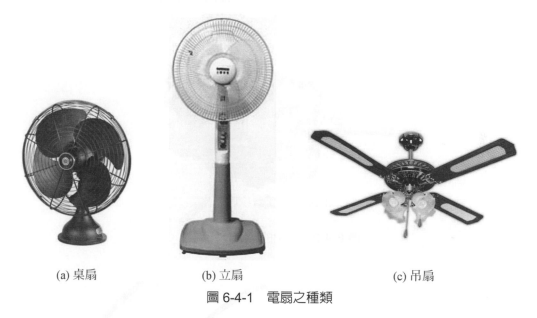

(a) 桌扇　　　　　(b) 立扇　　　　　(c) 吊扇

圖 6-4-1　電扇之種類

6-4-2 桌扇與立扇

一、構造

立扇除了底座與電動機部份間連接的支架較桌扇長外，其餘部份與桌扇相同，均由扇葉、保護網、電動機、調速器及搖擺齒輪等主要部份構成。其扇葉形狀，舊時多採用細小的葉片，風量猛但雜音大，現僅使用於工廠，家庭用之風扇則已全採用寬潤的 Q 形扇葉(又稱橢圓形扇葉)，蓋其風量緩和、風域寬敞，吹起來非常舒服之外，雜音非常小。扇葉多由塑膠製成，大型電扇及需要高轉速的電扇始由鋁、鐵等金屬片製成。扇葉的重心應在軸孔的正中央，如此才能很平穩的旋轉而不致發生雜音。

電扇的保護網旨在使使用者不致觸及旋轉中的扇葉而發生意外的傷害，一方面也增加了電扇的美觀。由於寬扇葉的使用減少了碰觸時的危險性，保護網已由昔日的細小型逐漸增大，特別著重於美觀。有些公司為了顧及美觀及安全，推出了一觸保護網扇葉即停的"安全電子扇"。

　　由於電容器品質之進步，及電容式電動機之效率高，立扇及桌扇全採用電容起動兼運轉式電動機(永久電容分相式電動機)作電扇的心臟。由專用電扇而設計的高性能電容器式馬達，其槽距為一般馬達的二倍，因此起動快速而用電省。溫升低，旋轉圓滑，無雜音。可連續旋轉 15,000 小時以上，保證絕不故障。電扇馬達如圖 6-4-2 所示。

　　電扇用電容器的外形如圖 6-4-3 所示。當電容器故障時，電扇會產生不轉、轉速慢等故障情形。

圖 6-4-2　電扇的心臟——馬達

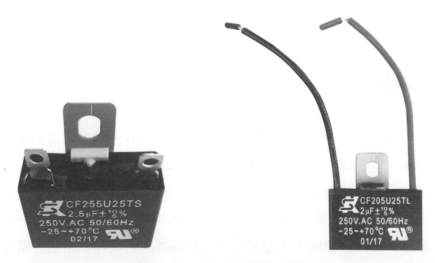

圖 6-4-3　電扇用電容器的外形

　　電扇擺頭傳動裝置是利用轉子轉動的力量帶動擺頭，如圖 6-4-4 所示。當壓下離合器軸時，螺齒輪與離合器軸連成一體，於是搖擺齒輪得到離合器軸的傳動，同時定距臂的支點不在搖擺齒輪的軸心上，造成力臂，導致電扇擺頭。相反的，拉上離合器

軸時，離合器軸被固定在離合器蓋上，而與螺齒輪分離，因此搖擺齒輪得不到傳動，擺頭當然靜止不動。

　　最近，有許多較新型的電扇，採用彈簧線離合器(Clutch)代替一般電扇調整風向俯仰角度之蝶螺絲。此種上下俯仰機構是利用馬達本身之重力與俯仰彈簧所產生之平衡力矩而靜止。當其受外力時即隨其所受外力之情況而改變其上仰或下俯之位置，其平衡之位置隨外力之大小與鋼球對其固定板之位置而定。讀者看到實物後，只要稍加思索，當不難了解其動作原理。圖 6-4-5 所示為國際牌電扇的「上下俯仰裝置」結構圖，可供參考。

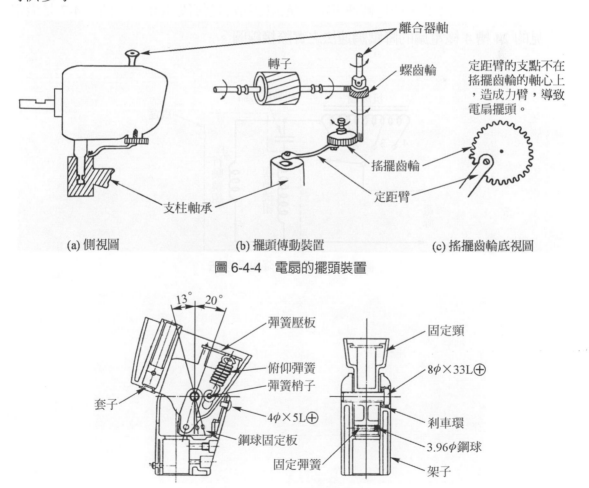

(a) 側視圖　　　　　　　(b) 擺頭傳動裝置　　　　　(c) 搖擺齒輪底視圖

圖 6-4-4　電扇的擺頭裝置

圖 6-4-5　上下俯仰裝置

二、調速的方法

　　電扇為了適應氣溫之不同及各人之愛好，一般皆設有調速裝置，其調速方法有三，茲分別說明如下：

1. 降壓調速法

　　此種調速法所用之調速器是一種抗流線圈，附有 4～6 個接線端，與電動機繞組串聯，降低電動機接用之電壓，以達調速之目的，如圖 6-4-6 所示。

　　因抗流圈與電動機串聯，使部份的電壓降落在抗流圈上(線路電流與抗流圈阻抗之積為其壓降)，以致接到電動機之電壓減低，鼠籠式轉子在磁場中所感應的電流減小、轉矩降低，於是轉速下降。抗流圈通常是每段 100 匝。圖 6-4-7 是最常見的 24 槽 4 極電扇的降壓調速法之實際接線圖。

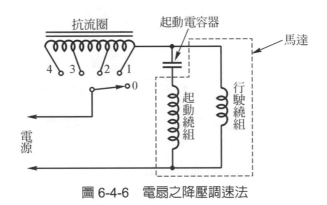

圖 6-4-6　電扇之降壓調速法

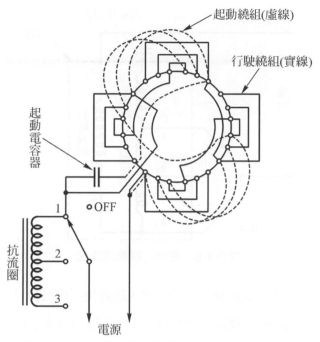

圖 6-4-7 24 槽 4 極電扇的降壓調速實際接線圖

2. 線圈調速法

　　電動機除行駛繞組與起動繞組外，多繞一組調速繞組，將此調速繞組與行駛繞組串聯，變動行駛繞組所串聯調速繞組之匝數，亦可達到調速的目的，如圖 6-4-8 所示。當切換開關置於"低"時，調速繞組全部串聯在行駛繞組上，a_1a_2 兩端之電壓降低，鼠籠式轉子在磁場中所感應的電流相對的減少，故其轉速低。當切換開關置於"高"時，行駛繞組 a_1a_2 直接跨接於電源，而得高速。切換開關置於"中"時，部份調速繞組與行駛繞組串聯，故轉速居於"高"與"低"之間。

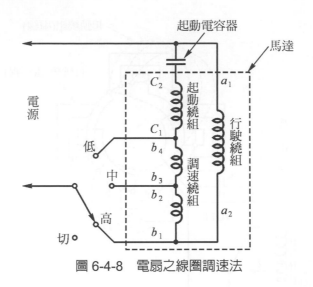

圖 6-4-8　電扇之線圈調速法

　　此種有三組繞組之電動機，必須注意各組線圈的放置位置(凡以導體環繞成圈者稱為線圈。把二個或二個以上之線圈予以適當連接而成者即稱為繞組。)，通常如圖 6-4-9(b)所示，將調速線圈與起動線圈同相位裝置。雖然理論上可將調速線圈與行駛線圈同相位裝置，但行駛線圈不但匝數多，且線徑大，若將兩組線圈同相位裝置，恐怕定子的槽容納不下，故與實用略有出入。

　　圖 6-4-9 係一 16 槽 4 極電扇，線圈調速法之實際接線圖。(a)圖為其電路圖。(b)圖為線圈在槽內之配置圖。(c)圖為每組繞組的連接情形，同組繞組，每相鄰的線圈需接成異性磁極，例如：A_1 為 N 極時，A_2 需為 S 極，A_3 為 N 極，A_4 為 S 極。起動繞組，調速繞組亦如此接法。(d)圖為各繞組間之連接情形，共有五出線頭，各出線頭之連接法，可參看(a)圖或圖 6-4-8。

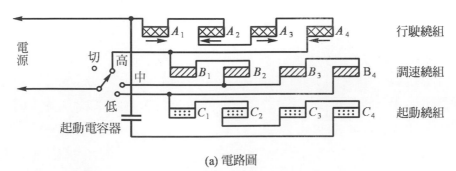

(a) 電路圖

圖 6-4-9　16 槽 4 極電扇，線圈調速法之實際接線圖

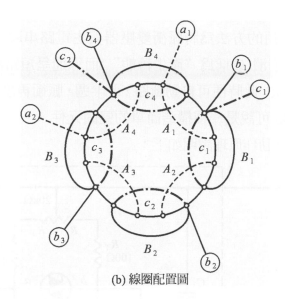

(b) 線圈配置圖

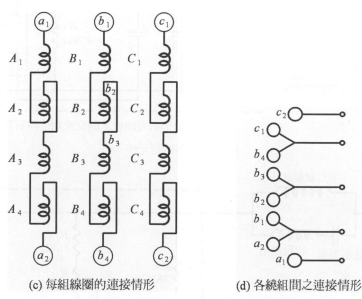

(c) 每組線圈的連接情形　　　　(d) 各繞組間之連接情形

圖 6-4-9　16 槽 4 極電扇，線圈調速法之實際接線圖(續)

3. 無段調速法

　　無段調速電扇盛行已久。是利用交流相位控制器與馬達串聯，直接控制輸入馬達的功率，以達調速的目的。

　　無段變速電風扇多年前由順風公司首先在台推出，電路如圖 6-4-10(a)所示。所使用的控制元件為 SSS(Silicon Symmetrial Switch 之縮寫)，SSS 是一種交流雙方向開關，其特性與 DIAC 相似，只要兩端所加的電壓達到特定值(轉態

電壓)即導通，使用的方法為將脈衝變壓器與主電路串聯，利用強力的脈衝電壓加於 SSS 使之崩潰(或稱為"產生轉態")而導通呈短路狀態。因交流電流每半週必成為零一次，此時便可自動斷路，下半週，脈衝再度加上使之反向崩潰，即再度導通。SSS 可說是一種構造簡單的堅固元件。

茲將圖 6-4-10(a)之動作原理說明如下：

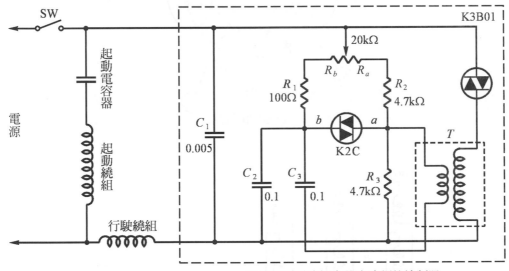

(a) 以 SSS 為控制元件

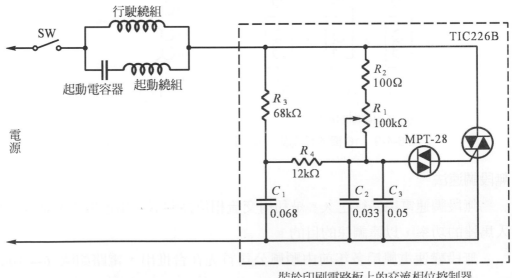

(b) 以 TRIAC 為控制元件

圖 6-4-10　無段變速電風扇

圖中的 K2C 是低壓的 SSS，K3B01 則是高壓的 SSS，當 C_2 經 R_b(可變電阻器的中間臂與左邊接頭間之電阻)及 R_1 而充電，以致 b 點電壓大於 a 點電壓(R_a 及 R_2 與 R_3 在 R_3 兩端之分壓)約 30V 時(K2C 的轉態電壓約 30V)，K2C 即崩潰而導通，此時 C_3(串聯 T 之初級圈跨接於 ab 兩點間)上所儲存之電荷即經脈衝變壓器 T 之初級圈而急速放電，此放電電壓經 1：10 的脈衝變壓器轉換至次級圈即成大約 300V 的強力觸發脈衝，此時 K3B01 兩端即受到 300V 加上在此瞬間之電源電壓的衝擊而導通，行駛繞組於是獲得電壓。當電源電流降至零值時，SSS 自動斷路，待下半週觸發脈衝再度加上時，始反向導通。

當可變電阻之中間臂向右移動時，R_a 之阻值減小，a 點之分壓增大，此時更由於 R_b 之增大使 C_2 之充電速度減慢，雙管齊下使得 b 點要大於 a 點 30V 較慢，K3B01 亦導通的較遲，因此加於電扇之功率較小 (因電壓之有效值減少)，電扇轉速減慢。反之，若將可變電阻的中間臂向左移動，則 a 點之分壓減小，且 C_2 的充電速度加快，故 K3B01 被觸發而導通的較早，加於電扇之功率提高，電扇之轉速即得以加快。

圖 6-4-10(b)為時下最流行的風扇無段調速器之一例。採用 TRIAC 作控制元件。其動作原理已在 3-4 節"無段調光檯燈"中作了詳細的說明，於此不再贅述，讀者只要明白了加給電扇的功率較大時轉速較高，所加的功率小時電扇的轉速低，即可了解圖 6-4-10(b)的調速作用。唯一值得一提的是圖 3-4-4(a)中的 C_2，在圖 6-4-10(b)裡為了獲得適當的電容量而用 C_2 及 C_3 並聯取代之。R_4 之所以僅用 12kΩ，乃因電扇是在某電壓之上才開始轉動，低於此值即不會轉動，此時所加之功率等於是無謂的消耗，故設計於可變電阻器置於最大電阻值時，由 R_4 傳送至 C_2 與 C_3 並聯電容器上之電荷亦足以觸發 TRIAC 導通而加上比最低轉動電壓略低之電壓於風扇，以便 SW 一閉合，風扇的轉速即能在 0～100%之間自由調節。使用圖 6-4-10(b)之電扇無段調速器時，記得不用時需將 SW 開啟(OFF)，以免浪費電力。通常，SW 是與可變電阻器連動的，因此，只要把調速旋鈕(即可變電阻的旋鈕)逆時針轉至盡端，聽到"嗒"的一聲即可。

三、自動停止裝置(睡眠開關)

電扇之自動停止裝置，是在電路上串聯定時開關，設定時間到時自動切斷電源。

🔋6-4-3　國際牌安全電子扇

安全電子扇由國際牌首先在台推出，電路如圖 6-4-14 所示。

安全電子扇係利用人體觸及電扇的護網時，電動機的電源立即由交流切換為直流，產生直流制動作用(又稱動力制動)，在瞬間使扇葉停止轉動，以防止事故發生的電路。

動作原理如圖 6-4-11 所示，當人體觸及電扇的護網時，即有微小的電流循人體 → 大地 → 桿上變壓器的接地電極 → 接地線 → 桿上變壓器 → 插座 → 插頭 → 電子電路 → 電扇的護網 → 人體之通路流動。此微小電流係經由電子電路上的大電阻(圖 6-4-14 之 R_1 及 R_{16} 或 R_{19})而流過，故無觸電之虞。雖然電流大小會因建築物、人體腳上穿的鞋子等而稍有差異，但只需數 μA 的電流即足以使電子電路放大成足夠大的動作電流。

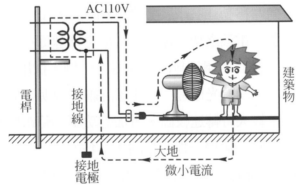

圖 6-4-11　安全電子扇的動作原理

在作安全電子扇的電路分析之前，先將該電路所用到的一個電子計時電路——單穩態多諧振盪器，作個詳盡的說明，俾讀者對於安全電子扇的電路分析能夠很容易的瞭解。

現在把單穩態電路比喻為一扇裝有彈簧的門，平時是關閉的"關"就是它的穩定狀態，當人們推開他時(相當於輸入一個觸發脈衝信號)，門打開了，但由於彈簧的力量，隨後它又自動關上了，恢復原來"關"的狀態。因此"開"是彈簧門的暫時穩定狀態，開門時間的長短，由彈力大小決定。同樣的單穩態多諧振盪器有如下之特性：在觸發脈衝沒有加之前，電路一直保持著一個電晶體截止，另一個電晶體導通的穩定狀態，當輸入一個觸發脈衝以後，電路狀態發生翻轉，進入暫穩定狀態，過了一定時間後，它又自動回復到原來的狀態，而這個暫穩狀態的時間是可以調節的。亦即是說，單穩態多諧振盪器具有穩定狀態外，還具有一個暫穩狀態。

　　圖 6-4-12 是一典型的單穩態電路。電晶體 TR_2 的集極與 TR_1 基極間以 R_k 耦合，R_E 為兩電晶體射極的公共電阻。平時 TR_2 由 R_{B2} 獲得順向偏壓而導通，並處於飽和狀態，其集－射間電壓甚低，使 TR_1 處於截止狀態。很明顯的，TR_2 飽和 TR_1 截止這是電路的穩定狀態，如果沒有外加觸發信號，電路就穩定在這個狀態；此時 TR_1 的集極電位為 V_{CC}，TR_2 的基極電位則甚低(僅約 1 伏特，因為通常 R_E 甚小)，故 C_B 兩端約有近於 V_{CC} 之電壓，當一個正電壓加至 TR_1 基極時(此電壓需高於 TR_2 的射極電流在 R_E 兩端所產生之壓降 V_S 以上，矽質電晶體 V_S 約為 0.8V，鍺質電晶體之 V_S 則約為 0.3V)，TR_1 被觸發而導通，其射極電流在 R_E 上產生一個壓降，使 TR_2 的順向偏壓減小，而且在此瞬間，同時由於 TR_1 的導通，C_B 兩端之電壓加於 TR_2 之基極－射極間使 TR_2 因逆向偏壓而截止，縱然在此時 TR_1 上所加之觸發信號已結束，TR_2 仍然保持於截止狀態，但這種狀態並不能一直維持下去，TR_2 的逆向偏壓會隨著電容器 C_B 如圖 6-4-13 般經 TR_1、R_E、V_{CC} 及 R_{B2} 放電而不斷下降，一旦 TR_2 失去逆向偏壓，TR_2 會立即再度導通，又使 TR_1 截止，電路恢復到原來狀態而穩定下來。彈簧門開的時間長短，由彈力大小決定，單穩態多諧振盪器暫穩態時間的長短則決定於 C_B 的放電時間，這段時間約為 $0.7R_{B2}C_B$ (此公式在 R_E 甚小於 R_{C1} 和 R_{C2}，而且 R_{C1} 與 R_{C2} 之阻值極為相近時準確度較高)。

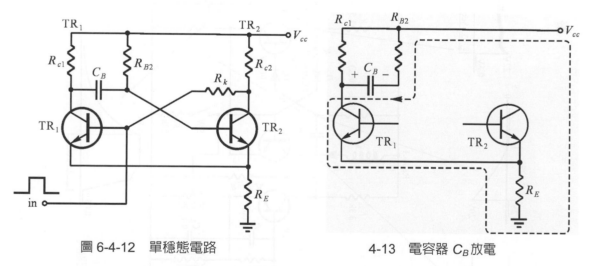

圖 6-4-12　單穩態電路　　　　　　4-13　電容器 C_B 放電

　　至此，相信讀者已對單穩態電路的特性有了基本的認識，以下就將國際牌安全電子扇做個詳細的分析：

　　圖 6-4-14 即為國際牌安全電子扇，圖中虛線方框所示的是如圖 6-4-8 之線圈調速電扇。變速開關則採用滑動開關，當開關往上推時，可作超微風、微風、涼風或超強

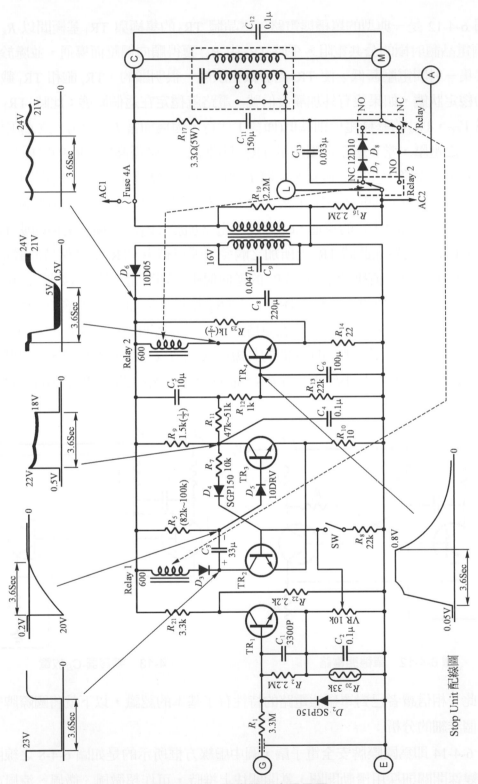

圖 6-4-14　國際牌安全電子扇

風之選擇。變速開關的構造是使開關處於上述位置時電源才接通，開關處於"切"之位置時，電源被切斷。

變速開關被推離"切"之位置時，電源接通，電源變壓器 PT-35 將 AC 110V 之市電電壓降爲 16V，經整流二極體 D_6 半波整流，並經 C_8 濾波而成爲平滑的 20V 直流電源，供給電子電路，此時 C_5 經 R_{12} 及 R_{13} 而充電，R_{13} 兩端(亦爲 C_6 兩端)之電壓使 TR_4 導通，Relay 2 動作，此時 Relay 之接點如圖 6-4-15 所示，把Ⓐ點直接通至 AC_2，由於行駛繞組直接跨於電源而不再串聯Ⓛ Ⓜ間之調速繞組，電動機即以超強風之狀態全速起動，約 0.9 秒後，TR_4 之基極電位降至極低，TR_4 截止，Relay 2 之接點恢復圖 6-4-14 中之狀態，而依變速開關所處之位置正常運轉。以上過程可避免開關撥至超微風時，因電動機的轉矩過小，以致起動困難，因此稱爲起動補償。

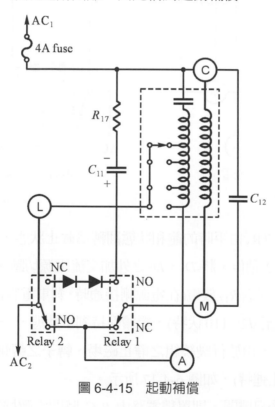

圖 6-4-15　起動補償

當手碰到護網時，經由人體及大地的數 μA 微小電流即經 TR_1 放大(正半波經 TR_1 放大，負半波則被 D_2 短路掉)在 VR 上產生電壓，此電壓即爲 TR_2 與 TR_3 組成的單穩態多諧振盪器之觸發信號，於是 TR_2 導通，Relay 1 動作，將行駛繞組之交流電源切

斷，並使行駛繞組加入直流電，如圖 6-4-16 所示，行駛繞組產生的靜止磁場，使轉子受力而迅速進行剎車。

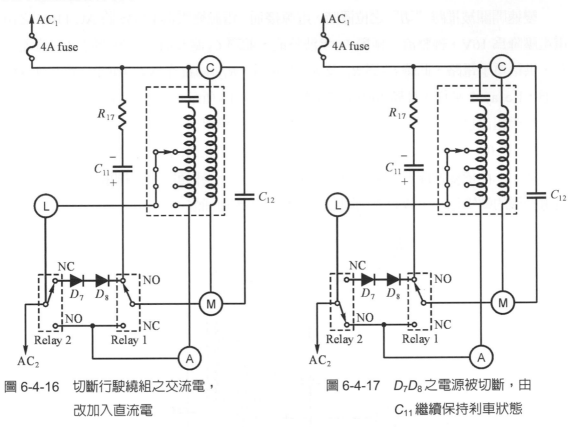

圖 6-4-16　切斷行駛繞組之交流電，
　　　　　改加入直流電

圖 6-4-17　$D_7 D_8$ 之電源被切斷，由
　　　　　C_{11} 繼續保持剎車狀態

　　TR_2 導通的同時，TR_3 由平時的飽和狀態翻轉為截止狀態，C_6 經 R_9、R_{11}、R_{12} 而充電，0.9 秒後 Relay 2 動作，將 D_7、D_8 之外加交流電源切斷，此時行駛繞組改由已充足電荷之電容器 C_{11} 通過 R_{17} 放電(在電源剛接通時，剎車電容器 C_{11} 即經由整流二極體 D_7 D_8 及 R_{17} 而充電至 $\sqrt{2} \times 110$ 伏特)，繼續保持剎車狀態，一直到完全剎車(電容器 C_{11} 在完全放完電之前，由於行駛繞組之靜止磁場、轉子之轉軸摩擦阻力及扇葉的風阻，電扇早已被迫停止運轉)，如圖 6-4-17 所示。

　　若手碰觸到護網後已離開，則單穩電路由 $R_5 C_3$ 時間常數控制，於 3～4 秒間結束暫穩態，恢復至穩定狀態(即 TR_2 截止 TR_3 飽和)，Relay 1 之線圈失去激磁，其接點釋放，行駛線圈接回交流電源，但由於 C_6 上儲存之電位使 TR_4 還保持於導通狀態，故 Relay 2 仍保持於吸持狀態，此時之狀態與圖 6-4-15 全然相同，電動機在起動補償下

全速啓動，0.9 秒後，TR_4 的基極電位因 C_6 經 R_{13} 放電，降至極低，TR_4 截止，Relay 2 的線圈失去激磁，其接點釋放，電扇即依變速開關所處位置之強度正常運轉。

若手碰到護網後，超過 4 秒還未離開，則 C_3 於放電完後，在正常的情況下(即 TR_2 不再受觸發)，依單穩態多諧振盪器之特性，理應恢復 TR_2 截止 TR_3 飽和之穩定狀態，但因為此時手還未離開護網，VR 上之觸發電壓還存在，TR_2 的基極一直接有觸發電壓，TR_2 被強迫導通，故扇葉會繼續保持靜止不轉，直至手離開護網後，單穩態電路始立即發生翻轉(C_3 早已放電完畢)，回復 TR_2 截止 TR_3 飽和之穩定狀態，行駛繞組接入交流電源，此時 C_6 上的電位使 TR_4 繼續導通，Relay 2 維持吸持狀態使電扇獲得起動補償，0.9 秒後因 C_6 經 R_{13} 放電至電位極低，TR_4 截止，Relay 2 釋放，電扇回復正常運轉。

R_{23} 的作用，在使 TR_4 的射極電阻 R_{14} 上產生一分壓，以便在常態下確保 TR_4 的截止。TR_1 的基極由於接有 R_2 R_{20} C_1 C_2 組成之雜音脈波 (雜波) 吸收回路，故不致因其他雜波之進入而發生誤動作。C_9 的作用在防止從電源進入的雜波，以免電子控制電路受干擾而產生誤動作。C_{12} 用以吸收繼電器 Relay 2 動作時，在行駛繞組所引起的瞬間反電勢，以免此瞬間高壓破壞了繞組的絕緣。C_{13} 則用以防止突波損及二極體 D_7 或 D_8。

圖 6-4-17，在刹車期間，ⓁⒸ間之起動繞組(依開關位置之不同，可能串聯有調速繞組)還是一直跨接在電源上，但所經之電流很小，且刹車時間不長，並無大礙。讀者可能會懷疑，保險絲高達 4A 者，電扇的實際輸入電流都不及 1A (僅約 0.56A)，豈不失去保護的作用？然電扇在運轉下，不會有過載之虞，此保險絲乃用來作為短路保護，僅在線路內部發生短路時才動作(熔斷)，以達保護的作用，該保險絲並非針對過載保護而使用。至於 D_7 及 D_8，只要用一個耐壓夠(PIV 值 400 伏以上) 的整流二極體代替即可，並非一定要用兩個整流二極體串聯起來使用。

SW 為感度調整開關，設於電扇之背面，為一滑動式開關，可向左或向右推動，推向左為 ON，推向右為 OFF。置於 OFF 之位置時，因 TR_2 之基極對地電阻較大，故電路之感度高，在觸及電扇護網不能刹車時用之。向右置於 ON 之位置時，TR_2 的基極對地電阻減小(此時 R_8 與 VR 並聯)，故電路感度較低，若在潮濕的環境裡，在未觸及電扇護網而電扇卻自動刹了車(即電扇本身的電動機沒有故障，卻不能轉動)或手已離開護網而電扇無法恢復正常運轉，賴著不動時用之。圖中 VR 為可調電阻器，作為

電子電路之感度校整用,裝於印刷底板上,電扇使用者無機會接觸到它,故不虞被亂調,至於調整方法則請參閱 6-4-9 節「國際牌安全電子扇之故障檢修」第 9 項之「感度調整」。

前面曾言及,行駛繞組之交流電源被切換成直流電時,轉子會受力而迅速進行刹車(即動力制動),可能有部份讀者會悶納著「為什麼?」,現說明如下:當行駛繞組之交流電源被切斷而改通入直流電時,轉子將因慣性作用而繼續旋轉,若此時轉子係順時針方向旋轉,則將如圖 6-4-18 所示,切割行駛繞組所產生的靜止磁場而產生圖中所示方向之應電流;依佛來明左手定則可知,轉子將受到一個逆時針方向的阻力(應電流與靜止磁場相互作用所致),此力即能使轉子迅速減速,終至停止。扇葉的風阻對於刹車作用的加強,亦有不可磨滅之功。

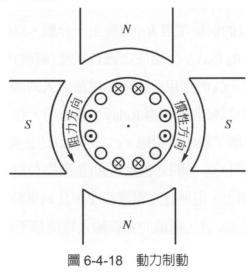

圖 6-4-18　動力制動

轉子因慣性作用而轉的愈快時 ($e = B \times l \times v$,e 大 i 也大),所受之阻力亦愈大 ($F = B \times l \times i$),此為動力制動之特性。

6-4-4　吊扇

吊扇的構造如圖 6-4-19 所示,係吊在天花板上,將風由上往下吹的風扇。所用之蔽極式感應電動機,其定子置於中央,由吊管固定於天花板,扇葉固定於定子外圍的轉子上。由於吊扇是垂直的被固定於高高在上的天花板,為了控制上的方便,兼有開關作用的調速器(內部裝有波段開關和調速用的抗流線圈),通常都裝在牆壁上伸手可及之處。

　　圖 6-4-20 為吊扇用之 12 極蔽極式感應電動機，共有 12 組線圈(時下之吊扇，規格幾乎相同，額定電壓 110V 者，其線圈總匝數約 1200 匝，採用 SWG 23 號線繞製。蔽極線圈則以寬 6 mm 厚 1 mm 之銅片在鐵心上繞一圈後，銲接成短路環。)，每相鄰的線圈連接成異性磁極。每磁極的磁場因蔽極線圈的作用，都從主磁極向蔽極移動而形成一順時針方向的旋轉磁場(參閱圖 6-3-9 之說明)，使轉子隨之順時針轉動。

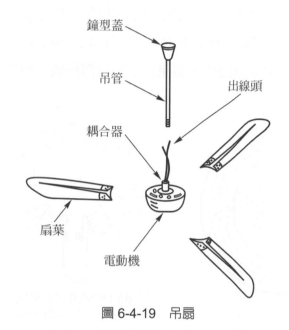

圖 6-4-19　吊扇

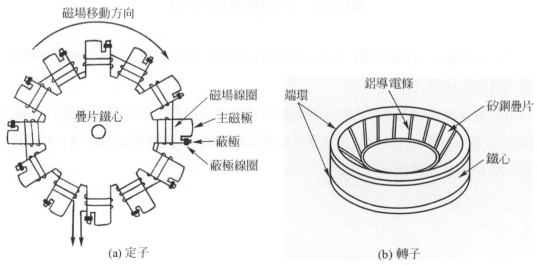

(a) 定子　　　　　　　　　　　　　(b) 轉子

圖 6-4-20　12 極蔽極式電動機(每相鄰的線圈連接成異性磁極)

　　吊扇的轉動方向皆為順時針(由吊管那端視之為順時針)，旋轉方向係為配合扇葉之設計而有所限制。

　　有些吊扇利用生成磁極的原理，定子雖只繞了 6 組線圈(總匝數與 12 組者相同)，但由於有 6 個隱極產生，故仍能產生 12 個磁極。如圖 6-4-21(a)，在兩個同極性的磁極之間，定子的磁軛內會產生一相反極性的磁極(凡磁力線自其出發者為 N 極，相同的，凡磁力線進入者即為 S 極)，此磁極即稱為生成磁極或隱極(因其在線圈的佈置上是無法直接看出的，故稱 "隱" 極)，同理若將圖 6-4-21(b) 6 組線圈的每極皆連接使之成為同性磁極，則將產生 6 個隱極，結果定子的全部極數，將成為所繞極數的兩倍。

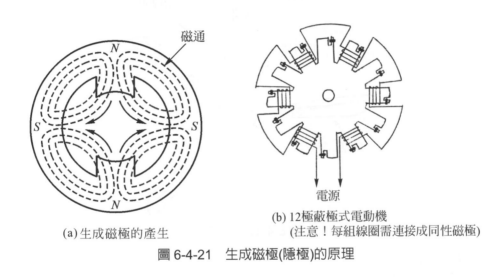

(a) 生成磁極的產生

(b) 12極蔽極式電動機
(注意！每組線圈需連接成同性磁極)

圖 6-4-21　生成磁極(隱極)的原理

　　吊扇之調速，是使用如圖 6-4-6 所示之抗流圈與繞組串聯，靠抗流圈的降壓作用來達到調速的目的。

　　由於電容式感應電動機之效率較蔽極式感應電動機高，所以很多新型的吊扇已改為採用 36 槽 12 極之永久電容式感應電動機驅動扇葉。其實際佈線圖如圖 6-4-22 所示，圖 6-4-23 則為其電路圖。

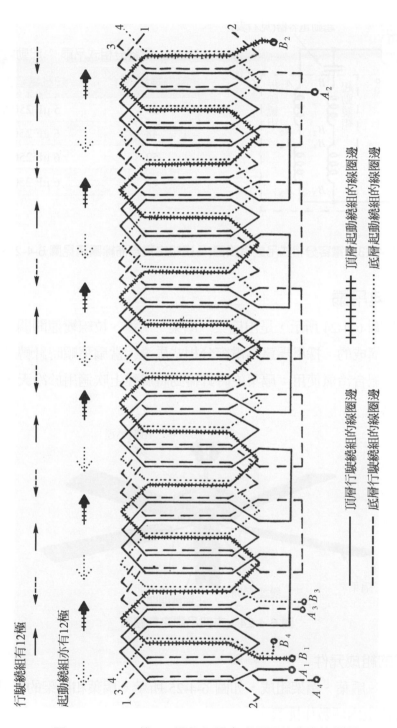

圖 6-4-22　36 槽 12 極永久電容式吊扇的實際佈線圖

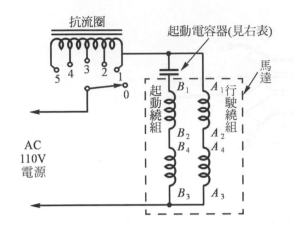

"110V 電容分相式吊扇" 起動電容器適用表	
吊扇規格(吋)	起動電容器規格
36	5 μF 250 VAC
48	6 μF 250 VAC
52	6 μF 250 VAC
56	6 μF 250 VAC

圖 6-4-23 電容分相式吊扇電路圖(各繞組之實際佈線圖請見圖 6-4-22)

6-4-5 古典吊扇

古典吊扇如圖 6-4-24 所示,是由扇葉、扇架、馬達、拉線變速開關、起動電容器及變速電容器所構成的。採用馬達為電容分相式馬達。當扇葉順時針轉動時風往下吹適用於熱天,或配合冷氣使用;扇葉逆時針轉動時風往上吹適用於冷天,可做為室內空調對流之作用。

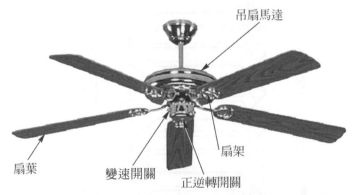

圖 6-4-24 古典吊扇之實體圖

一、古典吊扇的組成元件

吊扇由馬達、扇葉、扇架組成,如圖 6-4-25 所示。扇葉和扇架的尺寸有 36 吋～60 吋多種,可依室內坪數作挑選。

(a) 馬達   (b) 扇葉   (c) 扇架

圖 6-4-25 吊扇的組成元件

二、古典吊扇的調速方法

古典吊扇之調速是如圖 6-4-26 所示,使用變速電容器與行駛繞組串聯,靠變速電容器的降壓作用來達到調速的目的。電容器的外觀如圖 6-4-27 所示。

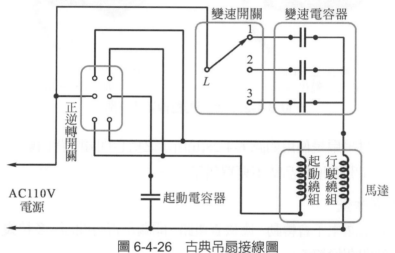

圖 6-4-26 古典吊扇接線圖

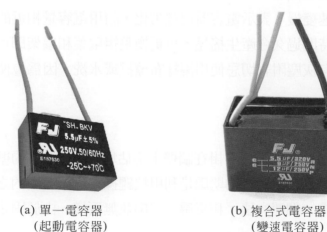

(a) 單一電容器   (b) 複合式電容器
(起動電容器)   (變速電容器)

圖 6-4-27 吊扇用電容器

三、變速開關

古典吊扇的拉線變速開關如圖 6-4-28 所示，有三段轉速。背面有數字 L、1、2、3。一般吊扇使用如圖 6-4-28(a)所示之黑色開關，其背面數字依序為 L、1、2、3，其接法分別為黑色為電源、灰色為高速、咖啡色為中速、紫色為低速，其接線圖如圖 6-4-26 所示。

(a) 黑色，L123
一般吊扇用

(b) 藍色，L312
60吋吊扇專用

圖 6-4-28　吊扇的拉線變速開關

請注意，60 吋吊扇是使用如圖 6-4-28(b)所示之藍色開關，背面數字依序為 L、3、1、2，所以把變速開關換新品時不要買錯了。

四、簡易修護與保養

1. 古典吊扇如果產生不會轉動，應檢查電路、開關是否有問題。多拉幾下變速開關，或將正逆轉開關撥撥看。
2. 古典吊扇若轉速變慢，表示電容器已經劣化，請用電容量相近的電容器更換。
3. 古典吊扇使用時間過久會產生搖晃，可更換整組扇葉和扇架即可改善。
4. 吊扇葉片如果有灰塵附著切忌使用濕抹布擦拭或水洗，因為會使吊扇產生搖晃現象。

6-4-6　壁扇

壁扇的外型如圖 6-4-29 所示，掛在牆壁上不佔地面空間。有的壁扇調速器與本體分開，另裝於伸手可及之處，有的壁扇是利用拉繩操縱附於壁扇內之變速開關。壁扇所用之扇葉、電動機、調速方法，和桌扇、立扇並無兩樣。由於固定在高處，故可作廣範圍的送風。

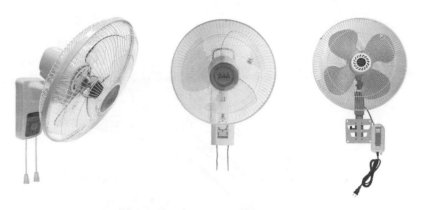

圖 6-4-29 壁扇之常見外形

6-4-7 涼風扇

　　涼風扇由導風盤、風扇馬達、導風盤馬達、按鍵式變速開關及起動電容器構成，採用三段風量控制。涼風扇之導風盤為獨立控制，不受按鍵式變速開關影響(圖 6-4-30)；而 360 度旋轉係由導風盤馬達控制(圖 6-4-31)。風向上、下俯仰 45 度是由手動調整角度。其接線圖可見圖 6-4-33。

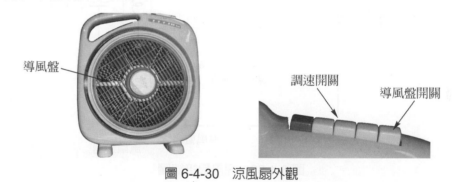

圖 6-4-30 涼風扇外觀

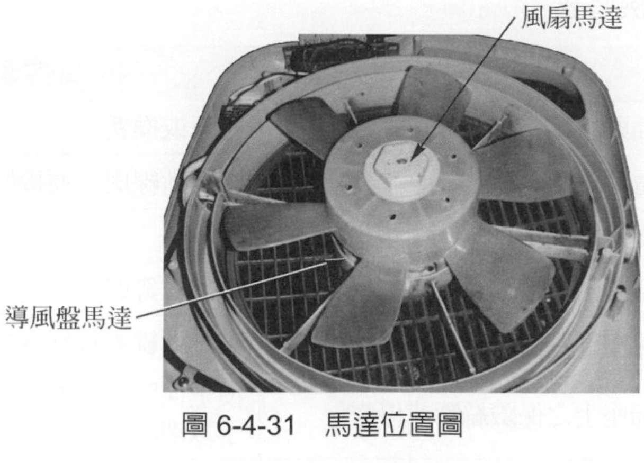

圖 6-4-31 馬達位置圖

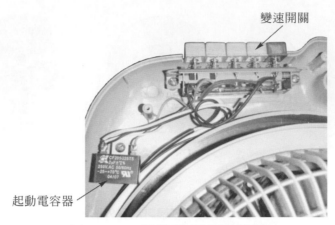

圖 6-4-32　起動電容器及變速開關

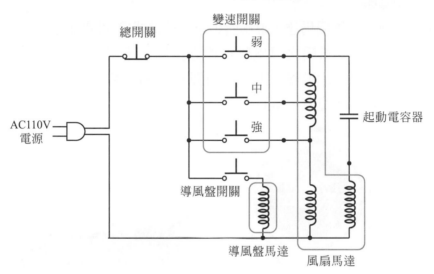

圖 6-4-33　涼風扇接線圖

🔧 6-4-8　電扇之故障檢修

一、電扇常見故障檢修表

故障情形	可能的原因	處理方法
完全不動也沒有聲音	插頭接觸不良	糾正或換新
	電源線斷	查出斷線處，連接好或換新品
	變速開關不良	換新品
	線圈引線接線端脫落	查出並銲好
	線圈斷線	查出斷線處接好或換新品
	插座上之保險絲斷或停電	換上保險絲，並查出保險絲熔斷之原因，予以消除

故障情形	可能的原因	處理方法
扇葉不轉動但有 "哼哼"的聲音	起動繞組斷線或起動電容器斷線、開路	若電動機無法起動,但用手一撥扇葉即能運轉,則故障屬於此項。檢查出斷線處接好,若為電容器不良則換新品
	定子與轉子間有雜物	清除之
	軸承過緊	注入潤滑油。若係受碰撞所致,則需適當矯正之
漏電	電源線連接處之絕緣脫落或被覆破損	用膠帶包紮或換新
	線圈絕緣不良	繞組與定子鐵心間應有 500kΩ 以上之絕緣電阻,否則應乾燥之
	變速開關破損	包上膠帶或換新品
不能左右擺動	搖擺齒輪或螺齒輪耗損	換新齒輪
	定距臂與搖擺齒輪或搖擺齒輪與支柱軸承間鎖的太緊	放鬆固定螺絲或加入墊圈使能輕易轉動
時轉時停	導線將斷未斷	查出將斷處接好或換新品
發生噪音	潤滑油不足	注入足量的潤滑油
	扇葉鬆動以致搖晃不定	把固定螺絲鎖緊
	護網破損	換新品
	擺頭傳動裝置不良	分解之,並注入適量的黃牛油
	扇葉受到撞擊以致產生不平衡,重心不在正中心	換新品
轉速過慢	軸承過緊	注入足量的潤滑油
	電容器不良	更換電容器

二、檢修要領

1. 電動機的線圈燒毀而需重繞時,拆卸之前應先筆錄各繞線方式及位置,然後按照原來之線圈節距、匝數及線徑重繞之。繞好後將各繞組通入低於三分之一額定電壓之直流電,並以指南針分辨各繞組的諸磁極,只要同繞組之相鄰線圈成異性磁極,同相位磁極的極性相同,再把調速繞組與起動繞組串聯起來(無調速繞組者不必考慮)。配好線裝上轉子,即可通電。

2. 通電後,若發現電扇反轉,則只要將行駛繞組(較方便)或起動繞組(需將調速的相位同時更改)的出線頭反接即可。

3. 電動機各繞組之出線頭弄亂，不可隨便配線後即通電試驗，否則調速繞組(匝數最少) 誤當行駛繞組，則電動機在通電後將冒煙燒毀。務必先查出各繞組之出線頭，再加以適當配線。

4. 行駛繞組所用漆包線的線徑最大，調速繞組次之，起動繞組最小。有時調速繞組與起動繞組以同線徑之漆包線繞製，但調速繞組之匝數少，起動繞組之匝數多電阻大，用三用電表的 $R \times 10$ 檔測之，可很容易的分辨出來。

5. 遇到起動電容器不良之電扇，換用時需照原來的電容量，否則會因電容量不適而產生振動，發生噪音。而且其耐壓不得低於原電容器所標註之值。(110V 的家庭用電扇，絕大部份是使用耐壓 AC 230V 的電動機起動用無極性電容器)。

6. 若電動機內滿是灰塵，檢修時應順便清除之，以利通風散熱。

7. 蔽極式吊扇，線圈之繞製，可參考圖 6-4-34。

每組線圈用SWG 23號
漆包線繞100匝

每組線圈用SWG 23號
漆包線繞200匝

(a) 12組線圈，12極　　　　　(b) 6組線圈，12極

圖 6-4-34　蔽極式吊扇之線圈佈置圖

8. 有些電扇使用一段時日後會發生第 1 速倒轉之現象，此乃起動電容器不良的緣故，將其換新即可。

9. 古典吊扇的轉速變慢，是電容器不良，請照原來的電容器換新。

6-4-9 國際牌安全電子扇之故障檢修

1. 手碰到護網不停時

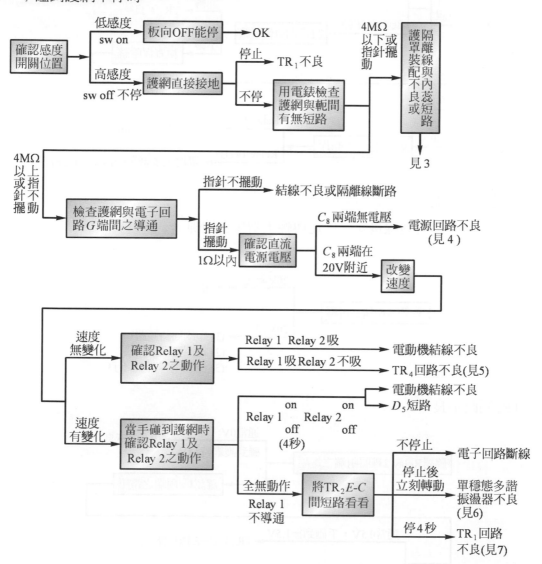

2.　不轉動

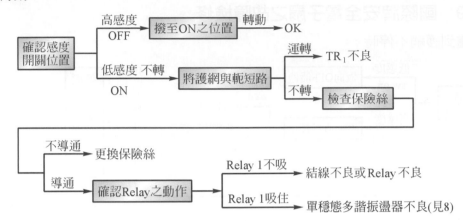

3.　保護網之裝配

　　　內網必須將地線接妥，馬達與軛上勿接上地線。

4.　電源回路

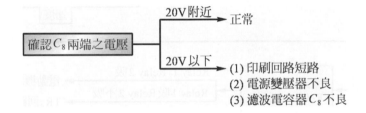

5.　TR$_4$回路不良

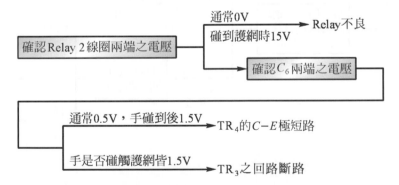

6. 單穩態多諧振盪器回路

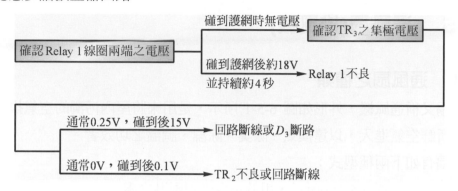

7. 輸入級回路

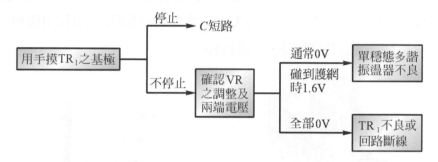

8. 單穩態多諧振盪器回路

9. 感度調整

　　依需求而將感度開關置於 ON 或 OFF 之位置，並調節可變電阻 VR，使人手觸到護網時，電子電路可以正常動作而將風扇停止。

10. 電晶體之更換

　　遇到電晶體不良而需更換之場合，最好找原編號之電晶體(2SC 945)換上；若一時無法找到，亦可用 2SC458、2SC900 等更換。

🍚 6-5　通風扇(排風機)

🔋 6-5-1　通風扇之種類

通風扇又稱通風機，外形如圖 6-5-1 所示，是用來將屋內污濁的空氣排出室外，讓屋外之新鮮空氣進入，以達換氣、除臭、除濕、調溫之功效者。

通風扇有如下兩種型式：

1.　無窗葉型：如圖 6-5-1(a)所示，用於不會受到雨淋之處。
2.　有窗葉型：如圖 6-5-1(b)所示。百葉窗有兩種控制方法：(1)利用風力自動啓閉窗葉(百葉窗)，電源一切斷，風力消失，扇葉即自動關閉。(2)利用機械方式(拉桿)使窗葉之啓閉與電源開關連動，同時啓閉。

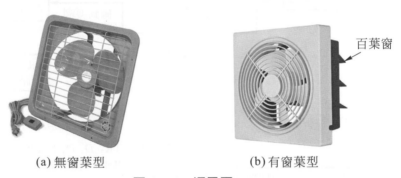

(a) 無窗葉型　　　　　　　　　　　(b) 有窗葉型

圖 6-5-1　通風扇

通風扇由扇葉、馬達、蓋子、窗葉(有的沒有)及外框組合而成，如圖 6-5-2 所示。馬達用的是電容起動兼運轉式感應電動機，與立桌、桌扇者相同。其調速方法亦與立扇、桌扇沒有兩樣。近來之通風機多為排吸兩用，乃利用開關切換繞組之出線頭而獲得，如圖 6-5-3 所示。圖 6-5-3(a)是使用一個雙刀雙投開關切換排氣與吸氣，圖 6-5-3(b)則是使用單刀雙投開關切換排氣與吸氣。

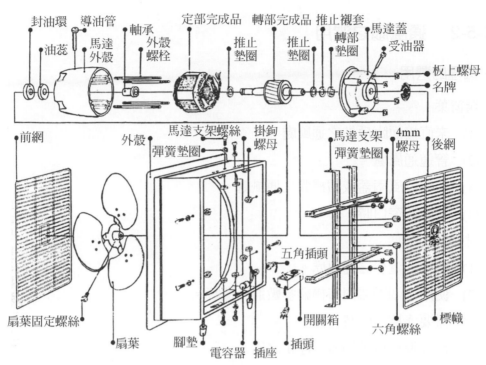

圖 6-5-2 通風扇之詳細結構圖

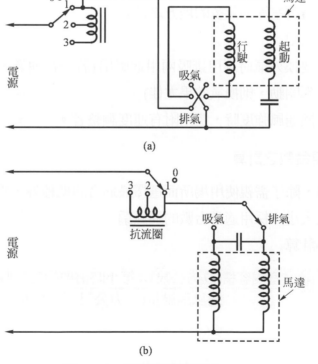

(a)

(b)

圖 6-5-3 排吸兩用通風扇

🔋 6-5-2　通風扇之選用

一、機種的選用

1. 無窗葉

    (1) 未直接面臨戶外之通風處。

    (2) 管道通風處。

    (3) 使用擋風雨蓋或鐵柵欄之通風處。

    (4) 裝置於窗口時。

2. 附有自動窗葉

    (1) 油份含量少之通風處。

    (2) 使用一個開關同時操縱多數通風機時。

    (3) 需要遙控運轉時。

    (4) 需要進行自動運轉、停止之處。

3. 附有連動窗葉

    (1) 外面風大的地方。

    (2) 廚房或烹調室等油氣多的地方之換氣。

4. 排吸兩用通風扇

    (1) 積極需要換外氣時選用排吸兩用通風扇(若一台抽氣,另一台專用為排氣,而兩台都開動,則換氣效果尤佳)。

    (2) 需要變換通風強度時,選用附有速度調整者。

二、通風扇需要台數之計算

　　選購通風扇,除了需視使用場所而選擇最適合的機種外,為了充分發揮效果,還得依使用場所之大小,採用適當台數的通風扇。

1. 由房間大小計算

$$所需台數 = \frac{室內容積(立方公尺) \times 每小時需要換氣次數(查表6-5-1)}{通風扇風量(立方公尺／分) \times 60(分)}$$

表 6-5-1　代表性房間的每小時必要換氣次數

區分	房間的種類	換氣次數
家庭	起居室、浴室、客廳	6
	廚房	15
	廁所	10
辦公廳	辦公室	6
	會議室	12
	資料室	10
	廁所	10～12
飲食店	餐館、飯廳	6
	油炸店、烹飪室	20
	宴會場所、小吃店	10
旅館	會客室、走廊	5
	大廳、大餐廳	8
	烹飪室	15～20
	鍋爐室	20
	廁所	10～20
醫院	診療室	6
	候診室、餐廳、廁所	10
	洗濯室、烹調室、手術室、消毒室	15
	機器房、鍋爐室	20
工廠	辦公室、電話交換機房	6
	一般工作間	6～10
	倉庫	5～15
	蓄電池室	15
	塗裝場、發電室、變電室	20
洗相片用暗房		10

2.　由室內人數計算

$$所需台數 = \frac{人數 \times 每人一小時之換氣量}{通風機風量(立方公尺／分) \times 60(分)}$$

註：根據東元電機之資料，每人一小時之換氣量以 70 立方公尺／小時計。

6-5-3　通風扇之規格

依據中國國家標準 CNS 之規定，通風扇在額定電壓及額定週率下運用時，所取之伏安功率及送出之風量應如表 6-5-2 所示。表 6-5-3 為東元電機公司家庭用通風扇之規格表，表 6-5-4 為東元電機公司工業用通風扇規格表，可供選用時作為參考。

表 6-5-2　CNS 規定

種類(公分)	輸入功率(伏安)	風量(立方公尺／分)
25 (10 吋)	85 以下	20 以上
30 (12 吋)	90 以下	30 以上
35 (14 吋)	115 以下	40 以上
40 (16 吋)	140 以下	53 以上
45 (18 吋)	180 以下	64 以上
50 (20 吋)	230 以下	75 以上

表 6-5-3　東元電機家庭用通風扇規格

機型	EH-4201	EH-4251	EH-4301	EH-4351
供電方式	交流單相二線式	交流單相二線式	交流單相二線式	交流單相二線式
輸入功率(瓦特)	28	30	40	55
額定電壓(伏特)	110	110	110	110
額定頻率(週／秒)	60	60	60	60
扇葉直徑(公厘)	200	250	300	350
風量(立方公尺／分)	30	45	55	70
扇葉轉速(轉／分)	1450	1450	1300	1400
重量(公斤)	2.8	4.7	5.1	5.6
外框尺寸(公厘)	300×300	380×360	420×400	460×460
備註	塑膠扇葉			

表 6-5-4　東元電機工業用通風扇規格

機型	E1-4138	E1-6203	E1-6243
供電方式	交流三相三線式	交流三相三線式	交流三相三線式
馬力數(馬力)	1/2	1/2	1
電壓(伏特)	220，380，440	220，380，440	220，380，440
週率(週／秒)	60	60	60
轉速(轉／分)	1750	1150	1150
扇葉直徑(公厘)	450	500	600
風量(立方公尺／分)	排 250 吸 190	排 280 吸 240	排 390 吸 400
重量(公斤)	18	22.5	31
註備	採用鋁合金鑄造的螺槳扇葉		

6-5-4　通風扇的保養

通風扇容易沾上灰塵或油污，故須常加清潔保養。清潔通風扇之污垢時，可用普通的肥皂粉(即洗衣粉)泡在大約 40℃的溫水裡，加以揩拭。但馬達及電氣零件應避免沾到肥皂水，更不可直接放入水中洗濯。

6-5-5　通風扇之故障檢修

當吸排兩用通風扇無法反轉時，是切換開關不良，請換新品。其餘故障的檢修方法與電扇一樣，請見 6-4-8 節。

6-6　吹風機

6-6-1　吹風機之用途、構造、原理

吹風機之常見外形如圖 6-6-1 所示，是用來吹乾頭髮或整理髮型的電器。

吹風機由電熱線、馬達、扇葉及滑動開關(切換開關)組成，結構如圖 6-6-2 所示。當滑動開關置於「冷風」位置時，馬達轉動，扇葉由進風口吸入之冷風直接由出風口吹出去，所以是冷風。在滑動開關置於「熱風」位置時，馬達通電，電熱線也通電發熱，所以扇葉由進風口吸入之冷風被電熱線加熱後，由出風口吹出的就是熱風。

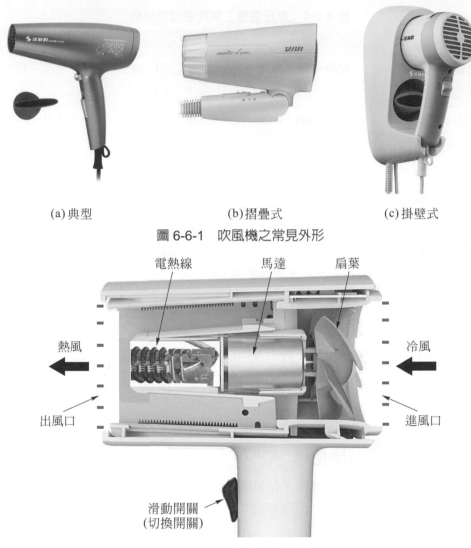

| (a) 典型 | (b)摺疊式 | (c)掛壁式 |

圖 6-6-1　吹風機之常見外形

圖 6-6-2　吹風機之結構

6-6-2　吹風機的組成元件

一、電熱線

　　吹風機的電熱線是以鎳鉻線盤繞在十字型支架上而成，如圖 6-6-3 所示。

　　一般的吹風機，在十字型支架上有兩條電熱線，大功率的電熱線用來把冷風加熱為熱風，小功率的電熱線用來提供低電壓給風扇馬達。

圖 6-6-3 吹風機電熱線

二、馬達

　　早期的吹風機，馬達是使用蔽極式感應電動機，可以直接接在 AC110V 的電源，雖然堅固耐用，但是較重。

　　近年的吹風機，馬達採用如圖 6-6-4 所示之低壓直流馬達(例如 DC9V 或 DC18V)，轉速較快，但是必須如圖 6-6-5(a)所示，用二極體組成橋式整流，把交流電轉變成直流電才可接至直流馬達。

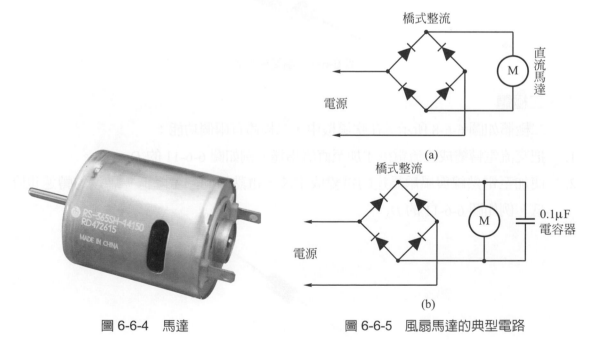

圖 6-6-4 馬達　　　　　　　　　圖 6-6-5 風扇馬達的典型電路

三、溫度開關

溫度開關如圖 6-6-6 所示，是由雙金屬片(已於第 2 章詳述)製成，溫度過高時接點會打開(斷電)，溫度降低時接點才恢復閉合(接通)，可以避免吹風機內部的溫度太高。

圖 6-6-6　溫度開關

四、溫度保險絲

溫度保險絲如圖 6-6-7 所示。若吹風機的溫度過高，溫度開關卻因故障而接點沒有打開，溫度繼續上升，則溫度保險絲會熔斷，以確保安全。

圖 6-6-7　溫度保險絲

五、二極體

二極體如圖 6-6-8 所示。在吹風機中，二極體有兩個功能：

1. 把交流電轉變成直流電後才加至直流馬達。例如圖 6-6-11 的 $D_1 \sim D_4$。
2. 使加至電熱線與風扇馬達的電變成半波，電熱線的熱量降低，馬達的轉速也降低。例如圖 6-6-11 的 D_5。

圖 6-6-8　二極體

六、電容器

電容器如圖 6-6-9 所示。吹風機所用之直流馬達在通電運轉時，在電刷(碳刷)與換向器間常產生火花，火花含有高諧波，會干擾收音機，因此有些廠商會如圖 6-6-5(b)所示在直流馬達兩端並聯一個電容器(大約 0.1μF)，以免干擾附近的收音機。

圖 6-6-9　電容器

七、滑動開關(切換開關)

滑動開關如圖 6-6-10 所示。因為有的吹風機可以提供冷風、低溫、高溫，有的吹風機只提供低溫、高溫，有的吹風機只提供熱、停，所以滑動開關的接腳因產品而異。

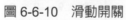

圖 6-6-10　滑動開關

6-6-3 三段式吹風機的電路分析

1. 三段式吹風機的典型接線如圖 6-6-11 所示。

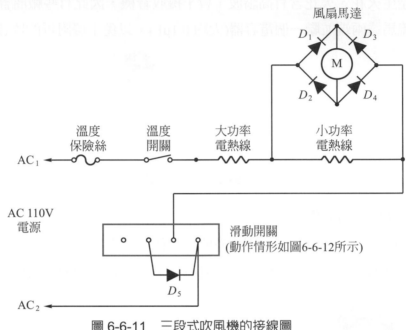

圖 6-6-11 三段式吹風機的接線圖

2. 當滑動開關置於「停」的位置，動作情形如圖 6-6-12 (a) 所示。電源線 AC_2 不與電熱線及風扇馬達接通，所以吹風機不動作。

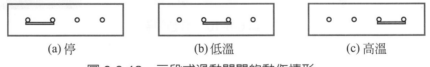

(a) 停　　　　　　　(b) 低溫　　　　　　　(c) 高溫

圖 6-6-12 三段式滑動開關的動作情形

3. 滑動開關置於「低溫」的位置時，動作情形如圖 6-6-12 (b) 所示。此時的等效電路如圖 6-6-13 所示，因為二極體 D_5 為半波整流，所以電熱線及風扇馬達都只半功率，溫度低，風量小，由出風口吹出的是低溫的風。

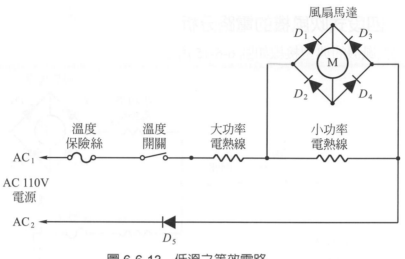

圖 6-6-13　低溫之等效電路

4. 滑動開關置於「高溫」的位置時，動作情形如圖 6-6-12 (c) 所示。此時的等效電路如圖 6-6-14 所示，電熱線及風扇馬達都全功率運轉，溫度高，風量大，由出風口吹出的是高溫的風。

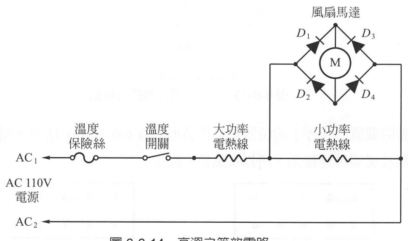

圖 6-6-14　高溫之等效電路

5. 安全措施
(1) 當吹風機內部的溫度太高時，溫度開關的接點會打開(斷電)，溫度降低後接點才恢復閉合(接通)。
(2) 若溫度開關故障而吹風機內部的溫度持續上升，則溫度保險絲會熔斷，以確保安全。

6-6-4 四段式吹風機的電路分析

1. 四段式吹風機的典型接線如圖 6-6-15 所示。

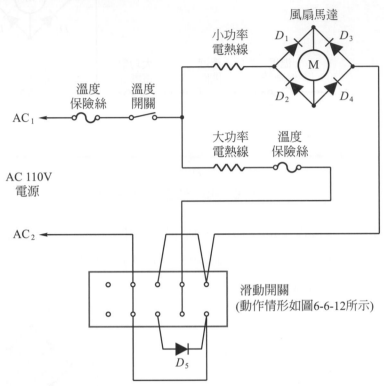

圖 6-6-15 四段式吹風機的接線圖

2. 當滑動開關置於「停」的位置，動作情形如圖 6-6-16 (a) 所示。電源線 AC_2 不與電熱線及風扇馬達接通，所以吹風機不動作。

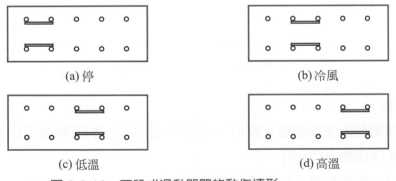

(a) 停　　　　　　　　　(b) 冷風

(c) 低溫　　　　　　　　(d) 高溫

圖 6-6-16 四段式滑動開關的動作情形

3. 當滑動開關置於「冷風」的位置時，動作情形如圖 6-6-16 (b) 所示。此時的等效電路如圖 6-6-17 所示，風扇馬達通電運轉所以吹出冷風。

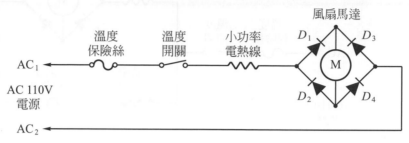

圖 6-6-17　冷風之等效電路

4. 滑動開關置於「低溫」的位置時，動作情形如圖 6-6-16 (c) 所示。此時的等效電路如圖 6-6-18 所示，因為二極體 D_5 為半波整流，所以電熱線及風扇馬達都只半功率，溫度低，風量小，由出風口吹出的是低溫的風。

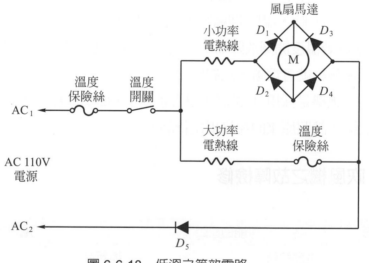

圖 6-6-18　低溫之等效電路

5. 滑動開關置於「高溫」的位置時，動作情形如圖 6-6-16 (d) 所示。此時的等效電路如圖 6-6-19 所示，電熱線及風扇馬達都全功率運轉，溫度高，風量大，由出風口吹出的是高溫的風。

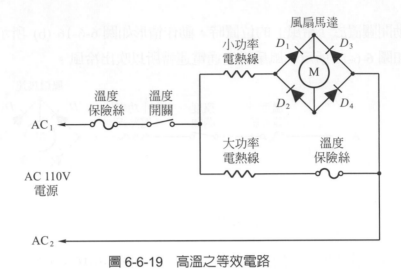

圖 6-6-19　高溫之等效電路

6.　安全措施

(1)　有的吹風機採用 85℃的溫度開關與 115℃的溫度保險絲。當吹風機內部的溫度超過 85℃時，溫度開關的接點會打開(斷電)，溫度降低後接點才恢復閉合(接通)。若溫度開關故障而吹風機內部的溫度繼續上升，則溫度升至 115℃時溫度保險絲就會熔斷，以確保安全。

(2)　有的吹風機是採用 115℃的溫度開關與 142℃的溫度保險絲，所以若遇到元件故障，請照原來的規格更換新品。

6-6-5　吹風機之故障檢修

故障情形	可能的原因	處理方法
不熱	電熱線斷	換新品
	開關接點接觸不良	換新品
冷熱風不能切換	控制開關(滑動開關)不良	換用新的開關
馬達運轉不靈活	運轉處缺乏潤滑油	在轉子中心軸的銅套內注入數滴潤滑油
	葉片稍為碰到外殼	糾正之
馬達不轉動	磁場線圈燒毀(轉子被卡住所致)	換新馬達，並把轉子卡住之原因排除
	開關接觸不良	換用新品
	內部線路或電源線斷	查出斷線處接好或換新

 **6-7 果汁機**

果汁機係利用串激電動機帶動刮刀，將水果削細成果汁，由於果菜汁所含的維他命較高，可補偏食之不足，故目前一般家庭使用的極普偏。

6-7-1 果汁機之構造及使用

果汁機的形式很多，如圖 6-7-1 所示。

圖 6-7-1 果汁機

果汁機之構造如圖 6-7-2 所示。可分為盛水果的玻璃容器和裝置電動機及開關的台座兩部份。玻璃容器底部裝置一不鏽鋼製成的刮刀，刮刀軸伸出於玻璃容器底座下，與迴轉軸(即電動機軸)緊密連結在一起。果汁機需具有強大的起動轉矩，粉碎食物時需有高的速度，因此串激電動機用在這裡最為合適，其轉速可高達 10000～16000R.P.M.。果汁機刮刀由三角形刀片製成。玻璃容器由耐熱玻璃製成，其內緣有凸起的部份(即圖 6-7-2 中的凸出部)，可使內容物迅速混合。果汁機之杯蓋分為中蓋及外蓋，當開關撥動後(電動機在運轉中)，要再放入食品或調味品時，利用中蓋，可避免容器內之汁液溢出。

果汁機之構造及使用方法雖均極簡單，但欲延長其壽命，仍需注意下列各點：
1. 玻璃容器需確實嵌合在台座上，始可撥動開關。
2. 容器內未放入任何東西時，不可使電動機空轉，否則串激電動機將因速度過高而易發生故障及危險。

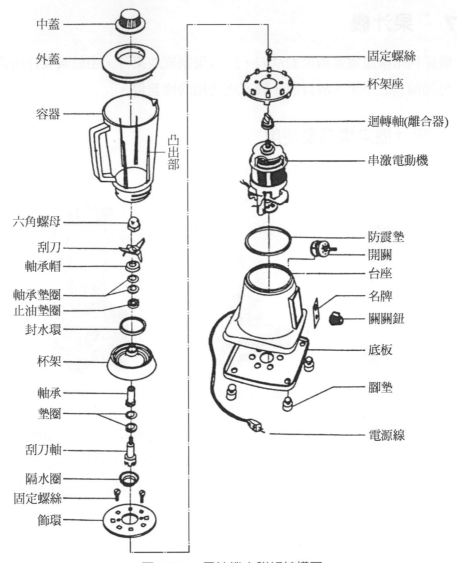

中蓋
外蓋
容器
凸出部
六角螺母
刮刀
軸承帽
軸承墊圈
止油墊圈
封水環
杯架
軸承
墊圈
刮刀軸
隔水圈
固定螺絲
飾環

固定螺絲
杯架座
迴轉軸(離合器)
串激電動機
防震墊
開關
台座
名牌
關關鈕
底板
腳墊
電源線

圖 6-7-2　果汁機之詳細結構圖

3. 食品務必切成小塊後才放入玻璃容器內。食物(除了特殊情形如做沙拉醬 Mayonnaise Sauce 外)以能淹蓋刮刀以上爲準。

4. 有變速裝置之果汁機,開始起動時先以低速 Low 運轉 2～3 秒鐘後始改撥高速 High。果汁濃度高時宜於低速旋轉。

5. 電動機完全靜止後始可將玻璃容器移離台座。

6. 玻璃容器雖採用耐熱玻璃製成,但應避免將沸騰的熱湯急劇倒入,否則有破裂的可能。

7. 做果汁時約 30 秒～1 分鐘就能完全液化，一俟玻璃容器內之食品完全被粉碎液化後，將開關撥至 OFF，絕不能讓果汁機旋轉的時間超過 5 分鐘(因果汁機係設計於間歇使用)。

8. 使用完畢後應放入清水或溫水(若用過油類食品則需加入少許肥皂粉)，約旋轉 10 秒鐘，使容器清洗乾淨。

9. 每隔 10 天應將玻璃容器上下倒轉過來，在刮刀軸上滴 1～2 滴食用油。每月需在馬達的軸加上 1～2 滴優良的縫衣機油。

10. 插頭要插於插座之前，開關務必先對準 OFF 的位置。碳刷磨損時，不但效率減低，而且會發生雜音，應及時更換之(以每天使用 4 分鐘計，約可使用 4 年)。

6-7-2 果汁機之線路及調速

果汁機使用二極串激電動機做原動力，為適應各種不同食物之需求，故大部份設計成可變轉速的。

一、二段變速果汁機

欲控制果汁機的轉速，最簡單的方法是控制輸入串激電動機的電樞電壓。圖 6-7-3 所示為二段變速果汁機之電路圖。

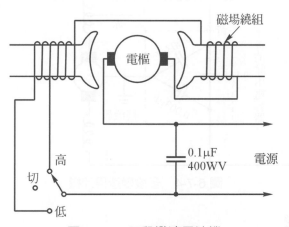

圖 6-7-3 二段變速果汁機

當開關置於"低"的位置時，全部的磁場繞組與電樞串聯，加入電樞的電壓較低，電動機之轉速低。變速開關置於"高"之位置時，有一部份磁場繞組不與電樞相串聯，加入電樞的電壓較高，電動機之轉速高。

　　串激電動機之電刷與換向器間常產生火花,且變速開關在切換時亦會產生火花,火花含有高諧波,會干擾到中波波段的收音機,因此在電源線兩端加入一個電容器,以免干擾附近的收音機。

二、多段變速果汁機

　　圖 6-7-4 爲多段變速果汁機之電路圖。其中"3"、"4"速之調速原理與圖 6-7-3 完全相同。當開關置於"1"或"2"之位置時,電源經整流二極體半波整流後輸入串激電動機,由於電壓的有效值降低,因此可得到較低(較開關置於"3"或"4"時還低)的轉速。瞬轉開關爲一彈簧式按鈕開關(與電鈴的按鈕開關類同),當手按下時,接點接通,馬達瞬間加速運轉,手一離開,接點立即由彈簧彈開;使用果汁機從事食物的攪拌工作或製作碎冰、冰沙時使用之。

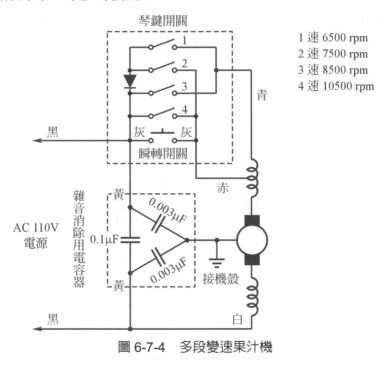

圖 6-7-4　多段變速果汁機

三、無段變速果汁機

　　無段變速果汁機係以交流相位控制器控制輸入電動機之有效電壓值,使得果汁機可在最大轉速範圍內隨意調整轉速。圖 6-7-5 即爲果汁機的典型無段變速器,其動作原理請參閱圖 3-4-3 之說明,不同處僅負載由燈泡換成串激電動機,並且加上了 dv/dt 抑制器。

　　由於電動機係電感性負載，電流不在電壓之零點截止，故當 TRIAC 斷路時，第一陽極 MT_1 與第二陽極 MT_2 間便會有某數值的電壓存在，此電壓變化率 dv/dt 高達某一程度時，TRIAC 將在閘極 G 未受觸發的情形下自行導通，使得控制 R_2 時，無法獲得圓滑的調整。R_4 與 C_3 組成的 dv/dt 抑制器，可用來避免 dv/dt 引起誤動作。

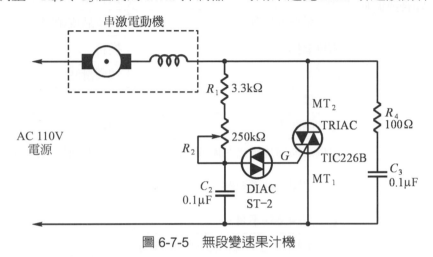

圖 6-7-5　無段變速果汁機

6-7-3　果汁機之故障檢修

一、故障檢修速見表

故障情形	可能的原因	處理方法
電動機不轉	碳刷磨損過多	換碳刷
	變速開關接觸不良	用細砂紙磨光接觸片或換新
	電源線斷	查出斷線處接好或換新
	變速開關連接處脫落	銲接脫落部份
	磁場線圈斷線	查出斷線部份接好
	磁場線圈燒毀	見檢修要領 1.
	電動機電樞斷線	見檢修要領 2.
	電動機經年不用，軸承部份生鏽	拆卸並注入潤滑油或換新
電動機正常旋轉但刀片不動	耦合部份破裂	換新品

(續前表)

故障情形	可能的原因	處理方法
旋轉時發生噪音或振動	潤滑油不足	加潤滑油
	軸承破裂	換新品
	刀片變形或鬆動	換新品或鎖緊
	碳刷磨損	換新
轉速低轉矩弱	潤滑油不足	加潤滑油
	軸承破裂	換新
	變速開關不良	換新
	電樞之換向片被火花燒成凹凸不平	車平換向片表面
不能變速而能運轉，但開動幾秒鐘後冒煙	磁場線圈之抽頭短路	排除之
調速器失效	變速開關接觸不良	換新
	變速開關與磁場線圈之抽頭間接線鬆脫	查出鬆脫處銲好
不能停止	變速開關失效	換新品
	開關鈕之位置指示不正確	糾正之
果汁外溢	玻璃容器襯墊不佳	換新品
	軸承耗損	換新品
	玻璃容器破裂	換新品
漏電	線路與外殼碰觸	查出相碰處並絕緣之
	靜電作用	把外殼接地
電動機過熱	電源電壓過高	調整電壓
	主軸耦合部份偏心	更換主軸，修理嵌合部份
	注油不足	加潤滑油
	空轉	放入水果後始可運轉
	過載	不可放入過硬或濃度過高之物
	磁場線圈層間短路	重繞
	長時間連續使用	參照說明書使用

(續前表)

故障情形	可能的原因	處理方法
運轉正常，但開動一分鐘後有燃燒味道	電刷與換向器間接觸不良	用砂紙拭擦電刷與換向器，並清除換向器上之雜物
插座上保險絲熔斷	雜音濾除電容器打穿	換新電容器，但耐壓不得低於原值
發生不正常火花	注油過多，以致換向器上黏有油質，使換向器與電刷間接觸不良，引起火花	清潔換向器表面並更換碳刷
	換向器磨損過多	整修換向器

二、檢修要領

1.　一般果汁機係間歇使用，故線圈之燒毀可說是極不易發生。燒毀時將線圈拆卸，按原來之匝數及線徑重繞(若非大型果汁機，可用 SWG 23 號漆包線，每極繞 100 匝，70 匝處抽頭)，接線時務必使兩磁場線圈串聯後產生不同之極性。

2.　電樞的故障大部份出在換向器上之接線頭脫落，或換向器被火花燒成凹凸不平以致接觸不良，再不然就是整流片間短路，線圈燒毀的機會很少。若是線圈燒毀，需先檢查其繞線方式，然後照原來的節矩、匝數、線徑重繞之。

3.　磁場線圈無燒毀及短路現象，電樞亦正常，馬達卻不轉動，並且發熱甚速，這是接線錯誤，使兩磁場線圈串聯後極性相同所致，將無抽頭之線圈，頭尾對調即可(如此可免去抽頭位置之顧慮)。

4.　無段變速果汁機，不能起動，故障大部份出在串激電動機，交流相位控制器的故障機會較少。

📍6-8　吸塵器

　　吸塵器如圖 6-8-1 所示，係用以清除塵埃的電器。一般家庭清除塵埃時多用掃帚及雞毛撢子，如此除塵雖可獲得一時之潔淨，可是當空氣中飛揚的塵埃落定之後，傢俱即會蒙上一層薄霧。至於使用吸塵器，效果就大不相同了，由於塵埃被存於集塵袋中，故無上述缺點。

6-8-1　吸塵器之構造、原理

　　吸塵器的構造如圖 6-8-1(b)所示，由二極串激電動機、渦輪扇葉、集塵袋、吸塵頭、伸縮持棒、軟管組成。

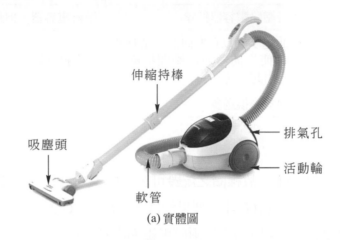

(a) 實體圖

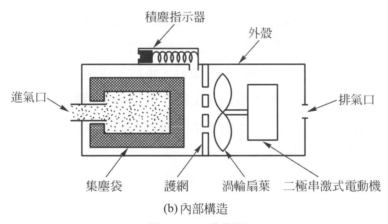

(b) 內部構造

圖 6-8-1　吸塵器

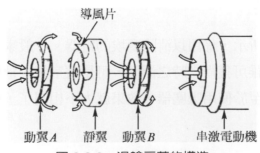

圖 6-8-2　渦輪扇葉的構造

茲將其動作原理說明如下：

吸塵器所使用之「渦輪扇葉」，如圖 6-8-2 所示。當二極串激電動機以每分鐘 16000～20000 轉的高速帶動渦輪扇葉(Turbo Fan)時，動翼 A 內的空氣受到強大的離心力向外圍飛散，而送往靜翼。靜翼則利用導風片將空氣匯集至中心部份，由動翼 B 再予加速。高速的空氣通過電動機，將電動機冷卻後由排氣口排出。

由於渦輪扇葉的結構較特殊，吸塵器內部的空氣將大量經由動翼 A → 靜翼 → 動翼 B → 馬達而排出，造成吸塵器內部氣壓的大量降低，因此在進氣口產生強大的吸引力，將吸塵頭附近的空氣連同灰塵一起急激的吸進吸塵器內部。含有灰塵的空氣經吸塵器內的集塵袋加以過濾後，灰塵被積存在集塵袋中，過濾後的潔淨空氣則流經電動機將其加以冷卻後由排氣口排出。

集塵袋未積滿塵埃時，可讓大部份的空氣通過，但塵埃積滿後，將阻塞集塵袋的細網孔而阻礙空氣的流通。此時空氣被迫通過積塵指示器的小孔(積塵指示器係由可滑動之塑膠與彈簧組合後置於兩頭可通氣的圓筒內而成)，指示器內之可滑動塑膠因而被空氣推動而後退。積塵愈多，則後退的距離愈大(有的冷氣機設有所謂"清潔眼"以指示機內之空氣過濾器是否已該加以清洗，其動作原理與本節所述"積塵指示器"完全相同)。

活動輪係為便利吸塵器在地板上移動而設。吸塵頭之形狀因清除的對象(地板、沙發、窗簾、汽車車廂、門窗、牆壁等)之不同而異。

吸塵頭套入伸縮持棒(可自由調整長度)，再套入軟管，最後套進進氣口。軟管與伸縮持棒的接頭處有一吸氣調套，用來控制吸氣的流量。若要減少吸氣，則旋轉吸氣調套，使空氣部分自管中進入，減少吸塵頭下的進氣。如此即可調節吸力的強弱，以適合各種不同的用途。

6-8-2 吸塵器的電路

吸塵器依其電源的控制方式可分為直接式與間接式，茲分別說明之。

一、直接控制式

傳統式的電動吸塵器，皆使用開關串聯在電路上直接控制電動機電源之通斷，如圖 6-8-3 所示。由於開關設在機體，故其配線可用較粗者。使用人必須走近吸塵器始能控制電源之啟閉，是其缺點。

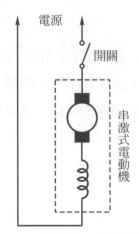

圖 6-8-3　直接控制式吸塵器電路

二、間接控制式

　　使用者在操作吸塵器時，手都握在伸縮持棒上，故有些吸塵器將電源控制開關設在軟管的一端(與伸縮持棒接頭者)，以便利電源啓閉之控制。但是，若使用粗導線，則軟管就失去其靈活性，若使用細導線，則載流量不夠，因此，唯有採用間接控制的方式，在吸塵器本體採用粗導線以承受電動機的電流，附於軟管之控制線則採用細導線，以保持其操作的靈活性。

　　間接控制式吸塵器之電路如圖 6-8-4 所示，茲將其動作原理說明如下：

　　線圈 N_1 與 N_2 繞於同一鐵心上。當交流電源接於 N_1 時，將有激磁電流產生，此激磁電流通過 N_1 後所產生之磁通大部份經由鐵心而切割 N_1 與 N_2，使 N_2 產生互感電勢。若使 S_1 閉合而將 N_2 短路(N_2 係使用細漆包線繞成，其匝數約為 N_1 的四分之一。此時以 N_2 本身的電阻做為負載，由於線徑細、電阻大，故短路電流僅約 0.2A。)，則必有二次側電流產生，二次電流所生之磁通恆與激磁電流所生之磁通互相抵制，為保持磁通的平衡，N_1 除激磁電流外，尚由電源取入一次負載電流，以產生與 N_2 所產生者大小相等方向相反之磁通，此磁通欲經鐵心而通過 N_2 時，始終受到阻力，故部份磁通經由銜鐵，於是銜鐵被吸，銀接點 S_2 閉合，電動機獲得電源供給而運轉。

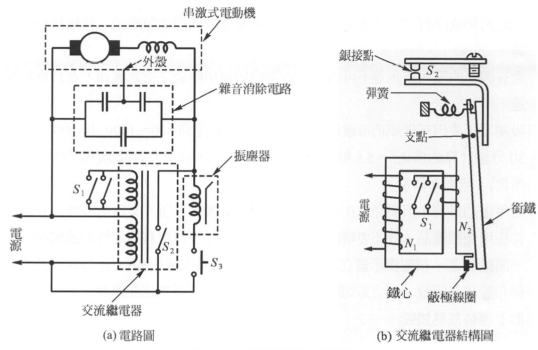

(a) 電路圖　　　　　　　　　(b) 交流繼電器結構圖

圖 6-8-4　間接控制式吸塵器

　　若將開關 S_1 啟開，則二次電流消失，電源僅供給激磁電流，此時磁通可不受阻力的通過閉合的鐵心，因此磁通不經過銜鐵，吸力消失，銜鐵被彈簧拉開，S_2 開啟，電動機停止運轉。

　　按鈕開關 S_3 用於控制振塵器(與蜂鳴器的構造相同，只不過將振動片改為振動拍桿而已)，當集塵袋積滿時，按下 S_3 使振動拍桿拍一拍集塵袋，則塵埃較易倒出。此振塵器係和 S_2 並聯接線，故電動機在運轉中(此時 S_2 閉合)，若按下 S_3，振塵器亦不動作。

　　交流繼電器的鐵心所設之蔽極線圈係用以消除銜鐵之振動現象，其原理請參閱圖 7-4-6 之說明。

🔋 6-8-3　吸塵器使用上的注意事項

　　目前吸塵器在結構上已為使用者之方便而做的很完善，但若能注意下列各項則更能發揮其效能。

1. 電源需由適合的插座接之，不可由延長線隨意連接。
2. 集塵袋如果積塵太多，會影響清掃的能力，故須勤於清理。

3. 大的污物或洋釘等需事先予以清理，否則易堵塞或損壞吸塵頭、伸縮持棒、軟管等。

4. 含有濕氣的塵埃或水等不可吸進，否則會妨礙集塵袋之空氣流通，並且會損壞馬達。

5. 吸塵器係使用有碳刷的串激電動機，使用時間若達到 800～1000 小時(以每天使用 30 分鐘計算約為 4.5～5.5 年)，由於碳刷的磨損，吸引力會減低(馬達的效率減低所致)，應換新碳刷。

6. 使用後的保管，須避免放在火氣旁或水份濕氣多的場所。又目前吸塵器有甚多零件採用塑膠製品，故不要噴射殺蟲劑；保養時亦不可用有揮發性的液體拭之。

7. 一開動馬達，積塵指示器立刻指示(但明知吸塵量未達飽和)，此乃管路被紙屑或碎布等堵塞所致，須立即切斷電源，檢查清除，否則馬達在過載且散熱不良的情形下運轉甚易燒毀。

6-8-4 吸塵器的故障檢修

故障情形	可能的原因	處理方法
馬達不轉	電源插頭接觸不良	使之接觸良好
	捲線盤的接點接觸不良	使之接觸良好。或換新品
	接頭鬆脫	查出並鎖緊之(或銲接之)
	雜音消除電路之電容器打穿(此種故障產生時插座內之保險絲會熔斷)	查出並換新品。但耐壓不得低於原值
	控制開關的接點接觸不良	以細砂紙拭之，並調整銅片之彈力使接觸良好。或換新品
	馬達線圈燒毀	換新品
吸力微弱	集塵袋已滿	清除之
	軟管接頭接觸不良	照說明書接妥
	軟管破裂	包紮或換新
	碳刷磨損太大	換新碳刷

6-9 電動洗衣機

6-9-1 洗衣機概述

科學進步，促進了社會的繁榮，也給人類帶來了富裕的享受，過去的家庭主婦往往為洗大量的衣物而苦，如今，已由洗衣機來代勞。

洗衣機係利用電容式感應電動機帶動如圖 6-9-1 所示之旋轉盤產生強大的水流，使污物脫離布料表面而完成洗滌作用。

電動洗衣機有洗衣槽及脫水槽，前者專司洗滌衣物的工作，後者則用以脫乾衣物的水份。洗衣槽內之旋轉盤由電容器起動兼運轉式變極馬達帶動，作兩種不同速率的旋轉，以配合不同衣料之洗滌。脫水槽內之脫水籠，則由電容起動兼運轉式馬達帶動，作高速旋轉，利用離心力脫乾衣物的水份；此馬達設計有兩種速率，以作「高速」或「超高速」脫水。

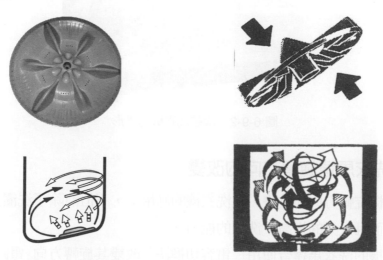

(a) 複合式梅花旋轉盤   (b) 雙面式旋轉盤

圖 6-9-1 常見的旋轉盤(其安裝在洗滌槽內之位置因形狀之不同而異，所生之水流亦有所不同)

為使洗衣槽能產生不同的水流，故設有水流變換開關(piano switch)，用以控制旋轉盤的轉速與旋轉方向，以配合各種衣料的洗滌。水流與衣料的關係請參照 6-89 頁的表 6-9-4。

　　洗衣機另設有洗衣定時開關，洗滌完畢，自動切斷馬達電源。並設有脫水定時開關控制脫水的時間(及脫水籠的轉速)。

　　電動洗衣機之外形雖因廠牌而有所不同，然卻大同小異，圖6-9-2即為一例。

強、弱水流開關　　洗衣定時開關　排水開關　脫水定時開關

圖 6-9-2　電動洗衣機的外形

6-9-2　洗衣馬達旋轉方向的改變

　　感應電動機旋轉方向的改變，在洗衣機的應用上，不但消除了洗濯衣物的糾纏與損壞的煩惱，而且大大的提高了洗濯的能力。

　　電動洗衣機的洗衣馬達皆使用"電容切換法"改變其旋轉方向。電路如圖6-9-3(a)所示，開關接點之動作過程則如圖6-9-3(b)。

　　當 $1c-1b$ 及 $2c-2a$ 閉合時，流入 A 繞組之電流落後於流入 B 繞組之電流 $90°$(B 繞組此時串聯著起動電容器)，此時假定洗衣馬達正轉。由於定時開關繼續在動作，$1c-1b$ 藉凸輪的作用瞬時切斷，馬達即停止轉動，在此休止的時間內(視廠家而定，有的設計在2秒，有的設計為5秒) $2c-2a$ 切換成 $2c-2b$，待 $1c-1b$ 再度接通時，流入 B 繞組之電流落後於流入 A 繞組之電流 $90°$(此時起動電容器改串聯於 A 繞組)，A、B 兩繞組間所通過的電流之相位關係已相反(轉換了 $180°$)，因此馬達改為逆轉(在圖6-3-1

的說明中我們已知磁場必自電流相位超前的磁極向電流相位落後的磁極移動，如今 AB 兩繞組間的電流相位關係已相反，毫無疑問的旋轉磁場的方向必倒轉，電動機當然是逆轉了。)。

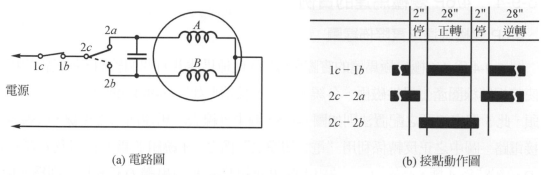

(a) 電路圖   (b) 接點動作圖

圖 6-9-3 電容切換法

這種方式，A 繞組與 B 繞組於動作過程中，交替擔當起動繞組與行駛繞組，所以兩繞組之繞製必須相同。

6-9-3 洗衣馬達如何改變轉速

洗衣馬達是洗衣方面的心臟，其設計與製造之優良與否，影響洗衣性能甚鉅。而馬達之轉矩與轉速則依所設計的馬力數與極數而定。

洗衣機的任務是洗淨衣物而不能扯破衣物，因此馬達的轉矩與轉速必須適度，以配合需求。由於感應電動機之轉速為

$$N = \frac{120f}{P}(1-S)$$

式中　　N：馬達的轉速(rpm)

　　　　P：馬達的極數

　　　　f：電源的頻率(Hz)

　　　　S：轉差率(通常約 3～5%)

欲配合衣物之不同而改變轉速以變更水流強度，則由上式可看出，只要改變了馬達之極數 P 即可(有的洗衣機採用變頻器改變加至馬達之頻率 f，而改變馬達的轉速，但是價格較貴)。一般洗衣馬達均採用 4/6 極(或 4/8 極)，1/8～1/4 馬力的電容起動兼運

轉式變極馬達，再經過一組皮帶輪機構的減速，使達到適當的轉速(旋轉盤的轉速約300～600 rpm)以從事洗衣的任務。

6-9-4　4/6P 變極馬達的實例

一、4/6P 變極馬達之實際佈線圖

圖 6-9-4 為 4/6 極變極馬達的實際裝線圖，此種馬達共有四個繞組，每繞組的接線係使其相鄰線圈產生異性磁極。各繞組間之連接情形如圖 6-9-4(c)所示，共有 5 個出線頭，此 5 個出線頭之配置法則如圖 6-9-5，圖中實線表示馬達內部之接線，虛線表示外接電路。圖中之正反轉係利用 "電容切換法" 為之。A 繞組並聯 B 繞組及 C 繞組並聯 D 繞組時為 4 極，高轉速；A 繞組串聯 B 繞組及 C 繞組串聯 D 繞組時，則為 6 極，低轉速。

二、4/6P 變極馬達之動作原理

由圖 6-9-4 可明顯的看出：A 繞組與 C 繞組的佈線完全相同，僅在空間位置上相差 9 槽；B 與 D 繞組之佈線亦完全相同，僅互差 9 槽。今為簡明起見，我們僅拿出其中的一組繞組——A 繞組和 B 繞組，詳述其變極原理(另一組繞組——"C 繞組和 D 繞組" 的動作原理則完全相同)。

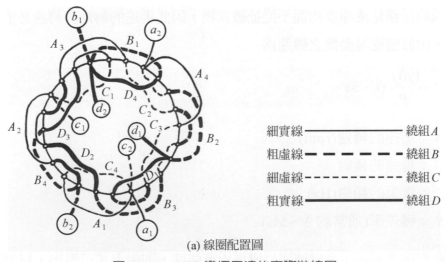

(a) 線圈配置圖

圖 6-9-4　4/6P 變極馬達的實際裝線圖

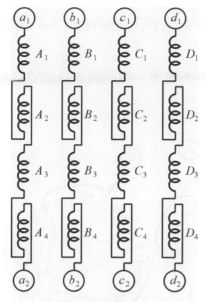

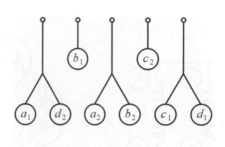

(b) 每組線圈的連接情形　　　　(c) 各繞組間之連接情形

圖 6-9-4　4/6P 變極馬達的實際裝線圖(續)

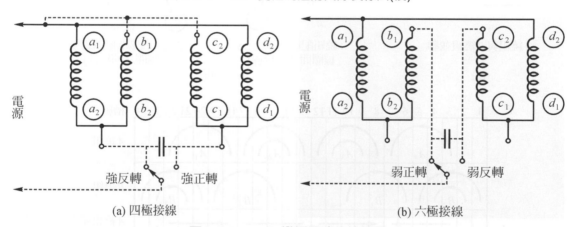

圖 6-9-5　4/6P 變極馬達的接線圖

　　A 繞組和 B 繞組如圖 6-9-6(a)所示並聯使用時，在電流由 a_1 流向 a_2 的同時，流過 B 繞組的電流是由 b_1 流向 b_2，此時繞組中各線圈之電流方向將如圖 6-9-6(b)所示。為便於了解，我們將其展開成平面圖，則在圖 6-9-6(c)中，可明顯的看出，A 繞組和 B 繞組所產生之磁極，綜合起來成為 4 極。

　　A 繞組和 B 繞組如圖 6-9-7(a)串聯使用時，在電流由 a_1 流向 a_2 的同時，流經 B 繞組的電流是由 b_2 向 b_1【請注意！B 繞組的電流方向已和圖 6-9-6(a)相反。】，此時繞組中各線圈內之電流方向如圖 6-9-7(b)所示【A 繞組與圖 6-9-6 完全相同，B 繞組內之

電流則已反相】。將其展開成平面圖，則由圖 6-9-7(c)可明顯的看出，A 繞組與 B 繞組所產生之磁極，綜合起來成為 6 極。

　　這也就是「為什麼 4/6P 變極馬達，如圖 6-9-5 使用一個開關加以改變接線，即可輕易使之成為 4 極馬達或 6 極馬達運用」。

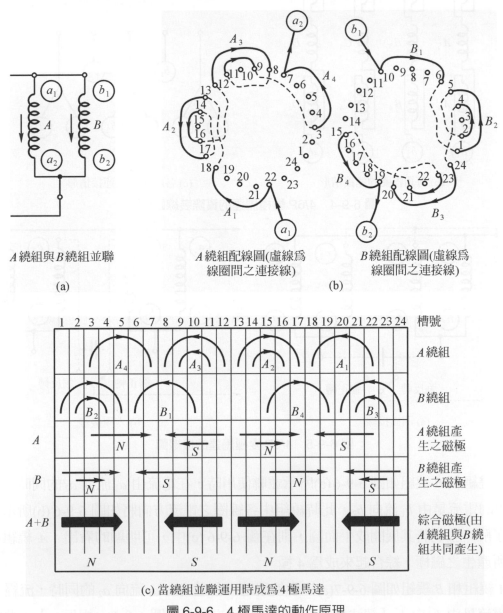

A 繞組與 B 繞組並聯

(a)

A 繞組配線圖(虛線為線圈間之連接線)

B 繞組配線圖(虛線為線圈間之連接線)

(b)

(c) 當繞組並聯運用時成為 4 極馬達

圖 6-9-6　4 極馬達的動作原理

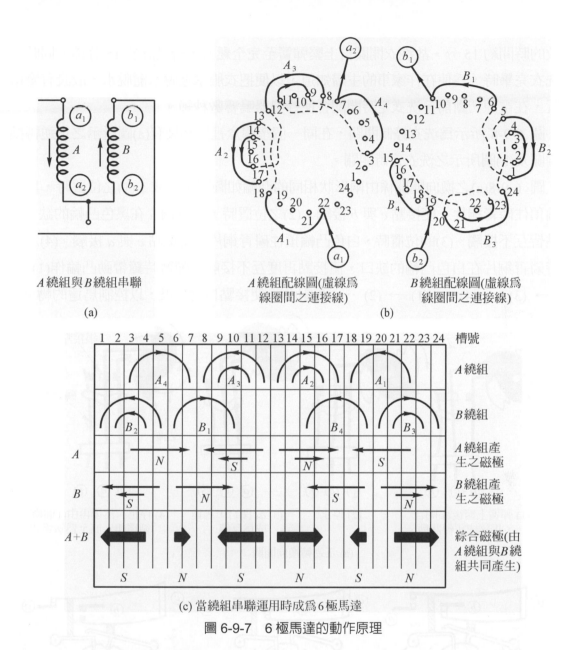

A繞組與B繞組串聯
(a)

A繞組配線圖(虛線為
線圈間之連接線)

B繞組配線圖(虛線為
線圈間之連接線)

(b)

(c) 當繞組串聯運用時成為6極馬達

圖 6-9-7　6極馬達的動作原理

6-9-5　電動洗衣機的控制系統

一、洗衣方面的控制系統

　　洗衣機除採用變極馬達以變更水流的強度外，同時為使水流有反應，因此必須每隔一段時間即改變旋轉方向一次，此種方向的轉變則有賴正逆轉切換開關為之。

　　洗衣時間之長短與洗淨度成正比，時間愈長，洗淨度愈高，然衣物洗乾淨後，若再經長久的洗滌，不但徒然浪費電力，且縮短了衣物的壽命，經廠家的試驗，最經濟

有效的時間約 15 分，故洗衣開關自上緊彈簧至完全鬆簧，皆設計於 15 分鐘。同時，當洗衣完畢時，爲使在作家事的主婦知道，以便把衣服拿進脫水籠脫水，故設有響笛裝置，在電源切斷前，洗衣定時開關會使蜂鳴器鳴響數秒鐘。

圖 6-9-8 所示爲洗衣控制開關，在同一個塑膠盒裡同時裝有(a)圖所示之正逆轉換向開關及(b)圖所示之洗衣定時開關。

圖 6-9-8(a)之換向開關係由兩形狀相同的凸輪如圖固定而成。(1)之位置時，黑色凸輪頂住磷青銅片，使接點 c 與 b 接觸。(2)之位置時，磷青銅片在黑色凸輪的缺口，接點皆互不接觸。(3)的位置時，白色凸輪頂住磷青銅片，使接點 c 與 a 接觸。(4)之位置時磷青銅片在白色凸輪的缺口，使接點再度互不接觸。彈簧時鐘帶動凸輪作(1) → (2) → (3) → (4) → (1) → (2) ……的動作，使接點自動切換，以控制馬達的轉向。

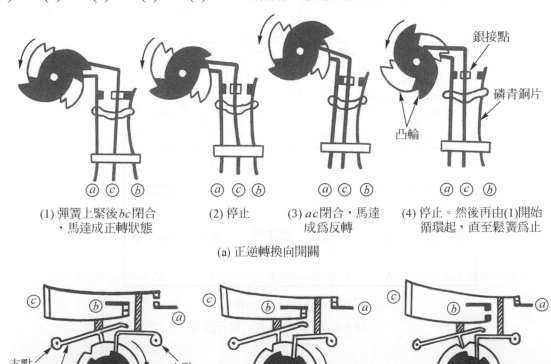

(1) 彈簧上緊後bc閉合，馬達成正轉狀態　　(2) 停止　　(3) ac閉合，馬達成爲反轉　　(4) 停止。然後再由(1)開始循環起，直至鬆簧爲止

(a) 正逆轉換向開關

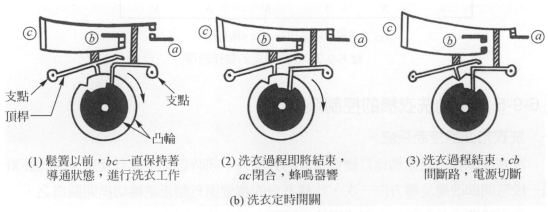

(1) 鬆簧以前，bc一直保持著導通狀態，進行洗衣工作　　(2) 洗衣過程即將結束，ac閉合，蜂鳴器響　　(3) 洗衣過程結束，cb間斷路，電源切斷

(b) 洗衣定時開關

圖 6-9-8　洗衣控制開關

馬達的轉動及停止時間，由凸輪之長度決定，時下設計者有凸輪每轉一轉需 70 秒者，缺口時間 5 秒，其餘 30 秒，故馬達停止 5 秒，轉動 30 秒。即旋轉盤正轉 30 秒後停 5 秒，然後反轉 30 秒再停止 5 秒，如此循環動作，直至鬆簧為止。

圖 6-9-8(b) 為洗衣定時開關，其凸輪的轉動速度由時鐘控制，故可定時撥開銀接點(作為洗衣馬達的電源開關)使馬達停止，以控制洗衣時間。圖中有兩個凸輪，黑色凸輪的缺口較長(缺口長度控制 c 與 a 的接觸時間，亦即鳴笛的時間)，固定的位置略前於白色凸輪的缺口(此缺口用以使接點 c 與 b 分離，控制洗衣馬達的電源)。(1)之位置時，兩凸輪皆頂住頂桿，使接點 c 與 b 接觸，c 與 a 分離。(2)之位置時，黑色凸輪移動到缺口處，頂桿陷下，接點 c 與 a 接觸，蜂鳴器之電源接通而鳴響，如此一直維持到(3)之位置(時下之設計響笛之時間有 10 秒及 15 秒兩種)，另一頂桿達到白色凸輪的缺口而下陷，接點 c 與 b 分離，時鐘停止，接點 c 與 b 維持常開，洗衣馬達之電源被切斷，洗衣過程結束。

二、脫水方面的控制

若以繩之一端繫物，而另端以手握持，並以握持點為中心而旋轉之，則手上將受到一個向外的拉力，該力即通常所稱之離心力。而且旋轉速度愈快，則離心力愈大。在雨天，若將淋雨的雨傘不斷的旋轉，則傘上的水滴將因離心力之作用，成切線方向脫離而向四周飛馳，且傘旋轉的愈快，則傘上的水滴所受離心力也愈大。衣物脫水之原理與傘上水滴因離心力而遠離傘之情況相同，衣物放在由電動機帶動而高速旋轉的直立式脫水籠中，其水份係藉高速旋轉而產生的巨大離心力而拋離。

在高速旋轉的機體上，若有微小的不平衡，則所產生的慣性力即非常驚人。因此脫水部份的旋轉組合機件，其尺寸精密度的要求非常重要。同時安全性亦需加以顧及。為防意外的發生，脫水槽蓋都附有一微動開關，只要脫水槽蓋一被開啟，脫水馬達之電源立即被切斷，唯有蓋妥槽蓋，始能使馬達轉動，此微動開關一般稱為安全開關。

脫水馬達係採用 1/8～1/4HP 之電容起動兼運轉式感應電動機，具有兩種速率，以適合不同的需求。脫水時間由脫水定時開關控制之，時間一到，即將脫水馬達之電源切掉。時下之設計，脫水時間最長為 5 分鐘。脫水定時開關視廠家之不同而有兩種相異的型式，待會兒在作電路分析時我們將談及。

三、水位控制

　　時常可以見到洗衣機「具有神奇四段水位」的廣告。圖 6-9-9 即為一具有如此功能的水位控制機構。當轉動水位選擇開關(有的洗衣機是使用滑動式控制桿作水位的控制) 時，與其相連之平皮帶即被帶動，而使蛇腹水管作上下移動，因此得以控制水位的高低。這個機構內最重要的是蛇腹水管的質料，必須能耐常久的上下往復動作而不形成損壞。溢水管在洗衣機中之位置，請參考圖 6-9-10。

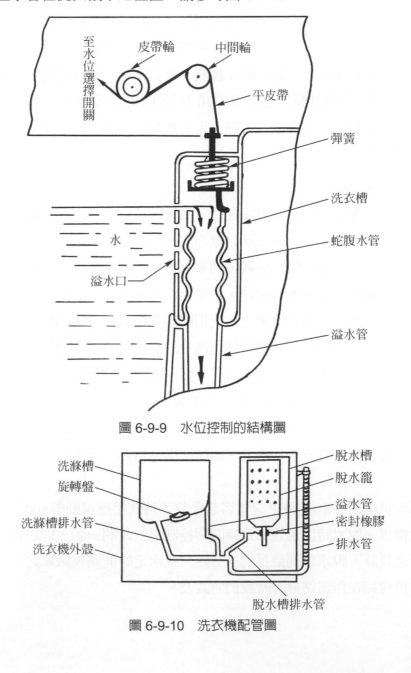

圖 6-9-9　水位控制的結構圖

圖 6-9-10　洗衣機配管圖

四、電動洗衣機的電路分析

　　將洗衣馬達、脫水馬達、脫水定時開關、洗衣控制開關、水流選擇開關(琴鍵式開關)、安全開關(微動開關)及可調音量蜂鳴器(蜂鳴器之構造請見 4-4 節。音量之調節係利用螺絲調節其振動片與鐵心的距離為之，距離大，音量大，距離小則音量小。)等元件配置得當，即成完整之電動洗衣機。常見的電動洗衣機電路，可歸納成兩大典型電路，一為國際牌，一為大同牌，茲分別說明之。

　　國際牌電動洗衣機之電路如圖 6-9-11(a)所示，圖中各開關之位置係處於未動作的情況下。圖 6-9-11(b)為水流選擇開關的動作情形。

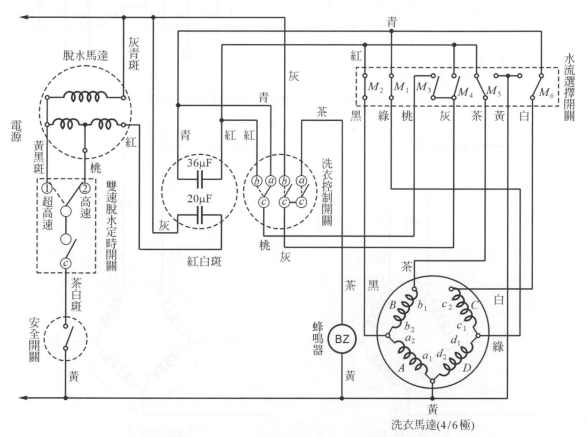

圖 6-9-11　　(a)國際牌電動洗衣機電路圖

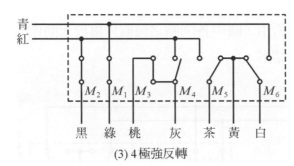

(1) 6極弱反轉

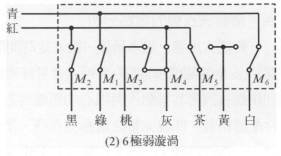

(2) 6極弱漩渦

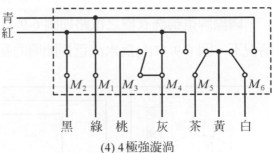

(3) 4極強反轉

(4) 4極強漩渦

圖 6-9-11　(b)國際牌電動洗衣機的水流選擇開關之動作情形

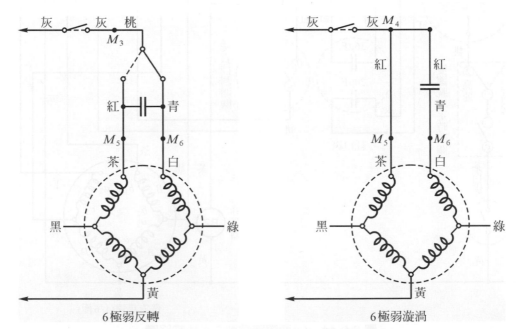

6極弱反轉

6極弱漩渦

圖 6-9-11　(c)國際牌電動洗衣機電路分析

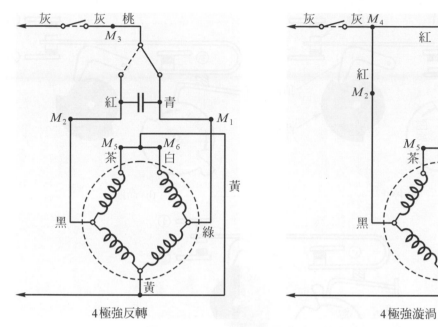

4極強反轉　　　　　　　　　　　　　4極強漩渦

圖 6-9-11　(c)國際牌電動洗衣機電路分析(續)

茲將水流選擇開關的動作情形說明如下：

1. 弱反轉：此時馬達接成 6 極。電源不但經過洗衣定時開關及水流選擇開關，而且通過正逆轉換向開關，馬達作低速的順時針及逆時針之交互旋轉。
2. 弱漩渦：馬達被接成 6 極，此時電源只經洗衣定時開關及水流選擇開關，馬達作逆時針方向的低速旋轉。
3. 強反轉：馬達接成 4 極，作順時針及逆時針的高速交互旋轉。
4. 強漩渦：馬達被接成 4 極，而作高速的逆時針方向旋轉。

水流選擇開關在各種情況下之電路詳示於圖 6-9-11(c)。

雙速脫水馬達由圖 6-9-12 所示之雙速脫水定時開關控制。脫水定時開關由時鐘控制，故可定時脫水。黑色凸輪控制接點 c 及 1 或 2 的接觸，白色凸輪控制接點 c 的分離。(a)圖所示之狀態，接點 c 分離，但電源係自 c 進入(參照圖 6-9-11(a))，故脫水馬達停止。(b)圖所示之狀態，接點 c 及 2 接觸，脫水馬達以高速轉動。(c)圖所示之狀態，接點 c 及 1 接觸，脫水馬達以超高速旋轉。因高速及超高速之凸輪長度不等，故兩速之定時不一，時下之設計，超高速為 5 分鐘定時，高速為 4 分鐘定時。當白色凸輪的缺口到達頂桿之位置時，頂桿下陷，接點 c 分離，脫水馬達的電源切斷，脫水動作結束。

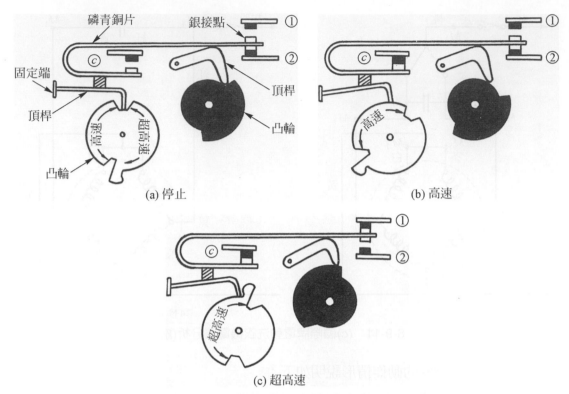

(a) 停止 　　　　(b) 高速

(c) 超高速

圖 6-9-12　國際牌電動洗衣機的雙速脫水定時開關

　　圖 6-9-13(a)為大同牌電動洗衣機電路圖，圖中各開關之位置係處於未動作的情況下。洗衣馬達與圖 6-9-11 一樣，都是採用圖 6-9-4 所示之 4/6P 變極馬達。

　　水流選擇開關在弱反轉、弱漩渦、強反轉、強漩渦等情況下，馬達電路之動作情形與圖 6-9-11 完全相同，現將其簡要的說明如下：(各情形下之電路詳示於圖 6-9-13(b))

　　弱反轉：接點 1，2，3 動作。馬達接成 6 極作低速順、逆時針方向之交互旋轉。

　　弱漩渦：接點 2，3，4 動作。馬達接成 6 極作低速的反時針方向轉動。

　　強反轉：接點 5，6，7 動作。馬達接成 4 極作高速順、逆時針方向交互旋轉。

　　強漩渦：接點 6，7，9 動作。馬達被接成 4 極作高速的反時針方向旋轉。

　　大同牌電動洗衣機的脫水馬達是使用 4 極與 6 極各有專用繞組之 4/6P 變極馬達。圖 6-9-13 之"二段脫水開關"為一按鈕式雙刀雙投開關，用以作超高速或高速脫水之選擇。當起動繞組為 A 行駛繞組為 C 時，馬達為 4 極，超高速脫水；切換二段脫水開關使起動繞組為 B，行駛繞組為 D 時，馬達為 6 極，高速脫水。

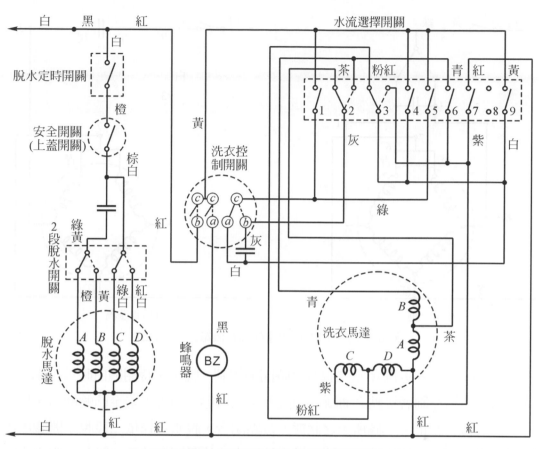

圖 6-9-13　(a)大同牌電動洗衣機電路圖

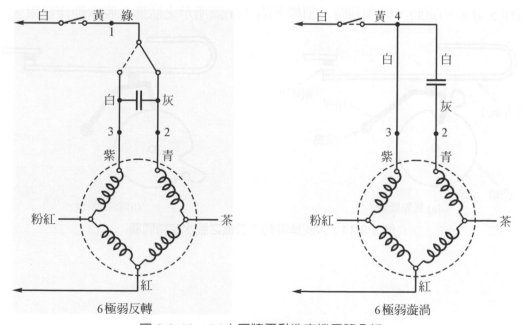

圖 6-9-13　(b)大同牌電動洗衣機電路分析

白　黃　綠

5

白　灰

3　　　　　　　　　　1

7　　6
紫　　青

粉紅　　茶

紅

4極強反轉

白　黃

9　白　灰　2

白　　　　　　　　　茶

3

7　　6
紫　　青

粉紅

紅　　　　紅

4極強漩渦

圖 6-9-13　(b)大同牌電動洗衣機電路分析(續)

　　　脫水時間由圖 6-9-14 所示之脫水定時開關控制。脫水定時開關由時鐘控制，故可定時脫水。凸輪控制著接點之通斷。(a)圖所示之狀態，頂桿下陷至凸輪缺口，接點分離，故脫水馬達停止。(b)圖所示之狀態，接點閉合，脫水馬達依二段脫水開關所處之狀態而作超高速或高速旋轉；凸輪之長度控制定時的長短，時下之設計，脫水定時開關可作 5 分鐘的定時，時間到時，頂桿下陷成(a)圖所示之狀態，脫水動作結束。

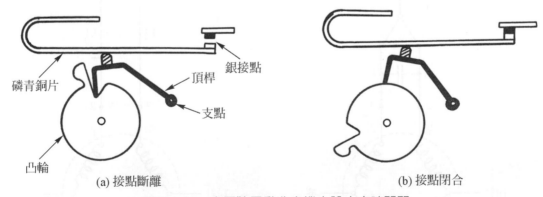

磷青銅片

銀接點

頂桿

支點

凸輪

(a) 接點斷離

(b) 接點閉合

圖 6-9-14　大同牌電動洗衣機之脫水定時開關

6-9-6 4/8P 變極馬達的動作原理

洗衣機的"洗衣馬達"除了 6-9-4 節所述之 4/6P 變極馬達外，尚有 4/8P 變極馬達。由於 4/8P 變極馬達被採用於部份洗衣機中，故特別於此提出，說明其動作原理。

洗衣馬達皆使用電容切換法變更旋轉方向，因此行駛繞組與起動繞組是輪流擔任，兩繞組的繞製是完全對稱(在圖 6-9-3 之說明中已提及)。

現在我們以其中一由 A 及 B 組成之繞組說明 4/8P 變極馬達的變極原理(另一由 C、D 組成之繞組，其變極原理完全與 A、B 組成之繞組相同。)。

當繞組 A 與 B 並聯使用，如圖 6-9-15(a)所示時，電流由 a 流向 c 的同時亦由 b 流向 c，所產生之磁極如圖 6-9-15(b)所示，共有 4 極(展開後之平面圖示於圖 6-9-15(c))。

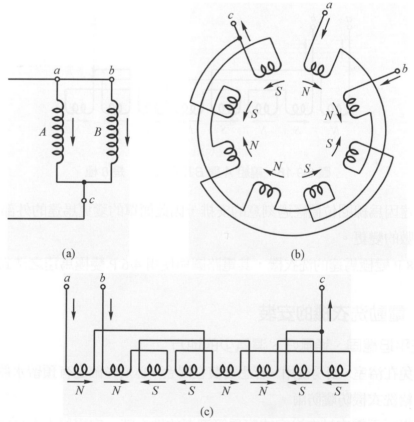

圖 6-9-15 繞組 A 與 B 並聯使用，是 4 極

若將繞組 A 與 B 如圖 6-9-16(a)所示串聯使用，則當電流由 a 流向 c 的同時，流經 B 繞組的電流是由 c 向 b(請注意，B 繞組內之電流已與圖 6-9-15 相反)，因此產生的磁極如圖 6-9-16(b)所示，共有 8 極(展開後之平面圖示於圖 6-9-16(c))。

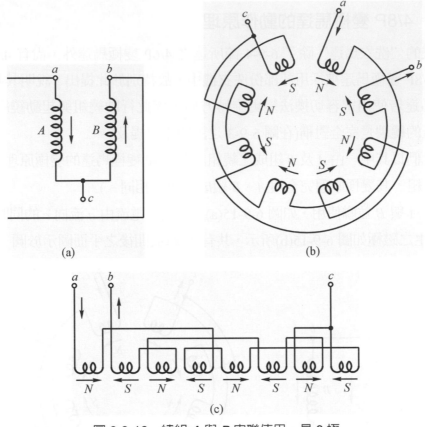

圖 6-9-16　繞組 *A* 與 *B* 串聯使用，是 8 極

　　變極馬達因為線圈位置經過刻意的安排，因此簡單的變更馬達的外部接線，即能輕易獲得極數的變更。

　　使用 4/8 P 變極馬達的洗衣機，其電路圖與使用 4/6 P 變極馬達之洗衣機一樣。

6-9-7　電動洗衣機的安裝

一、裝置在平坦穩固、通風好、濕氣少的地方

1. 儘量避免在浴室、廚房使用。若想安裝在陽台，必須先確定有預留水龍頭及插座，並且要給洗衣機防曬防雨。

2. 若迫不得已而需安裝在浴室或廚房等潮濕的地方時，宜用厚木台(高約 10 公分)墊高，並裝置在通風處，以便保持洗衣機的乾燥。

3. 洗衣機應離牆壁 20 公分以上。

4. 避免日光直射。

二、使用專用電源插座

1. 千萬不能和其他電器同時使用一個插座。

2. 為了防止觸電，洗衣機的接地線必須確實安裝。接地線不可以安裝至瓦斯管或自來水管。

三、將排水管調整在適當的方向

洗衣機均具有左右兩向排水的功能，為使機內排出的水流能暢通，洗衣之前需先選定方向，以減少地面水流，如安放洗衣機現場的出水口或水溝在左邊，洗衣機的排水管也應該選擇在左邊，並按以下步驟將排水管調整過來：

1. 用柔軟墊物鋪放在洗衣機背後的地面上，將洗衣機側置於其上。

2. 由洗衣機的底部抽動排水管，使管口伸出左邊。

3. 將右邊的排水管掛鉤，移裝至左邊。

4. 將左邊塞片，移裝右邊。

四、安裝地線

1. 為防漏電而發生危險，務需加裝地線。

2. 接上電源前需將地線夾頭先夾在接地線上，具有防止觸電的效果。

3. 千萬不要將地線夾頭夾在瓦斯管上。

6-9-8 洗衣機的使用方法

一、洗衣須知

1. 勿忘檢查欲洗的衣物

洗衣前請勿忘記把所欲洗衣物的口袋檢查一下，若有砂石、硬幣等不但會損傷衣物，且能使洗衣機發生故障。

2. 衣物應該分類，洗衣宜有先後。請參考表 6-9-1。

表 6-9-1 洗衣的順序

分類方式	洗衣先後順序
依質料分類	絹→毛織品→化學纖維→棉織品→麻
依顏色分類	白色衣物→有色衣物
依髒度分類	不太髒的衣物→較髒的衣物
依用途分類	由外衣先洗

3. 依衣料選用洗劑及水溫

為提高洗淨效果，應依衣料選擇洗劑。請參考表 6-9-2。

表 6-9-2　洗劑的選擇

衣料	適用洗劑
棉、麻	一般洗劑
化學纖維、絹、毛	中性洗劑

一般家庭在洗衣時都直接取用冷水，然而洗滌用的水如果適當的提高溫度，洗衣粉溶解的既快，又容易去垢。但溫度並不是愈高越好，以洗淨效果來講，在 40℃ 左右為佳，毛絲等不耐熱的衣料則以 30～35℃ 之溫水較為適當，總之，水的溫度須依衣料的性質來決定。請參考表 6-9-3。

表 6-9-3　適當的水溫

纖維種類	適當溫度
棉織品	約 40℃
絹、毛織品、人造絲	約 30℃
木棉與人造絲之混紡	約 30℃
麻織品(如帆布之厚料)，太髒的衣物	約 40℃
毛絲類	約 30℃

4. 依洗滌衣料的種類選擇水流

視衣物的「髒」與「量」選擇適當的洗衣時間。請參考表 6-9-4。

表 6-9-4　水流的選擇

水流種類	弱反轉	弱漩渦	強反轉		強漩渦	
布料的種類	(汗衫類) ● 絹 ● 麗絨 ● 尼龍　　｝薄物 ● 天然合成混紡 (西裝類) ● 麗絨 ● 人造絹　｝厚物 ● 毛織品	● 毛線衣 ● 衛生衣 ● 襯衫 ● 尼龍　　｝厚物 ● 合成纖維	(汗衫、睡衣類) ● 天然合成混紡 　(厚物) (制服、工作服) ● 白襯衣 ● 木棉　　｝薄物 ● 麻		(較污的衣物、工作服) ● 木棉　　｝厚物 ● 麻	
洗衣容量	1kg 以下	1kg 以下	1kg 以下	1～2kg	1kg 以下	1～2kg
洗劑量	約 60g	約 60g	45～60g	80g	48～60g	80g
預洗時間			2 分	3～4 分	2 分	3～4 分
正洗時間	2～3 分	2～3 分	4～6 分	5～8 分	8～10 分	8～15 分

(1) 按上表選擇需要的水流與洗衣時間(配合衣物的「髒」與「量」而作適當選擇。)。

(2) 不放洗劑或皂粉之洗滌謂之預洗。預洗之目的在將污髒衣物先用清水沖洗 2～4 分鐘，以節省洗劑及洗衣時間，並使污垢容易脫落。加洗劑或皂粉之洗滌稱為正洗。

二、脫水須知

1. 脫水籠是以極高的速度在旋轉，故放入衣服時須稍用力壓緊，以免衣物在旋轉時被拋出。

2. 較小或較薄衣物應放在底層。

3. 脫水籠震動過劇時，應打開頂蓋，將衣物重新放置均勻再行起動(打開頂蓋時，在脫水籠未完全停止之前勿將手伸入脫水槽內。)。

4. 較薄的衣物採用高速脫水，厚的衣物採用超高速脫水。脫水時間的長短，可遵照所用洗衣機，說明書中之建議。表 6-9-5 為三洋洗衣機的脫水時間表，可供參考。

5. **注意事項**：包括雨衣、風衣、羽絨衣、防水床單、理髮圍巾、滑雪裝等有防水功能的物品，都不能放在洗衣機脫水，否則會導致洗衣機產生異常劇烈的震動。

表 6-9-5　洗衣物與脫水時間的關係

衣料	脫水時間
絹、毛、化學纖維(薄物)	約 1 分
絹、毛、化學纖維(厚物)	約 2 分
木棉、麻(薄物)	約 3 分
木棉、麻(厚物)	約 4 分

三、漬點之洗脫方法

衣物等各種織品如染上污斑，只要趕快處理，便可很容易的用清水洗掉，但如久置不加處理則會引起化學變化而致難予洗淨。

	棉、絲織品	人纖、羊毛、絹
血液	用海棉浸清水擦拭，如仍留漬點則應浸在弱鹼性(苛性蘇打等)溶液中擦洗。	用海棉浸水擦拭，如漬點尚存者宜用雙氧水拭之。
果汁	把衣服展開置於盆上用熱水沖之即可，如仍留有殘漬宜用檸檬汁或漂白劑漂洗。	以海棉浸溫水擦拭，用雙氧水擦洗。
墨水	新的墨漬應用非皂精或洗髮粉輕輕揉洗，倘留有斑漬則以蓨酸漂洗。	用海棉浸酒精擦洗。
鐵鏽	用蓨酸或檸檬汁洗之。	用檸檬汁擦拭。
口紅	宜用油性面霜將斑漬沖淡後再按平常洗衣法洗之。	用油性面霜沖淡後用海棉浸四氧化碳擦洗。
霉斑	新斑可用肥皂水洗脫。若尚留餘斑時宜用漂白。	斑點少者用肥皂水洗之即去。
污泥	用浸水之海棉擦拭後再用熱肥皂水洗，仍不能洗掉時宜用海棉浸酒精擦洗。	用海棉浸水擦拭，若不能去污則應用水 2 酒精 1 份之比例液浸海棉擦拭。
油漆	用煤油或松脂油或四氧化碳水溶液擦到去漬為止，然後洗衣。	以海棉浸四氧化碳液或松脂油擦拭之。
燒焦	先清洗然後漂白，若漬點太深則無法去掉。	用海棉浸雙氧水擦拭。若漬點過深則無法去掉。

6-9-9 電動洗衣機的故障判斷與檢修要領

一、故障檢修速見表

故障情形	可能的原因	處理方法
馬達完全不轉動	插頭與插座接觸不良	使接觸良好
	配線中斷	查出斷處並接好
	定時開關或水流選擇開關的接點接觸不良	拆下修理或換新品
	馬達燒毀	換馬達
馬達不轉，但是有嗡嗡聲	電源電壓太低	商請電力公司改進
	電容器不良	換良好的電容器
	馬達軸承不良	矯正、注油或換新
	馬達的起動繞組燒毀	換馬達並注意起動電容器是否已打穿
	馬達的起動繞組斷線	將斷處接好或換馬達
	開關的接點接觸不良	拆下修理，最好換新
	旋轉盤被衣物絞住或被硬幣卡住	拆下旋轉盤清理之
馬達有旋轉，但旋轉盤不轉動	V 型皮帶掉落或斷掉	斷掉則換新，掉落則再裝上並調整緊度
	皮帶輪螺絲鬆脫	將螺絲栓緊
旋轉盤容易鬆脫	旋轉盤的固定螺絲未栓緊	鎖緊並記得放入齒形墊圈
	螺絲部牙峰不良	換固定螺絲或旋轉盤軸
	軸與旋轉盤的間隙過大	換軸或旋轉盤
洗濯的衣物旋轉太慢	V 型皮帶滑動	調整馬達位置，使 V 皮帶上緊。如果 V 皮帶伸長太多，無法調整，則換新。
	洗濯衣物份量與水的比例太多	減少洗濯衣物或加水量
洗衣不反轉	洗衣控制開關不良	換新品
開關的軸部空轉或異常的緊	內部機構故障	換開關
	旋鈕的固定梢或螺絲脫落	修理或換新
漏電(基本方法是接好接地線)	馬達、電容器、開關等部品因吸濕而降低絕緣特性	作乾燥處理
	電氣零件絕緣破損	將破損部份換新
	於過分潮濕的場所使用	墊高或移到水氣較少的場所

(續前表)

故障情形	可能的原因	處理方法
漏水(洗衣方面)	水管接頭裝配不良	必要時用鉛線綁緊
	水管或水槽破孔	將破孔的另件換新
	軸承部因磨損而過鬆	將軸承部換新
漏水(脫水方面)	排水管裝配不良	使用強力膠確實密封
	脫水槽螺絲固定部漏水	以強力膠填充
	脫水槽破孔	修理或換新
不能排水	排水口或水管內部阻塞	清除布屑
	過濾阻塞	拆下清除
	排水管凹折	修正凹折處或換新
脫水籠完全不旋轉或不能高速旋轉	脫水籠與脫水槽之間有衣物掉入，故阻力增加	將誤掉入的衣物清理出來
	脫水槽長久使用，積存有洗劑等污物	以清水沖洗清潔
	軸承阻力太大或損壞	拆開加油或換新
脫水槽蓋開了以後，脫水籠不能停下	微動開關故障	換新
	微動開關調整不當	適當調整之
噪音與振動	裝置場所不當，四個腳輪沒有完全著地	裝置穩當
	脫水時，衣物放置不當	將衣物重新放置均勻後再起動
	馬達座螺絲鬆動	將螺絲上緊
	脫水籠軸變形或彎曲	更換新品

二、檢修要領

1. 水流開關 piano switch 故障

    (1) 機械故障。

    ① 電動洗衣機的最常見故障為水流選擇開關的動作失靈。

    ② 琴鍵按不下，乃內部機件受肥皂水鹼性長期侵蝕，而生鏽不能靈活運用。宜換新品。

    ③ 按琴鍵時，開關整體下陷，按鈕不能達成預定位置而導通電流，乃因控制台底板鏽蝕過鉅，支撐力量不夠所致，宜換新品。

(2)　電路故障
　　①　檢查琴鍵開關的電路故障前，須先切斷洗衣馬達的五條引線。
　　②　按下琴鍵，分別以三用電表測試在不同的情形下，下述線路是否導通：
　　圖 6-9-11：
　　①　弱反轉時：灰——桃
　　　　　　　　　紅——茶
　　　　　　　　　青——白
　　②　弱漩渦時：灰——紅——茶
　　　　　　　　　青——白
　　③　強反轉時：灰——桃
　　　　　　　　　紅——黑
　　　　　　　　　青——綠
　　　　　　　　　白——黃——茶
　　④　強漩渦時：灰——紅——黑
　　　　　　　　　青——綠
　　　　　　　　　白——黃——茶

　　圖 6-9-13：
　　①　弱反轉時：黃——綠
　　　　　　　　　灰——青
　　　　　　　　　白——紫
　　②　弱漩渦時：灰——青
　　　　　　　　　白——紫
　　　　　　　　　黃——白
　　③　強反轉時：黃——綠
　　　　　　　　　灰——茶
　　　　　　　　　白——粉紅
　　　　　　　　　青——紫——紅
　　④　強漩渦時：黃——白
　　　　　　　　　灰——茶
　　　　　　　　　白——粉紅
　　　　　　　　　青——紫——紅

如檢查上列電路皆能導通，即表示該琴鍵開關良好。如有未能導通者，即表示有接點接觸不良，宜換新品。

2. 洗衣控制開關

(1) 機械故障：齒輪損壞、發條斷或凸輪破裂等，屬於機械故障，宜更換新品。

(2) 線路故障之檢驗法

① 轉動旋鈕。

② 圖 6-9-11 之灰──灰要成通路。

圖 6-9-13 之紅──黃要成通路。

③ 圖 6-9-11 之桃──青或桃──紅要成通路。

圖 6-9-13 之綠──灰或綠──白要成通路。

3. 蜂鳴器檢驗法

(1) 轉動洗衣控制開關，使其不在「切」的位置。

(2) 蜂鳴器兩端之引線

圖 6-9-11 之茶──黃要成通路。

圖 6-9-13 之黑──紅要成通路。

4. 洗衣馬達

(1) 機械故障：機械故障最普通之現象為縮心、偏心等，宜換新品。

(2) 電路故障：洗衣馬達若不能反轉，表示換向開關的接點接觸不良，宜換新品。

5. 脫水馬達

(1) 脫水馬達的常見故障為受槽蓋控制的安全開關接點接觸不良。其次為脫水定時開關之接點接觸不良。兩者可用細砂紙磨拭之，使之接觸平滑，若有新品則更換之較佳。

(2) 脫水籠與脫水槽間被破碎衣料阻塞，使脫水馬達起動不了，終至燒毀馬達者不少，此時宜換新馬達。

6. 電容器

電容器可能因使用過久，遇熱或瞬間電壓過高等情形而引起短路、斷路、接地與容量不足之現象。

(1) 短路：即一般所稱的打穿。

(2) 斷路：電流不通，又稱開路。

(3) 接地：電容器之任意接點與外殼間發生短路。

(4) 電容器的檢驗法

① 容量的測量(如圖 6-9-17 所示測量)

$$C = 2650 \times \frac{A(安培)}{V(伏特)} \mu F$$

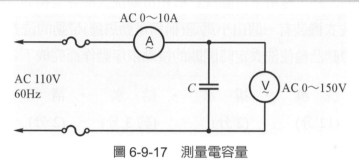

圖 6-9-17 測量電容量

② 斷路的試驗：如圖 6-9-17 所示測試時，若安培計之指示為零，便是電容器開路，要更換一只新的電容器。

③ 短路的試驗：如圖 6-9-18 所示測試，若燈泡一直發亮便表示電容器短路。注意！必須使用直流電源。

④ 接地的試驗：如圖 6-9-19 所示接線，若上面的導線碰到某個接頭時燈泡發亮，便表示該接頭與外殼短路。

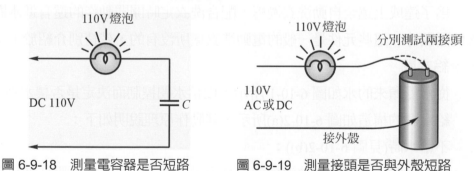

圖 6-9-18 測量電容器是否短路　　　圖 6-9-19 測量接頭是否與外殼短路

🍚 6-10 雙槽全自動洗衣機

🔩 6-10-1 雙槽全自動洗衣機概述

雙槽全自動洗衣機和 6-9 節所述之電動洗衣機在構造上完全一樣；有一個洗衣槽專司洗滌衣物的工作，一個脫水槽用以脫乾衣物的水分。

在脫水部份的電路，雙槽全自動洗衣機和電動洗衣機完全相同。但是洗衣部份，由於雙槽全自動洗衣機裝有一個由小馬達(稱為電動馬達)帶動的洗衣定時開關，故在小馬達通電後可帶動凸輪使洗衣定時開關的接點依序動作而完成下述洗衣過程：

給　水　→　洗　滌　→　排　水　→　給　水　→　清　洗　→　排　水　→
(約 3 分)　　(12 分)　　　(2 分)　　　(約 3 分)　　(2 分)　　　(2 分)

給　水　→　清　洗　→　排　水　→　給　水　→　清　洗　→　排　水　→
(約 3 分)　　(2 分)　　　(2 分)　　　(約 3 分)　　(2 分)　　　(2 分)

蜂鳴器響(洗衣過程結束)

由於整個洗衣過程完全不需有人在旁照顧，因此可利用洗衣時間從事其他家事(所謂洗滌就是洗衣槽裡放有洗衣粉，清洗則是洗衣槽只進水而不放洗衣粉。)。

🔩 6-10-2 雙槽全自動洗衣機電路的組成元件

為了達成上述全自動洗衣過程，配合洗衣定時開關動作的還有進水閥、排水閥、水位開關等，這些元件是一般的電動洗衣機所沒有的，茲特別介紹於下：

一、給水閥

從水龍頭來的水如圖 6-10-1 所示，由給水閥控制而決定是否讓水進入洗衣槽。

給水閥的構造如圖 6-10-2(a)所示，其動作原理說明如下：

1. 不給水時(見圖 6-10-2(b))：
   (1) 線圈不通電，因此滑桿受本身重量及彈簧的張力往下壓住橡皮隔片。
   (2) 由入水口進入的水流經橡皮隔片的「兩側細孔」，而覆蓋在隔片上。
   (3) 隔片上的水壓將隔片作面的壓迫，而將入水口與出水口的通路完全堵住，故水流不虞自出水口洩出。

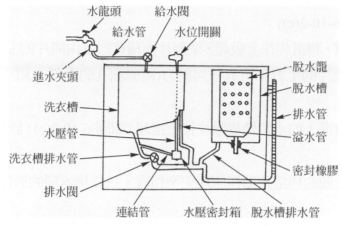

圖 6-10-1 雙槽全自動洗衣機配管圖

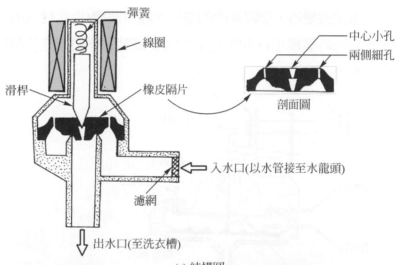

(a) 結構圖

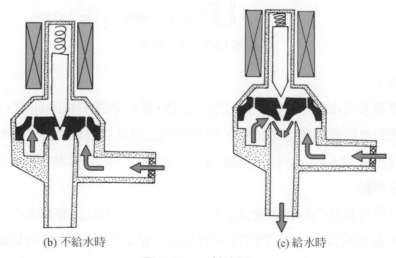

(b) 不給水時　　　　　　　　(c) 給水時

圖 6-10-2 給水閥

2. 給水時(見圖 6-10-2(c))：

(1) 線圈通電，將滑桿往上吸起，使隔片上積存的水由隔片的「中心小孔」流出，故橡皮隔片的上方不再有任何壓力(兩側細孔的面積之和小於中心小孔的面積)。

(2) 由入水口進入的水將橡皮隔片往上推起，如圖 6-10-2(c)，於是水流入洗衣槽。

二、排水閥

排水閥和給水閥的構造及動作原理完全相同，只是排水閥的形體較大。

三、水位開關

水位開關如圖 6-10-3，由橡皮薄片、彈簧，及接點組成，利用塑膠管與洗衣槽相連。當洗衣槽內的水位改變時，塑膠管內的氣壓亦隨著改變(洗衣槽內的水位高時塑膠管內的氣壓大，水位低時氣壓小)，利用此氣壓改變接點的啓閉即能控制給水閥之通電與否。

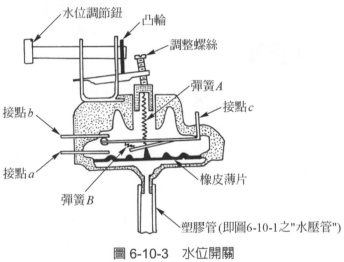

圖 6-10-3　水位開關

動作原理：

1. 在洗衣槽還未進水時，接點 b 與接點 c 閉合，使給水閥的線圈通電。洗衣槽進水。

2. 當洗衣槽的水位達到所需水位時，塑膠管內之空氣被壓縮而施力於橡皮薄片，彈簧 B 使接點 c 與 b 打開，給水閥斷電，停止供水。同時接點 c 與接點 a 閉合，使洗衣馬達轉動。

3. 水位調節鈕可旋動凸輪而改變洗衣槽的水位。當凸輪使調整螺絲受到較大的下壓力量時，需要較高的水位塑膠管內的氣壓才足以使接點轉變而切斷給水閥的供

電，故爲高水位。當凸輪使調整螺絲所受之下壓力量較小時，較低的水位塑膠管內之氣壓即足以使接點轉換而使給水閥斷電，故爲低水位。因此轉動水位調節鈕即可控制洗衣槽的水位之高低。

🍶6-10-3 雙槽全自動洗衣機電路分析

1. 大同雙槽全自動洗衣機之電路如圖 6-10-4 所示，茲分析如下：

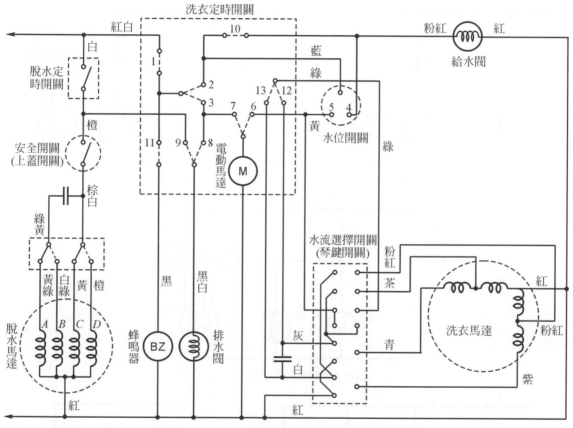

圖 6-10-4　大同雙槽全自動洗衣機電路圖

(1) 進水：洗衣定時開關的接點 1、2、6 處於導通狀態，同時因爲水槽內還沒有水，水位開關的接點 4 導通，故電源加至給水閥，洗衣槽開始進水。如圖 6-10-5(a)。此時由於接點 5 是打開的，所以縱然 6 導通，電動馬達還是不受電。

(2) 洗滌：當洗衣槽的水達到所需水位時，水位開關動作使 4 斷 5 通。電動馬達未受電時，接點 1、2、6 一直保持接通，故 5 通後洗衣定時開關的電動馬達

即受電開始運轉，同時電源經黃色線送至水流選擇開關，此時洗衣馬達照水流選擇開關之位置而運轉。見圖 6-10-5(b)。

註：①水流選擇開關可作弱反轉、弱漩渦、強反轉、強漩渦四種選擇。

②電動馬達受電後接點 12、13 即受凸輪控制而輪流導通，以便水流選擇開關若按在弱反轉或強反轉的位置時，洗衣馬達可以作順逆時針方向之交互旋轉。

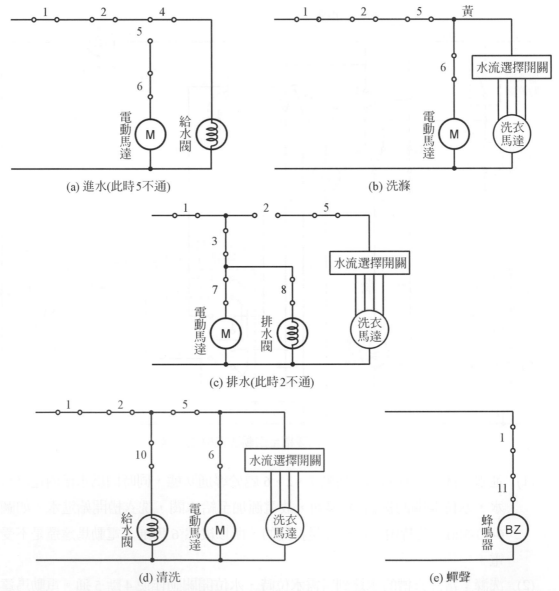

(a) 進水(此時5不通)

(b) 洗滌

(c) 排水(此時2不通)

(d) 清洗

(e) 蟬聲

圖 6-10-5　大同雙槽全自動洗衣機電路分析圖(在本圖中水流選擇開關與洗衣馬達係以簡圖表示，詳圖請見圖 6-10-6)

(3) 排水：洗滌的時間為 12 分鐘，時間一到，電動馬達立即利用所帶動的凸輪使接點成為 1、3、7、8 通。洗衣馬達因接點 2 開路而停止轉動。此時受電的有電動馬達及排水閥，故洗衣槽的水由排水閥排出。見圖 6-10-5(c)。

(4) 進水：排水的時間為 2 分鐘，時間到時接點成為 1、2、6 通，故當洗衣槽的水排掉後，水位開關的接點 5 斷 4 通，給水閥即受電使水進入洗衣槽。見圖 6-10-5(a)。

(5) 清洗：尚在進水中，洗衣定時開關的接點為 1、2、6 通，電動馬達不受電。等水位夠時接點 4 斷 5 通，洗衣馬達受電運轉，開始清洗衣物。同時電動馬達亦因接點 5 的導通，再度受電繼續運轉，使接點 10 成為接通狀態，故進水工作並不因接點 4 打開而停止，因此浮在上面的肥皂泡沫由溢水口流掉，使衣物容易清洗乾淨。見圖 6-10-5(d)。

在接點 5 導通時，電動馬達即再度受電繼續運轉，故在清洗工作進行兩分鐘後，洗衣定時開關的接點轉變為第(6)步驟所述之狀態。

(6) 排水：清洗時間為 2 分鐘。時間到時洗衣定時開關的接點變為 1、3、7、8 通，此時和第(3)步驟的動作完全相同。

(7) 第(4)～第(6)步驟一共循環 3 次。

(8) 蟬聲：最後一次排水完成後洗衣定時開關的接點成為 1 和 11 通，蜂鳴器響，告知洗衣過程全部結束。見圖 6-10-5(e)。

(9) 以上各步驟之分析請參考圖 6-10-5。

(10) 茲將以上各步驟時洗衣定時開關各接點的動作情形列於表 6-10-1，以方便各位讀者對照圖 6-10-4 研讀。表中有打＊記號者表示該接點導通，而使電路動作。

(11) 將衣物拿進脫水籠裡，蓋好脫水槽蓋，並轉動脫水定時開關，脫水馬達即開始運轉而將衣物脫水。此部份與電動洗衣機相同，可參考 6-9-5 節有關脫水方面之說明。

表 6-10-1　大同洗衣定時開關的動作情形

動作 ＼ 接點代號	1	2	3	4	5	6	7	8	9	10	11
進水	＊	＊		＊							
洗滌	＊	＊			＊	＊					
排水	＊		＊				＊	＊			
清洗	＊	＊			＊	＊				＊	
蟬聲	＊										＊

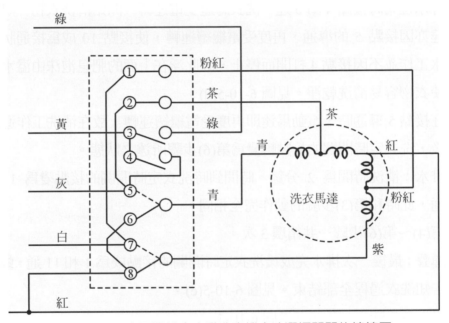

圖 6-10-6　大同雙槽全自動洗衣機水流選擇開關的接線圖

表 6-10-2　大同水流選擇開關的動作情形

水流種類 ＼ 接點代號	1	2	3	4	5	6	7	8
弱反轉			＊		＊		＊	
弱漩渦			＊	＊	＊		＊	
強反轉	＊	＊	＊			＊		＊
強漩渦	＊	＊		＊		＊		＊
切	＊	＊				＊		＊

註：打＊記號表示接點閉合

2. 三洋雙槽全自動洗衣機之電路如圖 6-10-7 所示，可供檢修時之參考。

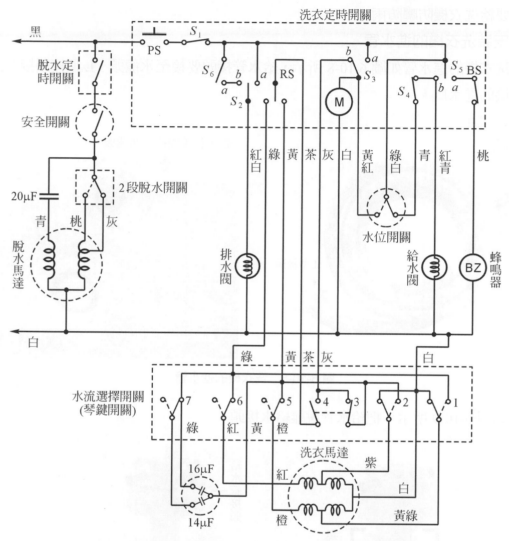

【註】①將洗衣定時開關之旋鈕壓入時 PS 導通，拉出時 PS 斷路。
②水流選擇開關之接點：強：實線 ON　　反轉：4 ON
　　　　　　　　　　　　弱：虛線 ON　　漩渦：3 ON

圖 6-10-7　三洋雙槽全自動洗衣機電路圖

6-10-4　全自動洗衣機的安裝

一、安裝場所之必備條件

1. 乾燥且通風。

2. 有預留水龍頭及專用插座。

3. 有地面排水孔或水溝。

4. 要給洗衣機防曬防雨。

二、安裝洗衣機的進水管

1. 洗衣機的進水管如圖 6-10-8 所示,給水管接頭要接至水龍頭,L 型接頭接至洗衣機的進水口。

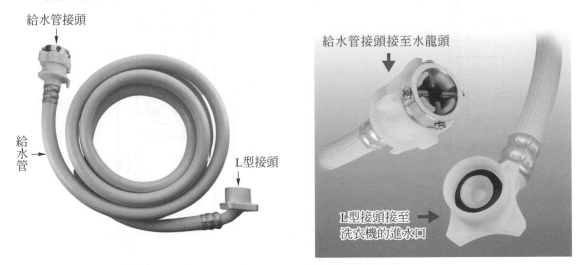

圖 6-10-8　洗衣機的進水管

2. 如圖 6-10-9 所示,把給水管脫離給水接頭。

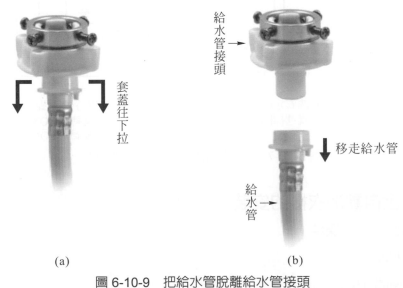

(a)　　　　　　　　　　(b)

圖 6-10-9　把給水管脫離給水管接頭

3. 如圖 6-10-10 所示，旋鬆給水管接頭的下座與上座。(上座與下座鬆開間隙約 2mm 即可，**不要完全分開**。) 並把四支螺絲轉鬆。

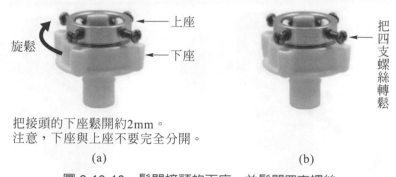

把接頭的下座鬆開約2mm。
注意，下座與上座不要完全分開。

(a)　　　　　　　　　　　　　(b)

圖 6-10-10　鬆開接頭的下座，並鬆開四支螺絲

4. 如圖 6-10-11 所示，把給水管接頭垂直往上**頂緊**水龍頭。

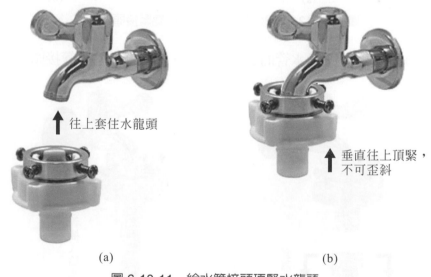

(a)　　　　　　　　　　　　　(b)

圖 6-10-11　給水管接頭頂緊水龍頭

5. 如圖 6-10-12 所示，先將四支螺絲均勻鎖緊，然後把下座**旋緊**。(若沒旋緊，會漏水。)

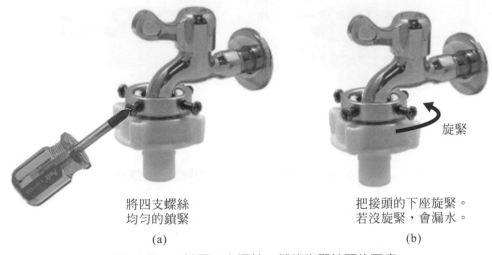

將四支螺絲
均勻的鎖緊

(a)

旋緊

把接頭的下座旋緊。
若沒旋緊，會漏水。

(b)

圖 6-10-12　鎖緊四支螺絲，然後旋緊接頭的下座

6. 如圖 6-10-13 所示，把給水管的套蓋住下拉，然後插入給水管接頭。

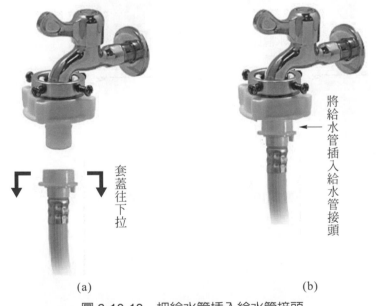

套蓋住下拉

(a)

將給水管插入給水管接頭

(b)

圖 6-10-13　把給水管插入給水管接頭

7. 如圖 6-10-14 所示，把 L 型接頭旋緊在洗衣機的進水口。

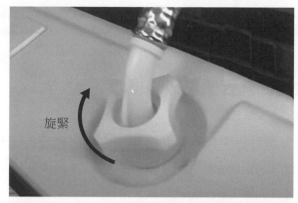

圖 6-10-14 把 L 型接頭旋緊在洗衣機的進水口

三、安裝洗衣機的排水管

1. 如圖 6-10-15 所示，把排水管插入洗衣機的排水管接續口。(插入，直到無法再插進去為止)。

2. 如圖 6-10-16 所示，把排水管的另一端插入地板的排水口。**請注意，洗衣機排水管的末端與地下排水管必須有 3 公分以上的間隙，不可以插到底**，如圖中所示。

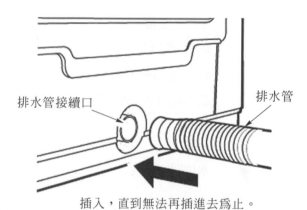

插入，直到無法再插進去為止。

圖 6-10-15 把排水管插入洗衣機的排水管接續口

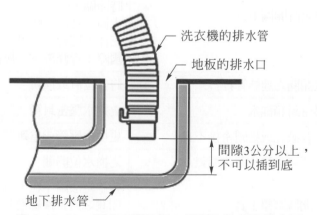

圖 6-10-16 把排水管的另一端插入地板的排水口

四、通電

1. 先把洗衣機的地線(綠色或黃／綠色絕緣皮的導線)夾頭夾在接地線上。

2. 把洗衣機的電源插頭插入專用電源插座。

🔧 6-10-5 雙槽全自動洗衣機之故障檢修

一、故障檢修速見表

全自動洗衣機與普通電動洗衣機有甚多相同之處，修理時請參照 6-9-9 節。以下僅將洗衣部份的不同處提出：

故障情形	可能的原因	處理方法
不給水	停水	等水來才使用
	水壓不正常	俟水壓正常($0.2kg/cm^2 \sim 8kg/cm^2$)才使用
	給水管阻塞	更換給水管
	給水閥之線圈斷線	以三用電表測試，若斷線則更換給水閥
	給水閥的橡皮隔片之中心小孔阻塞	換新給水閥
	水位開關不良	在洗衣機通電的情況下以三用電表測試，若下列導線間有電壓，則更換水位開關。 大同：藍——粉紅 三洋：青——綠白 國際：白——青條斑
	洗衣定時開關不良	在洗衣機通電的情況下以三用電表測試，若下列導線間有電壓，則更換洗衣定時開關。 大同：紅白—藍 三洋：紅青——黑 國際：青條斑——灰白斑
給水不停	水位開關之連結管打折	將其拉直或換新
	水壓密封箱漏水	更換水壓密封箱
	水壓管破孔或接頭密接不良	更換水壓管或重新裝好
	水位開關之橡皮薄片漏氣	更換水位開關
	水位開關調整不良	若確定故障不在上述四種原因，則將水位開關之調整螺絲逆時針旋轉，直至供水停止

(續前表)

故障情形	可能的原因	處理方法
不排水	排水閥之各插梢未插好	重新將插梢裝好
	排水閥之線圈斷線	以三用電表測試，若斷線則換新
	排水管之外部打折或內部阻塞	重新裝好或更換排水管
	洗衣定時開關不良	在洗衣機通電的情況下，當洗衣定時開關之旋鈕轉動至排水刻劃內時以三用電表測量，下列導線間應無電壓，否則更換洗衣定時開關。 大同：紅白──黑白 三洋：紅白──黑 國際：橙─黑白斑
排水不停	排水閥不良或有異物	清除或換新
	洗衣定時開關不良	在洗衣機通電的情況下，以三用電表測量排水閥線圈兩端的電壓，若電壓一直不消失，則更換洗衣定時開關。
蟬聲不響	蜂鳴器損壞	在洗衣機通電的情況下以三用電表測量蜂鳴器的線圈，若有正常電壓，則更換蜂鳴器。
	洗衣定時開關不良	在洗衣定時開關轉至蟬聲的刻劃時，以三用電表測蜂鳴器的線圈，若沒有電壓，則更換洗衣定時開關。
不會自動再進水	1. 排水閥不良 2. 洗衣定時開關不良	參閱本故障檢修表第一項不給水的「水位開關不良」及「洗衣定時開關不良」之"處理方法"
洗衣不反轉	洗衣定時開關不良	換新品
	水流選擇開關不良	換新品

二、故障檢修程序圖

　　於此所提供的故障檢修程序圖是供你在故障檢修時有次序可遵行而一步一步做，以免亂了方寸，至於所需應用到的技巧，請參閱"故障檢修速見表"中的"處理方法"。

故障情形：洗衣定時開關已置於適當位置但不給水

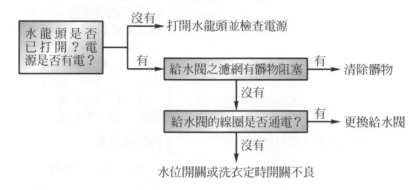

故障情形：給水不停

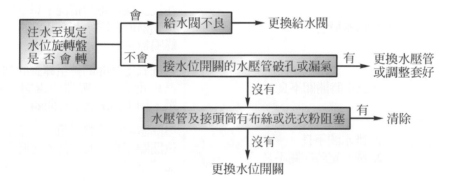

故障情形：已給水完畢但旋轉盤不轉動

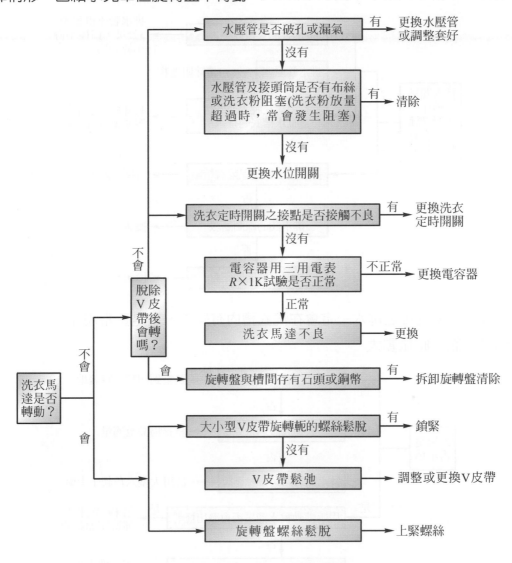

故障情形：不排水或排水不良以致會貯水

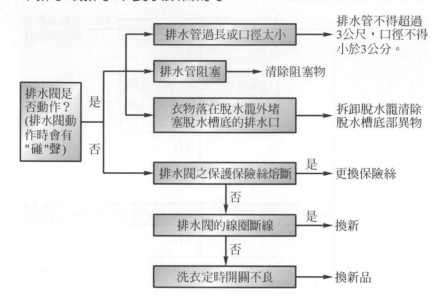

註：最後一次清洗後之排水一定會在洗衣槽內有殘水，這是正常現象。

故障情形：脫水時振動大

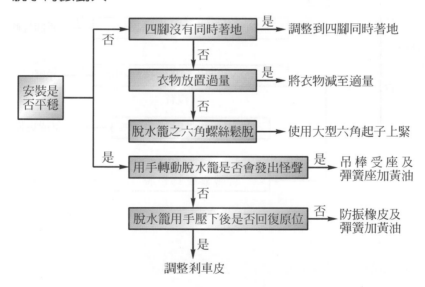

故障情形：計時器轉到脫水位置時，脫水籠不轉或脫水籠轉速甚低，以致脫水作用不良

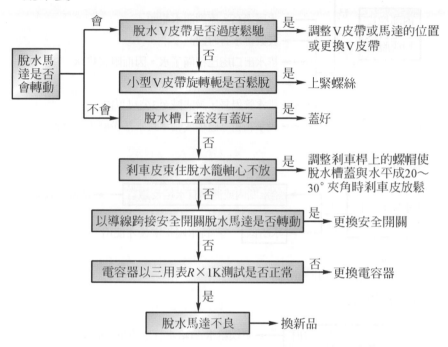

故障情形：洗衣或脫水時會傳出很大怪聲

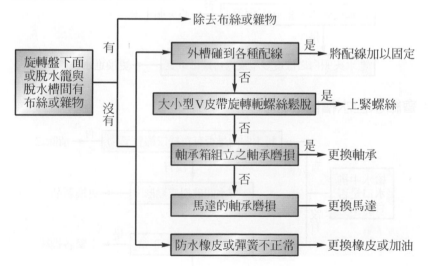

故障情形：洗衣機本體漏水

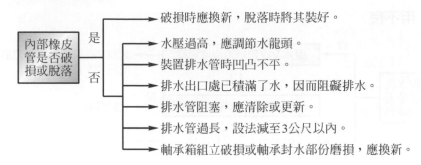

內部橡皮管是否破損或脫落

是 → 破損時應換新，脫落時將其裝好。

否 →
- 水壓過高，應調節水龍頭。
- 裝置排水管時凹凸不平。
- 排水出口處已積滿了水，因而阻礙排水。
- 排水管阻塞，應清除或更新。
- 排水管過長，設法減至3公尺以內。
- 軸承箱組立破損或軸承封水部份磨損，應換新。

故障情形：給水時間過長

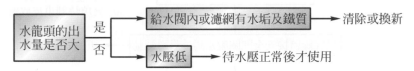

水龍頭的出水量是否大

是 → 給水閥內或濾網有水垢及鐵質 → 清除或換新

否 → 水壓低 → 待水壓正常後才使用

註：正常的情況下，給水的時間約 3 分鐘。

故障情形：給水管漏水

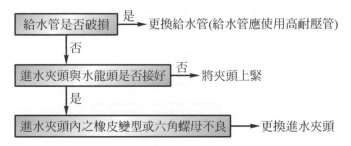

給水管是否破損 →是→ 更換給水管(給水管應使用高耐壓管)

否↓

進水夾頭與水龍頭是否接好 →否→ 將夾頭上緊

是↓

進水夾頭內之橡皮變型或六角螺母不良 → 更換進水夾頭

故障情形：會給水但水槽內不存水

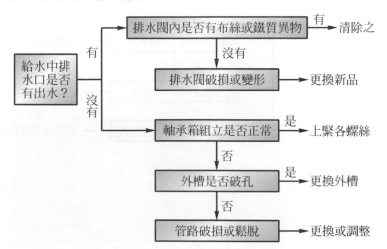

給水中排水口是否有出水？

有 → 排水閥內是否有布絲或鐵質異物 →有→ 清除之

沒有↓

排水閥破損或變形 → 更換新品

沒有 → 軸承箱組立是否正常 →是→ 上緊各螺絲

否↓

外槽是否破孔 →是→ 更換外槽

否↓

管路破損或鬆脫 → 更換或調整

故障情形：脫水籠轉不停

脫水計時器損壞 ——→ 更換脫水計時器

故障情形：在運轉中將脫水槽上蓋打開，脫水籠無法很迅速停止轉動

剎車皮磨損或剎車桿調整不良 ——→ 更換剎車皮或調整剎車桿

故障情形：蜂鳴器不響

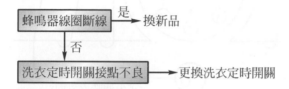

蜂鳴器線圈斷線 ──是──→ 換新品

否↓

洗衣定時開關接點不良 ——→ 更換洗衣定時開關

故障情形：洗衣物有黃色的斑點

多半是水管內有鐵銹或水垢而引起的 ——→ 洗衣定時開關轉至給水的位置，然後連續將電源ON－OFF 30次以迫出水垢及鐵銹。

註：使用地下水時，洗衣粉會和地下水起化學作用，變成雜質黏片，積結後若受到振動會被迫出黏在衣物上。故洗衣時最好使用自來水。

6-11 單相感應電動機的進一步探討

　　在本章的電扇檢修中，我們已知，電扇不能起動，只有哼哼聲，但以手撥動扇葉後，即能運轉，則為起動部份發生故障。由這個事實，我們可知：「純」單相感應電動機(沒有任何輔助裝置以產生旋轉磁場的單相感應電動機)，雖然其本身無法產生起動轉矩，但是，如以某種方法(例如以手轉動)使電動機起動，則它會依照起動的方向繼續的產生轉矩而旋轉，且加速至與(有起動裝置的)單相感應電動機幾乎相等之速率。於此，就讓我們來研討這個問題。

　　「純」單相感應電動機，在實際的運用，不能產生起動轉矩，我們可從圖 6-11-1 看出。

　　雖然定子所產生之磁通，其位置固定不變，但磁通之大小是作正弦變化的，因此，在轉子導體中，由於變壓器的作用，將有感應電勢產生。依照楞次定律，轉子導體中

的電流方向必如圖 6-11-1 所示。轉子中之感應電流與定部磁場相互作用所產生的轉矩，則如圖 6-11-1 轉子內之小箭頭所示，轉子上半部所產生的轉矩恰好與下半部所生之轉矩，大小相等方向相反，淨轉矩為零，故轉子靜止不動。

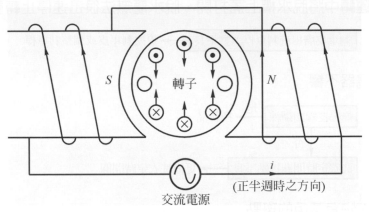

(正半週時之方向)

交流電源

圖 6-11-1　淨轉矩為零，轉子靜止不動

假如我們運用外力(例如用手轉動)使轉子順時針方向旋轉，如圖 6-11-2，則在右邊為 N 左邊為 S 這一片刻，轉子導體割切磁力線而生之電勢方向，由弗來明右手定則，可知如圖 6-11-2 所示。但是，鼠籠式轉子的電抗 x_L 頗高，電阻則甚低，故轉子電流較旋轉電勢或定子磁通 ϕ 落後幾乎 90° (但小於 90°)。轉子磁通較定子磁通滯後 90°，而且轉子磁通和定子磁通成一直角(也因此，轉子磁通亦稱為正交磁通)，構成了產生旋轉磁場的條件——即兩磁場在空間位置互差 90°，在時間相位上亦相差 90°。

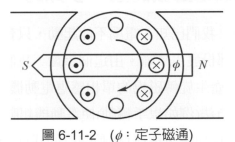

圖 6-11-2　(ϕ：定子磁通)

假定在圖 6-11-2 所示的這一刻，定子磁場為最大，則轉子的旋轉電勢亦最大，然而在這同一時間，轉子磁場較旋轉電勢滯後 90°，故磁通的值為零；時間延後 90°，定子磁通為零時，轉子電流成為最大，方向如圖 6-11-3 所示，綜合磁場已較原來(圖 6-11-2)方向順時針旋轉 90°，定子繞組與轉子的綜合作用與「圖 6-3-1 所示之二相感應電動機 M、S 兩繞組產生旋轉磁場的方式」有著異曲同工之妙。因此，轉子磁場不僅是和定

子磁場連合產生綜合的旋轉磁場,而且這一綜合磁場將與轉子起動時之旋轉方向同方向旋轉。

在轉子靜止時,轉子導體沒有割切磁通,故無法產生與定子磁場相差 90° 之正交磁場,當然「純」單相感應電動機本身是沒有起動轉矩的。

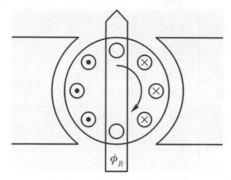

圖 6-11-3 (ϕ_R 轉子磁通)

🍚 6-12 手提電鑽

電鑽按其所能裝用的鑽頭之最大直徑而分類。額定的使用時間約為 30 分。其實體圖如圖 6-12 所示。由串激電動機、減速齒輪、電鑽夾頭、扳扣開關、電源線及外殼所組成。

圖 6-12 電鑽之實體圖

1/4 吋以上之電鑽,其扳扣型開關上多有制止裝置(stopper),可使開關扣入後固定不動,以免手指長期扳扣而酸疼。在無載時電動機之轉速可高達 15000rpm 以上(但電鑽夾頭則僅有電動機轉速的數分之一)。

各種電鑽之規格及特性,如表 6-12 所示。

表 6-12 電鑽之規格及特性

錐徑		開關種類	電源		全負載 電流 (A)	輸出 (參考值) (W)	轉速(RPM)		概略 重量 (kg)
mm	in		種類	電壓(V)			無負載時	全負載時	
5	$\frac{3}{16}$	板扣型開關	單相 交流	110V 用	1.7	約 60	2200	1200	2.0
6.5	$\frac{1}{4}$	附制止裝置之 扳扣型開關	單相 交流	110V 用 220V 用	2.5 1.3	約 120	2200	1300	3.2
10	$\frac{3}{8}$	附制止裝置之 扳扣型開關	單相 交流	110V 用 220V 用	3.4 1.8	約 160	800	500	5.0
13	$\frac{1}{2}$	附制止裝置之 扳扣型開關	單相 交流	110V 用 220V 用	4.8 2.4	約 250	650	400	9.0
木工 32 金工 16	木工 $1\frac{1}{4}$ 金工 $\frac{5}{8}$	附制止裝置之 扳扣型開關	單相 交流	110V 用 220V 用	5.3 2.6	約 275	500	290	9.0
20	$\frac{3}{4}$	旋轉式手握開 關	單相 交流	110V 用 220V 用	8.0 4.0	約 450	500	265	10.5

　　電鑽除可用於金屬、水泥或木板等之鑽孔外,加以附件還可作磨光、鎖螺絲、攪拌、木鋸等用途。配有兩組減速齒輪之電鑽,推壓使用時電鑽夾頭順時針旋轉,提拉使用時電鑽夾頭逆時針旋轉,除了具有上述用途外,更可用來拆鬆螺絲、攻牙等,使用上更為方便。在歐美,附有各種不同配件之電鑽,成為家家必備的萬能工具,在家庭工藝上擔任甚多的工作。

6-13 食物攪拌器

　　製作糕餅類食物時,常需將蛋、糖、香料、奶粉、麵粉、水等加以調合,食物攪拌器即專用於食物之調理。

　　圖 6-13-1(b)為食物攪拌器之結構圖。由於電動機係水平放置,故需經由齒輪組將橫向旋轉變換成垂直方向的轉動。當電動機轉動時,攪拌器即被齒輪組推動而旋轉。

　　食物攪拌器所用之電動機為串激電動機,調速電路如圖 6-13-2 所示。其調速原理與故障檢修要領均與果汁機相同,故於此不再贅述。

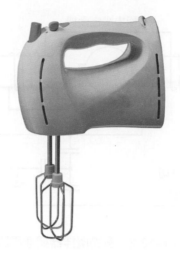

(a)食物攪拌器的外形

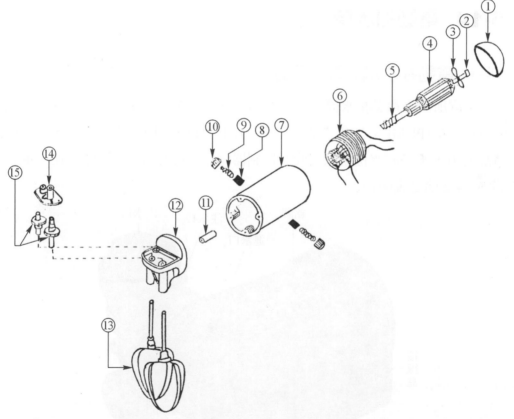

① 後端罩　② 軸承　③ 散熱風扇　④ 電樞　⑤ 螺旋齒杆　⑥ 磁場線捲及鐵心
⑦ 電樞外殼　⑧ 電刷　⑨ 電刷彈簧　⑩ 電刷蓋　⑪ 軸承　⑫ 齒輪室
⑬ 攪拌器　⑭ 齒輪室蓋　⑮ 螺旋齒輪

(b) 食物攪拌器之詳細結構圖

圖 6-13-1　食物攪拌器

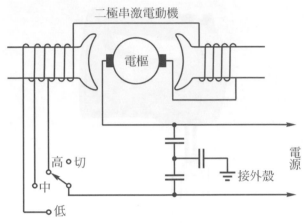

圖 6-13-2　食物攪拌器調速電路

6-14　電動抽水機

6-14-1　電動抽水機之動作原理

　　一般家庭所用之電動抽水機,如圖 6-14-1 所示,多由 1/4 馬力之兩極鼠籠式感應電動機與抽水機(PUMP;又名"泵;邦浦")組合而成。抽水機所抽之水送至樓頂的水塔儲蓄備用,水塔的水位則以"液面控制器(水位自動控制器)"保持在一定的範圍(請參閱 6-14-2 節之說明)。

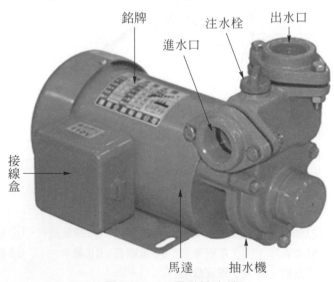

圖 6-14-1　電動抽水機

　　當您以吸管吸飲料時，飲料會往嘴裡送，那是因為您用嘴吸時，吸管內部之壓力降低，杯內飲料受大氣壓力往下壓，因而會順著吸管往上升。抽水機之所以能夠抽水，其原理與此相同。只要把進水管(插進地下水源的金屬管)上端的壓力降低，則地下水即能源源不斷地往上升起。

　　家庭用之抽水機，多為圖 6-14-2 所示之 "葉輪抽水機"。葉輪周圍具有甚多溝槽，當葉輪旋轉時，其間之水即隨葉輪作高速旋轉，受離心力之作用而從出水口排出，其吸入側漸趨近於真空，地下水即受大氣壓力而由進水管往上升起。

　　水是有重量的，而且進水管中的水柱之重量需低於大氣壓力，水才能靠壓力差而上升，大氣壓力為水銀柱 760 mm，水銀的比重為 13.5，所以進水管的最高水柱為 760×13.5 = 10260 公厘= 10.26 公尺(水的比重為 1)，也就是說最深吸水深度(自抽水機至水源面之垂直距離)無法高於 10.26 公尺。事實上，由於水在水管內流動會受到摩擦力，以及微量的空氣會混於水中侵入，以致抽水機無法成為高度真空，因此最深吸水深度通常只有 7 公尺。

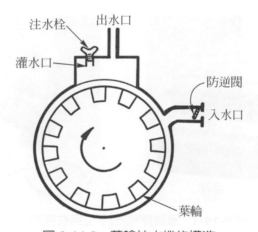

圖 6-14-2　葉輪抽水機的構造

　　抽水機之最高揚水高度(自抽水機至最高出水口之垂直距離)視出水量之多寡而異，圖 6-14-3 為東元 PT-2131 型及 PT-2133 型抽水機之特性曲線圖，可供參考。

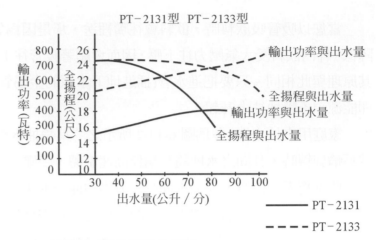

圖 6-14-3　電動抽水機之特性曲線例

6-14-2　液面控制器(水位自動控制器)

　　液面控制器的常見外形如圖 6-14-4 所示。由微動開關、浮球、拉繩組成。可以依水位的高低而令電動抽水機通電運轉或斷電停轉。

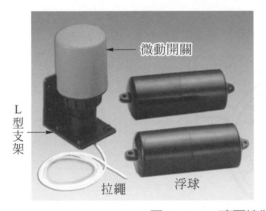

圖 6-14-4　液面控制器(水位自動控制器)

一、用途

1. 液面控制器適用於家庭及工廠的水塔、貯水池、冷卻塔等供水系統。

2. 液面控制器適用於水池、污水池之排水系統。

二、結構

1. 如圖 6-14-5(a)所示，液面控制器的浮球用拉繩綁在一起，上浮球決定高水位 H，下浮球決定低水位 L。

　　請注意！有些產品，浮球為一個比較重，一個比較輕，要把**比較重的浮球**綁在下方**做為下浮球**。

2.　微動開關的接線端子如圖 6-14-5(b)所示。

　　(1)　A1 與 A2 間是一個常開接點(簡稱為 A 接點)。

　　(2)　B1 與 B2 間是一個常閉接點(簡稱為 B 接點)。

　　(3)　A 接點用於**給水**控制。B 接點用於**排水**控制。

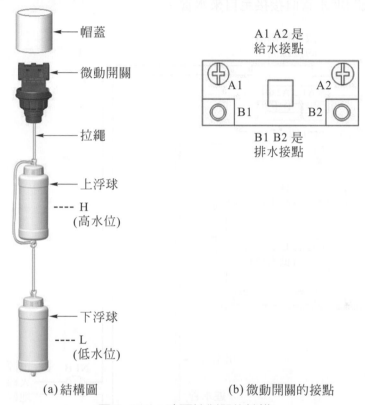

(a) 結構圖　　　　　　　　(b) 微動開關的接點

圖 6-14-5　液面控制器的結構

三、安裝方法

1.　如安裝在水塔頂部，則把液面控制器旋入水塔頂端預留的接口上，然後用拉繩綁好上浮球，再綁好下浮球。

2.　若安裝在水池頂端，則先把 L 型支架固定在牆壁，然後旋入液面控制器，並用拉繩綁好浮球。

3.　安裝圖請參考圖 6-14-6 至圖 6-14-10。

四、動作原理

1.　當水位低於 L 時，上浮球與下浮球的重量和使 A 接點閉合，B 接點斷開。

2.　當水位在 L 與 H 的範圍時，接點的狀態保持不變。

3.　水位高於 H 時，因為兩個浮球都上浮，A 接點斷開，B 接點閉合。

6-14-3　水塔自動給水的基本配管配線

1.　水塔自動給水的基本配管配線，如圖 6-14-6 所示。很多住宅採用這個配管配線圖，並把抽水機的進水管直接接至自來水管。

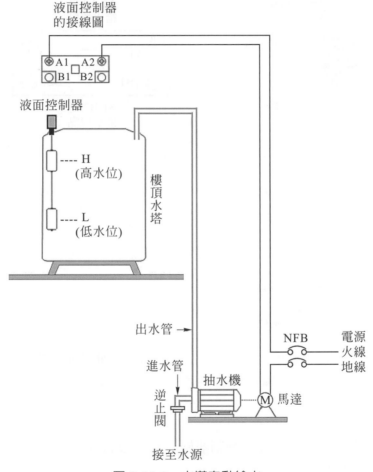

圖 6-14-6　水塔自動給水

2.　液面控制器是接至 **A 接點**。抽水機附近必須接一個無熔絲開關 NFB，不但可以保護電路，維修時也可斷電，比較安全。

3.　抽水機的進水管必須串接一個如圖 6-14-7 所示之立式逆止閥，防止抽水機內部的水流掉。逆止閥的外殼有標示水流方向的箭頭，不可以反裝。

圖 6-14-7　抽水機逆止閥(立式逆止閥)

4. 通電測試以前，請先拿起抽水機的注水栓，然後灌入水，直至水充滿抽水機內部並少許溢出，再把注水栓旋緊。

5. **動作情形**

   (1) 當水位低於 L 時，上浮球與下浮球兩者之重量使 A 接點閉合，電路接通，抽水機抽水入水塔。

   (2) 水位高於 L 後，雖然下浮球隨著水面上浮，但是上浮球的重量使 A 接點保持接通，抽水機繼續抽水入水塔。

   (3) 水位升高至 H 後，上浮球與下浮球都隨著水面上浮，不加重量於微動開關，所以 A 接點斷開，抽水機停轉。

   (4) 因爲用水而使水塔的水位降至 H 以下時，雖然上浮球對微動開關施以重力，但下浮球還浮在水面上(被水托住)，因此 A 接點保持斷開。

   (5) 直至水位低於 L 時，狀態與(1)完全一樣，上浮球與下浮球兩者之重量和再次使 A 接點閉合，抽水機通電，抽水入水塔。

   (6) 重複以上動作，即能達成水塔自動給水的目的。

   (7) 上浮球與下浮球的位置，在安裝時應配合水塔的高度適當調整之。

6. **故障檢修**

   浮球式的液面控制器因爲安裝在水塔上，容易受潮又經日曬，所以每幾年就會故障(接點腐蝕、接觸不良或卡住不動)必須換新。故障檢修或更換元件之前，一定要先把電源關掉(OFF)。

6-14-4　水池自動排水的配管配線

1. 水池自動排水的配管配線，如圖 6-14-8 所示。

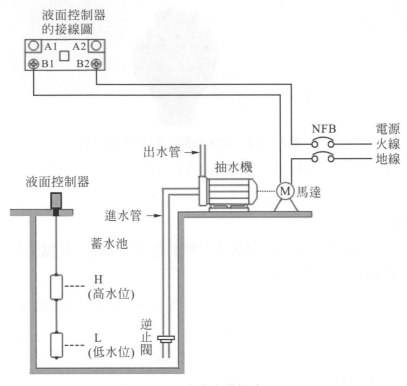

圖 6-14-8　水池自動排水

2. 液面控制器是接至 **B 接點**。抽水機附近必須接一個無熔絲開關 NFB (若裝具有漏電保護的 ELCB 更好)，不但可以保護電路，維修時也可斷電，比較安全。

3. 抽水機的進水管必須串接一個如圖 6-14-7 所示之立式逆止閥，防止抽水機內部的水流掉。逆止閥的外殼有標示水流方向的箭頭，不可以反裝。

4. 通電測試以前，請先拿起抽水機的注水栓，然後灌入水，直至水充滿抽水機內部並少許溢出，然後把注水栓旋緊。

5. **動作情形**

   (1) 在水位低於 L 時，上浮球與下浮球兩者之重量使 B 接點斷開，所以抽水機停轉。

   (2) 水位高於 L 後，雖然下浮球隨著水面上浮，但是上浮球的重量使 B 接點保持斷開，所以抽水機停轉。

   (3) 水位升高至 H 後，上浮球與下浮球都隨著水面上浮，不加重量於微動開關，所以 B 接點閉合，電路接通，抽水機通電抽水。

(4) 水位降至 H 以下時，雖然上浮球對微動開關施力，但下浮球還浮在水面上(被水托住)，因此 B 接點保持閉合，抽水機繼續抽水。

(5) 直至水位降至低於 L 時，狀態與(1)完全一樣，上浮球與下浮球兩者之重量和再次使 B 接點斷開，抽水機停轉。

(6) 重複以上動作，即能達成水池自動排水的目的。

(7) 上浮球與下浮球的位置，在安裝時應適當調整之。

6. **故障檢修**

浮球式的液面控制器安裝在水池上方，容易受潮，所以每幾年就會發生接點接觸不良或卡住不動的故障，必須換新。換新之前，一定要先把電源關掉。

6-14-5 樓頂水塔自動給水的標準配管配線

依照規定，自來水必須先儲存在一樓的水塔或水池，然後再用抽水機送入樓頂的水塔，如圖 6-14-9 及圖 6-14-10 所示。茲說明如下：

1. 一樓的水塔或水池必須裝一個如圖 6-14-11 所示之水塔進水閥，在滿水時把進水關閉。

2. 抽水機的進水管必須串接一個如圖 6-14-7 所示之立式逆止閥，防止抽水機內部的水流掉。逆止閥的外殼有標示水流方向的箭頭，不可以反裝。

3. **樓頂**水塔的液面控制器甲的 **A 接點**，必須和**一樓**水塔或水池的液面控制器乙的 **B 接點串聯**。

4. 抽水機附近必須接一個無熔絲開關 (NFB 或 ELCB)，不但可以保護電路，維修時也可斷電，比較安全。

5. 通電測試以前，請先拿起抽水機的注水栓，然後灌水，直至水充滿抽水機內部並少許溢出，然後把注水栓旋緊。

6. **動作情形**

(1) 一樓的水塔或蓄水池有水時(液面控制器乙的 B 接點接通)：
① 若樓頂水塔無水(液面控制器甲的 A 接點閉合)，則抽水機通電，抽水入樓頂水塔。
② 若樓頂水塔有水(液面控制器甲的 A 接點斷開)，則抽水機停轉。

(2) 若一樓的水塔或蓄水池無水(液面控制器乙的 B 接點斷開)，則無論樓頂水塔無水或有水，抽水機都停轉。

7.　**故障檢修**

　　浮球式的液面控制器因為安裝在水塔或水池的上方，容易受潮，所以每幾年就會發生接點接觸不良或卡住不動的故障，必須換新。檢修換新之前，一定要先關掉電源。

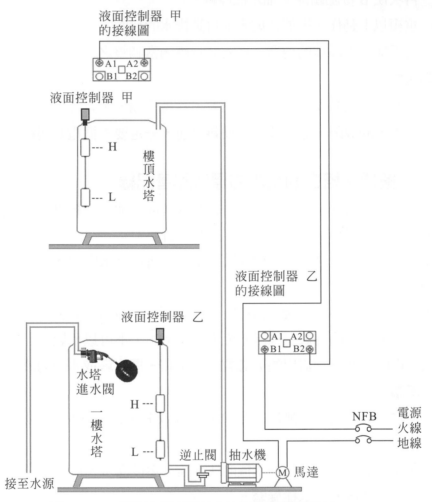

圖 6-14-9　樓頂水塔自動給水的標準配管配線之一

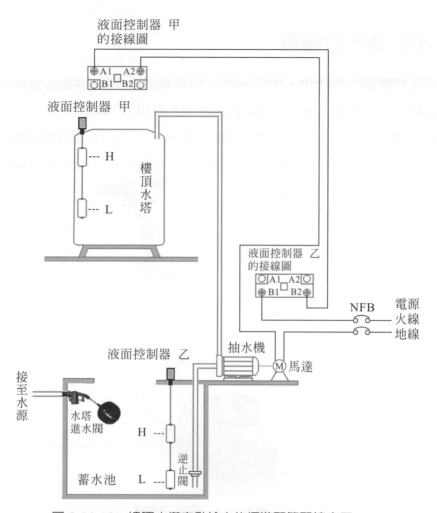

圖 6-14-10 樓頂水塔自動給水的標準配管配線之二

圖 6-14-11 水塔進水閥(浮球進水閥，浮球進水器)

🍚 6-15　電動打蠟機

時下之建築趨向西洋化,地板多磨石子(俗稱洗石子),因此必須經常打蠟磨光,若以人工磨光實在費時又費力,因此大都由電動打蠟機代勞。

電動打蠟機如圖 6-15-1 所示,係以 400～800 rpm 之分相式感應電動機(多為 110V 1/4 HP 450 rpm 之分相式感應電動機)帶動磨刷,而打磨地板。其內部結構如圖 6-15-2 所示。

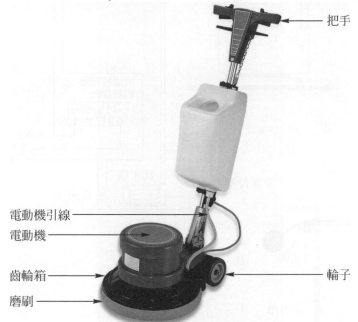

把手

電動機引線

電動機

齒輪箱

磨刷

輪子

圖 6-15-1　電動打蠟機

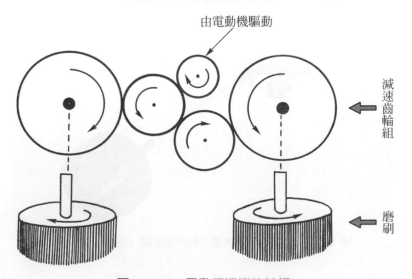

由電動機驅動

減速齒輪組

磨刷

圖 6-15-2　電動打蠟機的結構

打蠟時，地板必須先加以清洗乾淨，然後塗上地板蠟，再用電動打蠟機打磨之，使之成為光滑潔淨的地板。

有的打蠟機，設有一地板蠟貯存筒(底部有一小孔)，並設有一小功率的電熱線。地板蠟受熱溶化，自小孔慢慢滴下時，磨刷即跟隨而至，推動電動打蠟機，可一邊滴蠟一邊打磨，不必事先在地板塗地板蠟，使用上更為方便。

由於打蠟機之構造簡單，所以不易故障。用久之後可能會發生離心開關的彈簧彈性疲乏以致電動機無法起動之現象，此時可打開電動機頂端的蓋子更換之。

6-16 電動理髮剪

電動理髮剪是理髮的器具。構造如圖 6-16 所示。是由與兩極串激電動機同軸的螺旋齒桿⑮推動螺旋齒輪⑦，再利用偏心軸⑧將動力經由聯桿⑨傳至搖臂⑤，而使活動刀片左右運動。利用活動刀片與固定刀片間之快速相對運動而剪修頭髮。

插電式電動理髮剪之電路，請參考圖 6-8-3。電動理髮剪內之碳刷約使用 1000 小時即需換新。串激電動機在繞製時必須特別注意加強絕緣，以確保人體的安全(如能由電動機的鐵心引出一條接地線予以接地，較安全)。

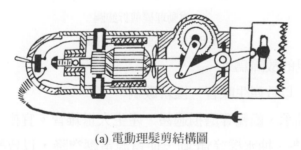

(a) 電動理髮剪結構圖

圖 6-16　電動理髮剪

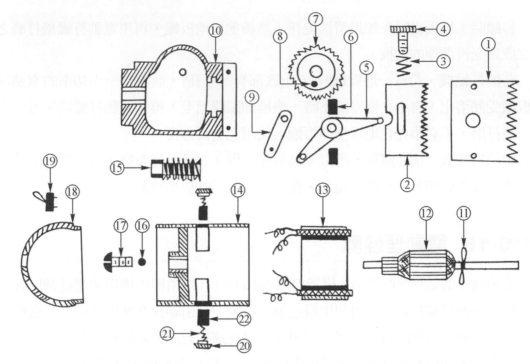

① 固定刀片　② 活動刀片　③ 活動刀片壓力彈簧　④ 壓力調整螺絲　⑤ 搖臂
⑥ 油氈　⑦ 螺旋齒輪　⑧ 偏心軸　⑨ 聯桿　⑩ 齒輪盒　⑪ 風扇葉　⑫ 電樞
⑬ 磁場線圈及鐵心　⑭ 電樞外殼　⑮ 螺旋齒杆　⑯ 鋼珠　⑰ 調節螺絲
⑱ 後端蓋　⑲ 開關　⑳ 電刷蓋　㉑ 電刷彈簧　㉒ 電刷

(b) 電動理髮剪拆卸圖

圖 6-16　電動理髮剪(續)

電動理髮剪常見的故障為：

1.　電刷磨損過度，以致產生噪音。換新碳刷。

2.　長期使用以致軸承、齒輪等磨損過甚，產生大量雜音。宜換新品。

3.　附近馬達(冷氣機、抽水機等)起動，使電源電壓突降，以致轉速降低。待電源電壓恢復再使用。

4.　串激電動機之其他故障檢修要領，請見附錄一。

6-17　電動縫紉機

6-17-1　電動縫紉機概述

縫紉機在以前是藉腳踏驅動，近年來則改以電動機運轉。

利用串激電動機驅動的縫紉機，稱為電動縫紉機。圖 6-17-1 為電動縫紉機之實體圖。

圖 6-17-1 電動縫紉機

6-17-2 電動縫紉機的優點

1. 由於旋轉方向固定，不會像從前的腳踏式縫紉機，若不作運轉練習，則生手可能使縫紉機逆轉。

2. 電動縫紉機可從每分 200 針至 1000 針隨意調節。腳踏式每分 600 針即非常勞累，有損健康。而且可避免因腳踏而分神注意運轉方向，只需全神貫注於技術方面即可。

3. Time is money。節省下來的時間、精力可用於其他方面。

6-17-3 電動縫紉機之構造

電動縫紉機之結構及縫紉方法與腳踏式大略相同，所不同的是在縫紉機的頭部裝上一個普用式馬達(串激電動機；約 90W)及速率控制器。

圖 6-17-2 為電動縫紉機之電路圖。是利用所串聯抗流圈之多寡，改變電動機的轉速。

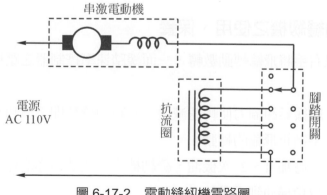

圖 6-17-2 電動縫紉機電路圖

　　腳踏開關與抗流圈組合在一起，合稱為「速率控制器」。速率控制器之實體圖，示於圖 6-17-3。當輕微踏下「踏板」時，最上面的磷青銅片與第二片磷青銅片之銀接點密接在一起，串激電動機串聯了所有的抗流圈而運轉，輸入馬達的功率最小，所以轉速最低。加於踏板之力量稍微加大後，第一、二、三片磷青銅片間之接點皆密合在一起，串聯的抗流圈有一部份被短路了，所以加於馬達的功率增大，轉速亦加快。加於踏板的力量若再加大，則又有一部份的抗流圈被短路掉，馬達只串聯極少的抗流圈，故馬達的轉速更高。當踏板被踏到底時，所有的磷青銅片的接點都密合在一起，抗流圈全部被短路，馬達直接加上 AC 110V 的電源而運轉，故轉速最大。縫紉時，控制加於踏板力量的大小，即能改變馬達的轉速。

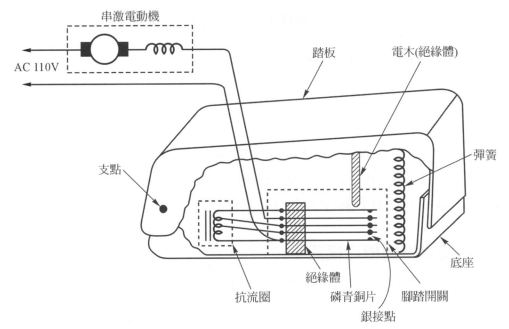

圖 6-17-3　電動縫紉機的實體接線圖

🔧6-17-4　電動縫紉機之使用、保養

1.　起動之初，以右手將飛輪轉動數轉，一面緩踏速率控制器之踏板。如此可延長馬達之壽命。

2.　縫紉完畢時，緩緩鬆卸腳力使轉速減慢，布料的縫紉即不會超越。待踏板完全放鬆後，再以右手制止飛輪的轉動。

3.　馬達之軸承每年應加 1～2 次機油，縫紉機之各注油口亦應注入數滴機油，但不要加的過多，以免機油到處亂滴。

4. 使用完畢時應將插頭拔離電源插座。

5. 電動縫紉機應避免在濕氣重，日光直射、溫度高、灰塵多之場所使用。

6-17-5　電動縫紉機之故障檢修

電動縫紉機在一般使用情況下是極不易發生故障的。若縫紉機在刺繡而長時間運轉，馬達可能會發燙，此並非由故障引起。若從通風孔看到小火花，此為碳刷與換向器間所生的正常現象，不必擔憂。

表 6-17　電動縫紉機故障判斷與處理

故障情形	可能的原因	處理方法
電動機不轉動	停電	俟電力公司回復送電
	接頭鬆或斷線	查出並確實連接
	碳刷磨損	換新碳刷
	速率控制器故障	檢修
	電動機內部斷線	更換電動機
電動機單獨轉動	皮帶過鬆	適當調整之
	縫紉機內某處被灰塵或縫線堵塞	清除之，並注油
	衣物過厚	減輕負荷
電動機有聲，但一會兒保險絲即熔斷	電動機線圈部份短路	更換電動機
	有雜物堵塞	清除，並注油
轉速低落	電源電壓低	配用自耦變壓器
	速率控制器故障	檢修之
	電動機線圈部份短路	更換電動機
有較大火花產生	碳刷故障	換新並適當調整之
電動機過熱	皮帶過緊	適當調整之
	電動機軸承故障	調整，注油或換新
	電動機線圈部份短路	更換電動機
漏電	絕緣不佳	加強絕緣
	有雜質侵入	拆卸清潔之
起動不確實	接頭鬆動	查出並確實連接
	速率控制器故障	檢修之

6-18 冰淇淋機

冷凍食品是夏天的消暑聖品，冰淇淋更是一道最好的餐後點心。但將糖、牛奶、薄荷粉……等材料混合攪拌後置於冰箱內冷凍時，會發生沈澱現象，因此非有冰淇淋機之助不可。

6-18-1 冰淇淋機的構造

冰淇淋機之構造如圖 6-18-1 所示，是由小型蔽極式感應電動機經減速齒輪組帶動塑膠製成的迴轉攪拌翼。10 人份(容量 0.8 公升)者消耗功率約 15W。冰淇淋製好時(5 人份約 30 分，10 人份約 50 分鐘)，迴轉攪拌翼會受阻而停止(可由聲音鑒別之)，此時要將插頭拔掉。並打開冰箱門，取下"齒輪箱整體"，只留容器在冰箱裡繼續冰凍。

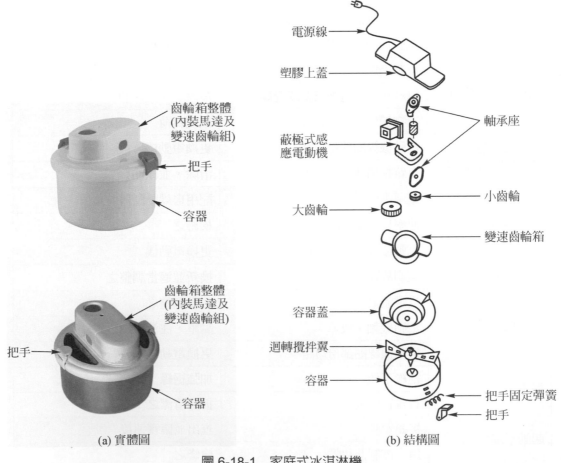

(a) 實體圖   (b) 結構圖

圖 6-18-1　家庭式冰淇淋機

🏺 6-18-2 冰淇淋機使用上應注意之事項

由於冰淇淋機在工作時有著良好的散熱(因為它在工作時是置身於電冰箱的冷凍庫中)，故未聞有線圈燒毀者，不過，欲延長其壽命，尚需留意下列各點：

1. 冰淇淋機在通上電源之前，最好在電冰箱冷凍庫內之「冷卻器」上，灑上 3～4 大匙的水，使容器底部與冷卻器緊密接觸，增加冷凍效果，以減少冰淇淋機之工作時間。

2. 齒輪箱勿用水沖洗，以免水進入馬達而引起漏電。

3. 冰淇淋機置入冰箱內工作後，不要時常開冰箱門，以免空氣湧入，使冷卻度不夠，延長冰淇淋機的工作時間。

4. 冰淇淋機放入冰箱前先將冰箱置於冷度最強的情況，以免冷卻度不夠而增加冰淇淋機的工作時間。

5. 份量多時，分多次製作，不要使冰淇淋原料超過滿刻度。

6. 冰淇淋機粘在冷卻器上而欲取出時，不要用力搖，壓按容器外之把手即可拉出。

🍲 6-19 電動刮鬍刀

🏺 6-19-1 刮鬍刀的原理

由於鬍鬚一天 24 小時不斷的在生長，因此男人時常要設法在短時間內將其刮除乾淨。電動刮鬍刀即為達此目的而設計。

電動刮鬍刀的刀片一共有兩片，外刃為網狀的刀刃，是一個有許多小孔的金屬薄片，內刃則為高硬度銳利刀片。當內刃被馬達帶動而高速運動時，伸進網狀外刃之鬍鬚即如圖 6-19-1 所示，被高速動作的銳利刀刃刮去。簡而言之，內外刀刃刮掉鬍鬚的原理與剪刀剪東西的原理完全相同。

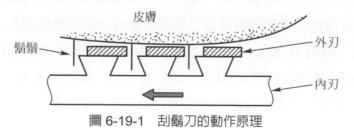
圖 6-19-1 刮鬍刀的動作原理

6-19-2 乾電池式電動刮鬍刀

此種型式之刮鬍刀，電路如圖 6-19-2 所示，是以乾電池作為電源，因此甚適合於時常出差、旅行者使用。當開關 SW 閉合時，馬達即運轉，而帶動內刃運動，從事刮除鬍鬚的工作。

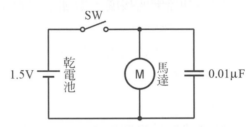

圖 6-19-2　乾電池式電動刮鬍刀的電路圖

由於直流馬達是一種整流子電動機，其電樞繞組(即轉子上之線圈)所需之電流係由電刷經換向器(由三片銅片組成)送入，因此在轉子旋轉時，換向器與電刷間會不斷產生火花。火花含有高諧波，會干擾中波波段的收音機，因此馬達的兩端並聯了一個 0.01μF 的電容器，以消除火花對收音機的干擾。

使用乾電池作為電源，只要電池一裝即可工作，電源的取得較為方便，但電池的端電壓會隨使用次數而逐漸降低，以致馬達的轉速降低，導致刮鬍效果欠佳，因此每隔一段日子，即需更換一次電池。長期負擔電池費用，實在不怎麼經濟，所以一般家庭較不喜歡購買乾電池式電動刮鬍刀。

6-19-3 整流器式電動刮鬍刀

欲獲得穩定的電源，使刮鬍效果良好，並減輕電費，最好的辦法就是使用整流器把電力公司的廉價電源，轉變成所需的直流電源。

圖 6-19-3 所示之大同電鬍刀即為整流器式電動刮鬍刀的典型產品。其電路如圖 6-19-4 所示。整流器是由電源變壓器及二極體所組成。使用變壓器把 AC 110V 的電源降壓後，再經過二極體 D_1 及 D_2 作全波整流，可以提供 DC 1.7V 之直流電源。

整流器的塑膠殼經過特別的設計，因此外型很像一般的乾電池。把整流器裝入電鬍刀時，需把正端朝上裝入，否則馬達將倒轉而使刮鬍效果變差。

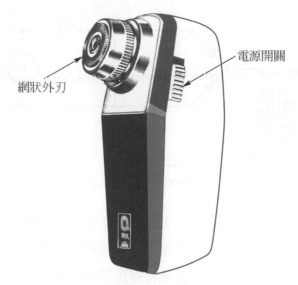

圖 6-19-3　整流器式電動刮鬍刀的外形

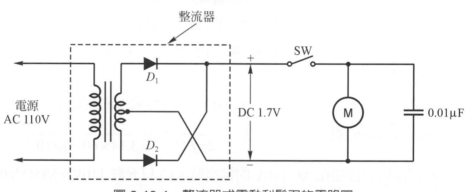

圖 6-19-4　整流器式電動刮鬍刀的電路圖

🔋 6-19-4　充電式電動刮鬍刀

　　有的盥洗室沒有裝設插座，因此若欲達到節省電費又能在無插座的場所使用之目的，選購充電式電鬍刀才是最佳的抉擇。

　　充電式電鬍刀有兩種典型的電路，茲分別說明如下：

一、變壓器降壓法

　　此種型式之電鬍刀，電路如圖 6-19-5 所示。平常不使用時，可將電鬍刀插在 AC 110V 的家庭用插座上，此時變壓器將 AC 110V 之電源降壓，再經過 $D_1 \sim D_4$ 作橋式整流後，對鎳鎘電池(Nickel-Cadmium Battery)充電。在使用電鬍刀時，馬達的電源則由鎳鎘電池來供應。

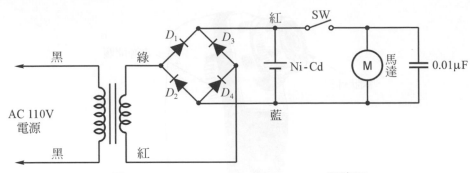

圖 6-19-5　SANYO Model SV-7100 電路圖

鎳鎘電池，俗稱充電電池。其額定電壓爲 1.25V，外型和一般的乾電池相似。小型的鎳鎘電池常被用於充電式手電筒及電子計算機裡，大型的鎳鎘電池則被使用於電鬍刀及大型的充電式手電筒裡。鎳鎘電池每單位體積的造價雖然比一般汽、機車所用之鉛酸蓄電池昂貴，但卻是一種性能極優的蓄電池。鎳鎘電池允許過量的充電與過量的放電，不但能把所儲蓄之電能長期保存，並且不需要保養。一般的鉛酸蓄電池則需補充蒸餾水、電解液等，而且易於漏電，無法把電能長久保存。

二、電容器限流法

此種型式之電鬍刀，電路如圖 6-19-6 所示。因爲容量 3μF 耐壓 AC 120V 之電容器 C_1 在電源頻率 60Hz 的電路中，具有 $X_C = \dfrac{1}{2\pi f C} = \dfrac{1}{2\times 3.14 \times 60 \times 3 \times 10^{-6}} = 885\Omega$ 的電容抗，因此當電鬍刀被插在 AC 110V 的插座時，C_1 只允許 110V÷885Ω≒0.12A 的電流通過。此 0.12A 左右之充電電流經過 $D_1 \sim D_4$ 橋式整流後，即成爲直流。由於充電電流的大小在刮鬍刀的 Ni-Cd 電池之安全充電範圍內，因此 Ni-Cd 電池可安然無恙的利用 AC 110V 之電源充電。

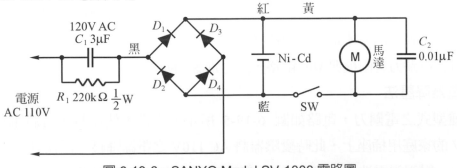

圖 6-19-6　SANYO Model SV-1000 電路圖

與 C_1 並聯的電阻器 R_1 是一個洩放電阻器，當電鬍刀拔離插座後電容器 C_1 上所積存之電荷即經由 R_1 放電，以免有令人觸電之虞。

6-19-5　電鬍刀的使用與保養

欲確保電鬍刀之卓越性能，提高刮鬍效果，並延長使用壽命，對於下述電鬍刀之使用要領及日常保養方法是不能忽視的。

1.　使用前先將臉部之污垢及濕氣擦拭乾淨。

2.　乾電池或整流器裝上時，正負極性需正確。

3.　刮鬍時，先把電源開關 ON，然後將電鬍刀輕壓於皮膚上，依鬍鬚生長之逆方向作圓形的緩慢移動。刮修時若能繃平皮膚，效果更佳。

4.　每次使用後，在電源 OFF，刀片完全靜止後，請取下刀片，使用毛刷清除污垢，以保持刀片的清潔。

5.　每週至少一次，於刀片上滴些無黏性的清油，每年至少一次在馬達的主軸上滴 1〜2 滴清油，俾使馬達運轉更趨靈活，提高性能並延長壽命。

6.　使用整流器之電鬍刀，不能連續使用 30 分鐘以上，否則會縮短壽命。

7.　網狀外刃係金屬薄片製成，不可用力擠壓，並避免掉落地上，以免損壞。

8.　不用時，要把「刀片覆蓋」蓋上，以免刀片受損。

9.　乾電池式電鬍刀，長期間不使用時，乾電池務必取出，以免電池液漏出，損及內部機件。

6-19-6 電鬍刀之故障檢修

故障情形	可能的原因	處理方法
電鬍刀不能運轉使用	乾電池沒電	換新
	鎳鎘電池沒電	予以充電
	插頭插觸不良	使接觸良好
	電源線斷	換新
	開關接觸不良	將開關的兩端暫時以一條導線跨接，若馬達能轉動，即表示開關接觸不良。換新。
	整流器損壞	以三用電表 DCV 檔測之，整流器之輸出電壓若甚低或等於零，表示整流器不良，應予拆開，以三用電表判斷是二極體不良或變壓器損壞，並予以換新。
	導線脫落或銲接不良	予以重銲
	電池支架接觸不良	使用三用電表測試，並加以適當的調整
	馬達轉部之繞線斷線	以三用電表 R×1k 檔測之，若斷線應換新
電鬍刀不充電	插頭接觸不良	使接觸良好
	鎳鎘電池經多年的充、放電，已壽終正寢	換新
	二極體損壞	以三用電表判斷之，果如此，則將二極體換新
刮鬍效果欠佳	電源電壓過低，以致馬達的轉速緩慢	若為乾電池式則將乾電池換新，若為充電式則予以充電。
	電池極性錯誤，導致馬達反轉	將正負極性更正
	內外刀刃間隙過大	調整內刃螺絲之高度，使內外刀刃緊密接觸
	碳刷磨損	碳刷磨耗後馬達之性能會降低，影響修鬍效果，應換新品
電鬍刀轉動有噪音	軸承失油	在馬達的主軸點上 1～2 滴清油
	內刃或外刃變形	矯正或換新
	內刃傳動桿偏心，以致內外刃互相碰撞	將馬達及刀片傳動桿的裝配位置加以適當的調整
	軸承磨損	應予換新

6-20　第六章實力測驗

1. 單相感應電動機如產生旋轉磁場？試述之。

2. 有一電扇，未通電前，以手撥之，扇葉可輕靈轉動，但通電後，轉速極低且噪音甚大，試述可能之原因。

3. 電扇通電後不會轉動，只聞哼哼聲，以手撥動扇葉則能使之運轉，可能之原因有哪些？

4. 感應電動機在運轉中，將其電源移去，並通以直流電源，為何能使轉子立即減速並停轉？

5. 吊扇與一般電扇(桌扇、立扇)在結構上有何相異處？

6. 串激電動機最常需加以照顧的部份為何？(此即為果汁機、吸塵器、電鑽等使用串激電動機的電器最容易出毛病的元件)

7. 果汁機不能變速而能轉動，然而開動幾秒後冒煙，其故障為何？

8. 改變電源的頻率或電動機的極數，均可改變感應電動機的轉速，為什麼洗衣機採用改變極數的方法？

9. 衣服放入脫水籠後，不蓋上槽蓋即將插頭插入電源插座，有何後果？

10. 洗衣馬達無法改變旋轉方向，試指出其故障處。

11. 預防洗衣機漏電而使人觸電之最佳方法為何？

12. 在洗衣機的故障檢修要領中，筆者曾告訴你：欲以三用電表歐姆檔測試琴鍵開關或定時開關接點是否良好時，必先拆掉馬達的引出線。試就你所知申述其道理。

13. 電動吸塵器如何使用與保養方可延長其壽命？

14. 電動抽水機的馬達運轉了半天，仍不見抽水機的出水口有水流出，試述可能之原因。

15. 食物攪拌器使用串激電動機，是否為最適當的選擇？何故？

16. 有些通風扇是使用拉線開關作「排」、「吸」、「停」之控制，其實體接線圖示於圖 6-20-1，試依其動作原理把表 6-20-1 填好。(接點應該相通者，在表中打上 ＊ 記號。)

表 6-20-1

狀況＼接點	1-3	1-4	2-3	2-4	2-5
停					
排					
吸					

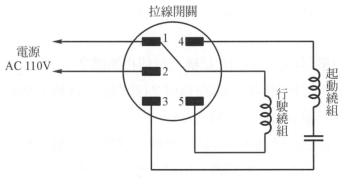

圖 6-20-1　拉線開關實體接線圖

17. 二極體在吹風機的使用用途為何？

18. 電扇的調速方法有幾種？

19. 試述電動抽水機的動作原理。

20. 液面控制器的兩個浮球，若一個較輕一個較重，則哪一個浮球要做為下浮球？

chapter

7

冷凍類電器

🍚 7-1 概論

一、冷卻原理

凡液體皆有一種性質，即蒸發時會吸收散佈在其四周的熱量。在炎熱的夏天，若在室內灑水，必有涼快的感覺，因為水(液體)蒸發為氣體時，需要吸收熱量，而把周圍的熱吸收之故。將濕毛巾擦拭身體，必覺涼快，其道理亦同。

由物質中取去熱以產生低溫的方法，稱為冷卻法。用冷卻法可從固體、液體及氣體中除去熱量。一切冷卻作用皆依從熱力學第二定律而產生。此定律說：「熱只能從溫度較高的物體流向溫度較低的物體，而不能從較冷之物流向較熱之物。」當較熱之物 A 接觸到較冷之物 B 時，A 將變得比未與 B 接觸前冷，B 則變得比未與 A 接觸前熱。熱由此物流往彼物之現象，叫做熱的傳輸。當我們把想要冷卻之物放在冷卻劑 (refrigerant)附近時，就會發生「熱的傳輸」現象。有的人為了要使熱開水的溫度下降而用自來水沖盛著開水的容器，以吸收開水中的熱量；開水的溫度雖已降低，但冷水流過容器後吸收了熱量，其溫度升高，此沖著的冷水就是一種冷卻劑。

一切物質都能吸收熱量，但冷卻劑吸熱較快，而且能大量吸熱。普通的冷卻劑有空氣、水、鹽水、冰、氨、二氧化碳等，及其他特製的物質。冷卻劑在冷凍系統裡被用來作為熱量傳送的媒介物，故在冷凍循環系統裡，冷卻劑稱為冷媒。

二、熱的傳輸效應

熱的傳輸能產生幾種效應，它既能使較熱物體的溫度降低，也能使吸熱物體的溫度升高。熱的傳輸也能改變物質的物理狀態。例如：若從氣體中除去足夠的熱，就可使其變成液體。這種現象稱為凝結。凝結的反面，亦即將液體變成氣體，就叫做蒸發或汽化。氣體在凝結時失去熱，而液體在蒸發時則吸收熱。物質在既定壓力下汽化或蒸發時之溫度叫做沸點。若從液體中除去足夠的熱量而使其凍結(或稱凝固)，即變成固體。物質在凍結或凝固時之溫度叫做凍結點或凝固點。凝固之反面為熔解，在熔解時之溫度為熔點。液體在凝固時損失熱，而固體在熔解時則吸收熱。

一切冷凍系統都是靠著冷媒凝結、蒸發時所生的吸熱或放熱作用。

三、冷媒

冷媒猶如人體中的血液，在工作中將於冷凍系統的管路中不停地循環。理想的冷媒應能將其從蒸發器中吸收來之熱量，全部在冷凝器中散發掉。可是，在事實上，一

切的冷媒都不能完全做到這一點，而免不了要剩下一部份熱，而將其由冷凝器帶返至蒸發器。因此，未能完全發揮其冷卻作用。

1. 冷媒應有之物理性質：

    (1) 冷媒的凍結點應低於系統內任何其他物質之溫度。否則冷媒將在蒸發器內凍結，阻礙正常循環。

    (2) 冷媒之蒸發潛熱要高，以資用少量的冷媒即可吸收大量的熱。

    (3) 臨界溫度要高：即受到相當壓力時，在相當高的溫度之下就可凝結。這樣，只要用空氣或水散熱，就可以使冷媒在冷凝器中凝結為液體(降低氣體溫度或加大壓力，可以使氣體變成液體。但是，若僅加大壓力，不一定能達到液化的目的，因為還要看溫度而定，每一種氣體都有它受壓力而液化的最高溫度，若超過此最高溫度，則無論加上多大壓力，也不能把氣體液化。這個氣體受壓力而能夠液化的最高溫度，稱為該氣體的「臨界溫度」。)。

    (4) 沸點要低：如此才容易在蒸發器中蒸發為氣體，以產生吸熱作用。

    (5) 氣體冷媒之比體積(Specifec Volume；m^3/kg)要小。這樣才可以用較小的氣體管，節省成本，並減少機器體積。

    (6) 液體冷媒之密度宜大，以便使用較小的液體管(從冷凝器至蒸發器)，而節省材料。

    (7) 在高壓邊(冷凝器)的壓力不需很高即可使冷媒液化。這樣就可以使用較薄的金屬材料製造有關管路，而減省成本，並可減少漏氣的機會。

    (8) 在低壓邊(蒸發器)的壓力不需很低即能使冷媒蒸發。最好是在正壓力(高於大氣壓力)範圍，以減少空氣和濕氣侵入的機會。

    (9) 綜合第7條及第8條，除了有上述優點外，高壓邊和低壓邊之壓力差小，則可節省壓縮機的功率(馬力)。

    (10) 如果漏氣時，容易查出。

    (11) 對電的絕緣良好。以免萬一造成短路。

    (12) 黏性小：以減少流動阻力。

2. 冷媒應有之化學性質

    (1) 高度穩定性：即在蒸發、壓縮、凝結等過程，不致被分解而失去原有之化學性。

(2)　對金屬無腐蝕性。

(3)　安全而無毒，並無重大刺激性。

(4)　不燃性、不爆炸。

(5)　不影響食物的色、香、味。

　　　上面所講的是理想的冷媒應具備之條件，然而，事實上現有的冷媒沒有一種能完全符合這些條件。我們在選擇時，唯有根據上述各點，儘可能選用適當的冷媒，而以安全為首要條件——就是具有無毒、不燃燒、不爆炸之基本條件。

3.　常見的冷媒

　　　下表所示為三種具有既易蒸發又易冷卻，發冷效果極佳又較常見的冷媒之特性。

冷媒名稱	R-134a	R-410A	R-407C
分子式	CH_2FCF_3	HFC_{32}/HFC_{125}	$CH_2F_2/CHF_2CF_3/CF_3CH_2F$
分子量	102.04	72.58	86.2
沸點(℃：在 1 氣壓下)	−26.5	−44	−51.53
蒸氣壓力(在 25℃時) psia	95.42	239.73	172
臭氧消耗潛能(ODP)	0	0	0
味道	無	無	無
毒性	無	無	無
燃性	無	無	無
全球變暖係數值（GWP）	1300	2090	1526
臨界壓力 psia	589.3	714.5	671.4
用途	冰箱、除濕機、車用冷氣	窗型冷氣、箱型冷氣、中央系統冰水主機	窗型冷氣、箱型冷氣、中央系統冰水主機

　　　依據蒙特婁公約(Montreal Protocol)自 1996 年管制生產與使用會破壞臭氧層的含氯(Chlorine)的氟氯碳化合物(Chlorofluorocarbons, CFCs)冷媒以來，過去廣泛使用於家用電冰箱、除濕機及汽車冷氣的 R12(CFCs)冷媒即開始被氫氟碳化合物(Hydrofluorocarbons, HFCs)的 R134a 所取代，而使用於家用空調機的氫碳氟氯化合物(Hydrochlorofluorocarbons, HCFCs)的 R22 近期已被限制自 2015 年起全面禁用，目前市面上的窗型冷氣、箱型冷氣、中央系統冰水主機已開始使用 R410A、R407C 的環保冷媒來替代 R22 冷媒。

四、壓縮式冷卻法

　　冷卻的方法，最普通的就是靠著液體冷媒蒸發，吸去被冷卻物或被冷卻之中間物 (如空氣)的熱量，然後壓縮成高溫氣體冷媒，再迫使降低溫度，使回復為液體冷媒，以便不斷的重復使用。

　　壓縮式冷卻系統之主要組成元件為：

1.　壓縮機(compressor)。

2.　冷凝器(condenser)，又稱為凝結器或凝縮器。

3.　乾燥過濾器(drier-strainer)。

4.　毛細管(capillary tube)。

5.　蒸發器(Evaporator)。

6.　貯液器(accumulator)。

　　在家庭用冷凍類電器中，是用毛細管控制流往蒸發器的冷媒流量。在大型冷凍機器中則採用膨脹閥(ex-pansion valve)控制冷媒的流量。

🍲 7-2　冷凍系統的組成元件

一、壓縮機

　　壓縮機的功用在吸收蒸發器中蒸發的低壓低溫氣體冷媒，然後壓縮成為高壓高溫的氣體冷媒，而排至冷凝器。簡言之，壓縮機的功用是在冷凍系統中建立壓力差，以使冷媒在系統中循環流動。

　　壓縮機依其構造及工作情形，可如下分類：

1.　依壓縮之方法分為：

　　(1)　往復式。

　　(2)　旋轉式。

2.　依原動機之位置分為：

　　(1)　獨立式：皮帶傳動。

　　(2)　半密封式：直接推動，馬達與壓縮機在分設的殼子中。

　　(3)　密封式：直接推動，馬達與壓縮機在同一殼子中。

　　新式的家庭用冷凍類電器之壓縮機，通常為密封式壓縮機，外形如圖 7-2-1 所示。因為在密封式壓縮機，馬達與壓縮機是直接互相連接的，兩者同在一軸上轉動，並封

裝在同一殼裡，不但有著小巧不佔地方的優點，而且由於不用皮帶，可減少噪音，減少維護工作。密封式壓縮機在出廠前是經細心組合後予以密封，再經過試驗的，所以故障絕少發生。冷凍系統有毛病，幾乎病源都是在其他部份。

圖 7-2-1　壓縮機之實體圖

　　茲分別將往復式壓縮機及旋轉式壓縮機說明於下：

　　圖 7-2-2 所示為往復式壓縮機之結構圖。往復式壓縮機之主要元件為氣缸、活塞、吸氣閥、排氣閥及曲軸。曲軸由馬達帶動。當活塞往下時，吸氣閥打開，密佈整個壓縮機容器的低壓低溫氣體冷媒部份經吸氣閥而進入氣缸(於此同時，同量的低壓低溫氣體冷媒由蒸發器經吸氣管而進入壓縮機的容器內)。活塞往上時，氣缸的容積逐漸縮小，因此氣體冷媒被壓縮，達到某一壓力時，排氣閥被迫打開，壓縮後的冷媒即由排氣閥排出，稍加緩衝而進入冷凝器裡。被壓縮後的氣體冷媒，不但壓力提高，溫度也升高，故進入冷凝器的是高壓高溫的氣體冷媒。吸氣閥(suction valve)及排氣閥(discharge valve)僅受壓力差之影響而動作。

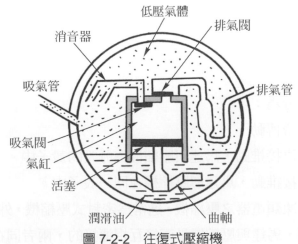

圖 7-2-2　往復式壓縮機

旋轉式壓縮機有旋轉葉片式與固定葉片式兩種。圖 7-2-3 為旋轉葉片式壓縮機之結構圖。旋轉葉片式壓縮機之主要元件有氣缸、滑動葉片及轉軸等。轉軸由馬達帶動而依反時針方向旋轉。轉軸的迴轉中心不與氣缸同心。當轉子轉動時轉軸上的葉片跟著迴轉，由離心力使葉片與氣缸內壁保持密接。冷媒之壓縮，於轉子、葉片及氣缸密閉的空間中促成。當各葉片滑過吸氣口時，向外伸張，以致片與片間之容積增大，吸入氣體冷媒。葉片繼續滑動，離開吸氣口之後，因葉片向內縮之故，片與片之間隙容積就漸漸變小，故氣體冷媒逐漸被壓縮而壓力增大溫度升高。到排氣口時，間隙容積最小，壓力最大，高壓高溫的冷媒逐被排出排氣口。從圖中可看出經壓縮之高壓高溫氣體冷媒密佈在壓縮機的容器(外殼 Housing)內，然後再從排氣管送出(至冷凝器)。

圖 7-2-3　旋轉葉片式壓縮機

圖 7-2-4 所示為固定葉片式壓縮機，其主要元件有氣缸、偏心環、分隔葉片及轉軸。轉軸由馬達帶動，依逆時針方向轉動。在此圖中，壓縮作用是藉受偏心軸推動的偏心環在一閉合的氣筒中(作漩渦式的)運轉而獲得。氣缸中的吸氣道與排氣道是由一分隔葉片將其隔開，此葉片在彈簧與潤滑油的壓力下，與偏心環作緊密的接觸。當偏心環由偏心軸(與轉軸同體)帶動而依(a)圖的箭頭方向轉至(b)圖的①所示之位置即開始將氣體向放氣管之方向壓縮，同時，開始由吸氣管吸入氣體。偏心環繼續轉至②所示之位置時，已將放氣閥推開，使壓縮後的氣體放出一部份，吸氣工作也已完成一大半。偏心環轉至③的位置時，放氣將近完畢，吸氣也已完成一大半。至④位置時放氣及吸氣均已完畢，氣筒內充滿著待壓縮的低壓氣體。偏心環繼續轉至①所示之位置時氣筒內之低壓氣體開始被壓縮，同時，開始由吸氣管吸入氣體。① → ② → ③ → ④ → ① → ……四個程序不斷的循環，即可將來自蒸發器之低壓低溫氣體冷媒壓縮成高壓高溫的狀態排至容器(外殼)內，然後由排氣管送至冷凝器。

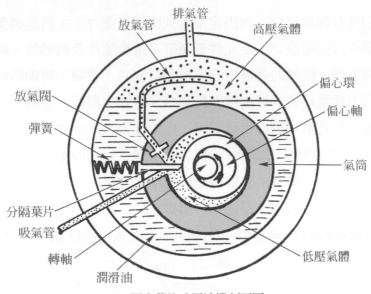

(a) 固定葉片式壓縮機剖面圖

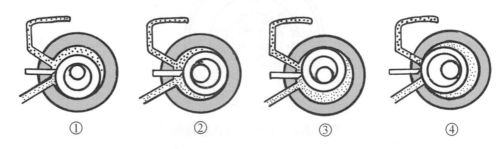

① ② ③ ④

(b) 固定葉片式壓縮機之工作原理分析

圖 7-2-4　固定葉片式壓縮機

　　比較圖 7-2-2、圖 7-2-3 及圖 7-2-4，可知"往復式壓縮機的外殼內充滿著低壓低溫的氣體，而旋轉式壓縮機的外殼內則充滿了高壓高溫的氣體"兩者正好相反。

二、冷凝器

　　冷凝器亦稱為凝結器或凝縮器。

　　因為冷媒是以高壓高溫蒸氣的形態離開壓縮機，所以應設法將此蒸氣恢復成液體。冷凝器的功用就是使高壓高溫的氣體冷媒散熱凝結而恢復為液體，以便在冷卻循環中重複使用。

　　冷凝器多以銅管彎曲而成，其外並附有散熱器，以幫助散熱。

三、乾燥過濾器

　　乾燥過濾器的功用在於濾除冷媒中的水份與雜質。

冷凍系統通常都會殘留極少量的水份，在長期使用時因冷凍系統內的潤滑油之分解亦會產生水份，故必須設置乾燥過濾器，以免水份在毛細管中凍結而妨礙冷媒的流通，或在蒸發器中凝結而使冷凍系統的效能減低。而且水與冷媒作用成酸，將腐蝕金屬，而發生冷凍循環故障。

圖 7-2-5 所示是一典型的乾燥過濾器。此乾燥過濾器是以一管徑粗大的銅管，在靠近入口之一端裝上一杯形簾網(每平方吋 100 目網孔的銅絲網或不鏽鋼網)，用以過濾冷媒雜質，並封入乾燥劑以吸收冷凍系統中的水份。一般採用的乾燥劑有矽土(二氧化矽)凝膠(silica-gel)、氧化鋁、硫酸鈣及氯化鈣等。這些乾燥劑，不但冷媒通過時能迅速吸收水份，而且不會溶解於冷媒。

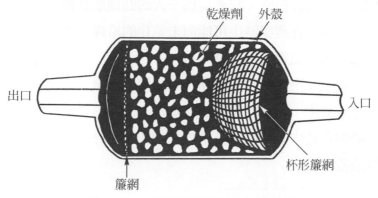

圖 7-2-5 典型乾燥過濾器之剖面圖

四、毛細管

冷凝器送出的高壓常溫冷媒，必須先使其壓力降低溫度下降後才送入蒸發器，因此需要在冷凝器與蒸發器間的管路中串入一個減壓裝置。

毛細管現在被普遍的採用於家庭用冷凍類電器中擔當減壓的工作(在大型冷氣機中是以膨脹閥(ex-pansion valve)作為減壓裝置)。因為它沒有可動部份，不需調節，而工作簡單，在管徑及長度確定後，即能發揮其功能，控制液體冷媒的流量及降低液體冷媒的壓力，使進入蒸發器的冷媒變成低壓低溫的液體冷媒。毛細管內徑之所以很小，原因有二：

1. 控制受壓力而往蒸發器的液體冷媒流量。
2. 由於通路極有限，所以能對冷媒產生足夠的流體阻力，以產生降低壓力的作用。

採用毛細管降壓法，除了有費用低廉、不虞有可動部份故障的產生之優點外，在壓縮機受溫度控制器之作用而停止的期間，毛細管仍然允許冷凝器中的高壓液體冷媒

通過而流向蒸發器，直至系統內的壓力平衡爲止。如此，則壓縮機下一次動作時可輕易的開動。若在壓縮機停止後，壓力尚未平衡時，立刻又開動壓縮機，則壓縮機馬達可能因負荷過重而無法起動，並由於流入馬達繞組的電流過大，使過負荷電驛器(過載保護器)動作，切斷電路。

五、蒸發器

蒸發器的主要功用是吸收熱量。在工作中，當冷媒離開毛細管而進入蒸發器中較大的管子時，由於管徑突然變大，因此冷媒急速膨脹，造成一低壓區，而溫度急降，冷媒行經蒸發器後，因吸收大量的熱而變成幾乎完全的氣體。

六、貯液器

貯液器又稱膨脹器或膨脹管。貯液器爲一大的圓筒瓶狀物，裝於蒸發器與壓縮機的吸氣管之間，用以儲存在蒸發器中可能尚未氣化的冷媒。如此設計可防止任何留在低壓邊的液體冷媒進入吸氣管而進入壓縮機。

裝置時出口位置至少應和蒸發器同高，以調節冷媒量，即在負荷小時，蒸發不完的液體冷媒可以存放其中，增加冷媒量的伸縮性。

由於毛細管降壓系統中，冷媒的流量控制的非常良好，故在比較不考究的冷凍系統中多不加裝貯液器。

7-3 電冰箱

7-3-1 冰箱的冷卻原理

很久以前，人類就已曉得在多天從湖泊或池塘中取得冰塊，而在熱季中用以冷卻食物，電冰箱已甚普遍的今天，用冰塊裝在箱子裡冷卻食物，仍然被魚販廣用著。

冰之所以有冷卻的效能，是因爲它在熔解時會吸取熱量。

用冰冷卻的食物箱中，冰塊是放在箱內的上方，食物放在下方。這樣有利於冷卻作用之循環。熱空氣較輕，會往上升，但被冰塊吸收熱量後，重量會增加，因此就往下降。下降的冷空氣遇到食物而吸收其熱量後，將再度變輕而往上升，到達冰塊而把熱量損失在冰塊中，又變重而下降，如此不斷循環即能發揮其冷卻作用。冰塊吸熱後，熔化成水，則經由排水管排出箱外。請見圖 7-3-1。電冰箱也是利用這種原理，只是以蒸發器代替了圖中的冰塊。

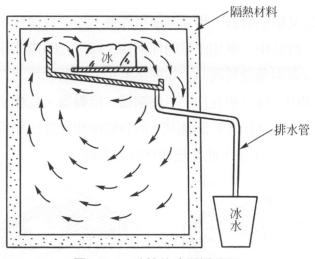

圖 7-3-1 冰箱的冷卻循環圖

7-3-2 電冰箱的冷凍系統

一、電冰箱冷凍系統的組成元件

1. **壓縮機**：壓縮機的功用是在冷凍系統中建立壓力差，以使冷媒在系統中循環流動。電冰箱所用者多為往復式壓縮機與旋轉葉片式壓縮機。

2. **冷凝器**：冷凝器係以銅管彎曲而成，如圖 7-3-2 所示。其功用在使高溫之氣體冷媒散熱而液化。其管外所焊的金屬線，目的在增加冷凝器的散熱面積。

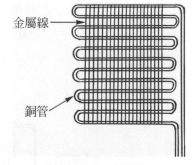

圖 7-3-2 冷凝器

3. **乾燥過濾器**：乾燥過濾器係用以過濾冷媒雜質及吸收冷凍系統中的水份。是毛細管降壓系統的必備元件。

4. **毛細管**：電冰箱中的毛細管係以內徑 0.5～1 公厘之細長銅管作成。其功用在把冷凝器送出的高壓常溫冷媒降低壓力及溫度。

5. **蒸發器**：蒸發器的功用是吸收冰箱內的熱量，亦稱為冷凍器或冷卻器。蒸發器由金屬管(大部份為鋁管)構成，金屬管環繞於冷凍室四周，液體冷媒蒸發成氣體將吸收熱量，造成一冷區，以便製造冷凍食品(冰塊、冰淇淋等)，並對存放於冰箱內的食物發生冷卻作用，如圖 7-3-3(a) 所示。但最近的電冰箱已不再利用金屬管環繞而成，而是將鋁板壓成槽溝狀，上下兩片焊牢成扁管狀，如圖 7-3-3(b)，其金屬板就作為冷凍室，此種冷凍效果極佳。

6. **貯液器**：貯液器又稱膨脹器。用以調節冷媒量，即在負荷較小時，蒸發不完的液體冷媒，可以存放其中，增加冷媒的伸縮性。較講究的電冰箱中始裝之。裝置時其出口位置至少要與蒸發器同高，如圖 7-3-3(a) 中所示。

電冰箱的內部即由上述冷凍元件——壓縮機、冷凝器、乾燥過濾器、毛細管及蒸發器(以上為必備)、貯液器(有的不裝)組成。所有的冷凍元件以銅管連接而成一個密封的迴路(系統)，如圖 7-3-4 所示，此系統稱為冷凍系統。

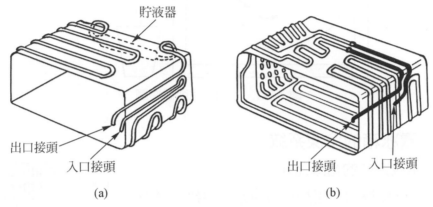

(a)   (b)

圖 7-3-3　家庭用電冰箱中的蒸發器

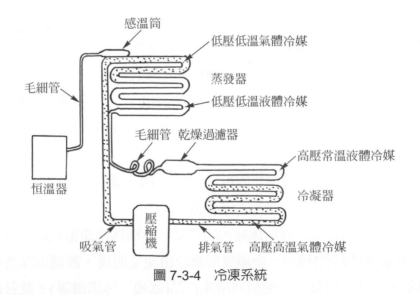

圖 7-3-4　冷凍系統

二、冷凍循環的原理

1. 壓縮機吸入在蒸發器蒸發後的低壓低溫氣體冷媒，將其壓縮使成高壓高溫的氣體冷媒後送入冷凝器。

2. 冷凝器使高壓高溫的氣體冷媒散熱而凝結,成為高壓常溫的液體冷媒。

3. 高壓常溫的液體冷媒經由乾燥過濾器而進入毛細管。冷媒若有雜質則將其過濾,若有水份則將其吸收。

4. 經由毛細管進入蒸發器的冷媒,不但被毛細管降低了壓力,且其溫度亦被降低。

5. 低壓低溫的液體冷媒行經蒸發器後,將因吸收大量的熱,而蒸發成為低壓低溫的氣體冷媒。

6. 在蒸發器蒸發後的低壓低溫氣體冷媒將再被壓縮機吸入加壓,然後又經過冷凝器、乾燥過濾器、毛細管而入蒸發器,如此不斷的循環即能使蒸發器不斷吸熱而在冷凝器中把熱散掉。如此,則將蒸發器放在電冰箱內,冷凝器放在電冰箱外面,即能使電冰箱產生冷凍效果。

7-3-3 電冰箱的電力系統

一、電冰箱電力系統的組成元件

1. **電動機**:電動機俗稱馬達。壓縮機是利用電動機加以驅動的。電冰箱中所使用的電動機大多是電容起動式電動機,起動繞組僅於起動時加在電路上,起動後起動繞組即脫離電源,而由行駛繞組負責馬達的繼續運轉。壓縮機馬達的大小隨冰箱容量而異,約由 1/12 至 1/3 馬力。

2. **起動器**:電冰箱中所用的起動器是電流磁力式繼電器。其接點為常開接點(未動作前成斷路狀態),僅當線圈通過大量電流而將活鐵心吸起時,接點才接通。起動器的構造及電路符號如圖 7-3-5 所示。

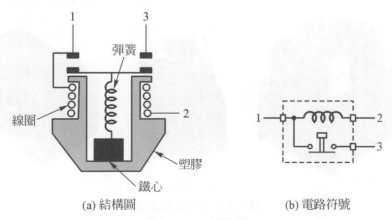

(a) 結構圖　　　　　　　(b) 電路符號

圖 7-3-5　起動器

(c)實體圖

圖 7-3-5　起動器(續)

3.　**PTC 起動器**：有些電冰箱是採用如圖 7-3-6 所示之 PTC 起動器。PTC 起動器是用鈦酸鋇 (BaTiO$_3$) 製成的具有正溫度係數 (Positive Temperature Coefficient)的熱敏電阻器。在 70℃以下，呈低電阻 (大約 4.7 至 33Ω)的導通狀態，猶如開關的接點 ON。其電阻值隨溫度的升高增大極快，在居里溫度(大約 120℃)以上，其電阻值可達 20kΩ 左右，相當於開關的接點 OFF。PTC 起動器配合單相電動機的工作原理，請見圖 7-3-10 及圖 7-3-11 之說明。

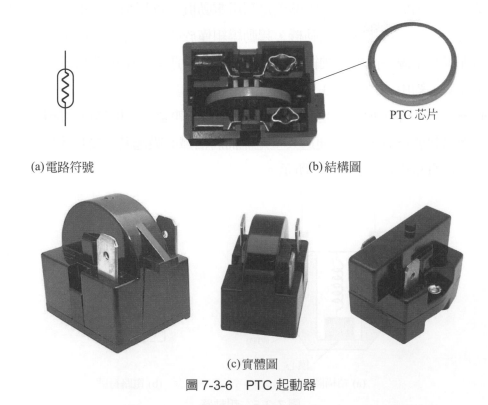

(a)電路符號　　　　　　　　　　　　　　(b)結構圖

PTC 芯片

(c)實體圖

圖 7-3-6　PTC 起動器

4. **過負荷電驛器**：過負荷電驛器是由雙金屬片及電熱絲組成的過載保護器。其電路符號如圖 7-3-7 所示。係串聯於電動機的電路上而裝置在壓縮機接線頭罩的下方，當壓縮機過量發熱或電流超過限度時，雙金屬片即彎曲，打開接點而切斷馬達的電源。發熱過高的原因可能是在壓縮機和冷凝器周圍的空氣不流通。壓縮機在開動而停止後，至少要等 3 至 5 分鐘，待系統之壓力平衡後，才可再行開動，在起動時至少應有 100 伏特的電壓加於馬達之引線，否則過負荷電驛將因馬達的電流過大而動作，切斷電路。

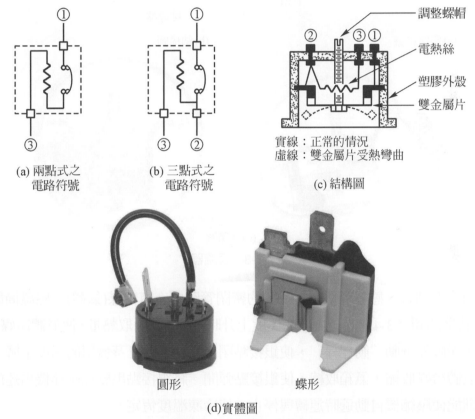

(a) 兩點式之 電路符號

(b) 三點式之 電路符號

調整螺帽
電熱絲
塑膠外殼
雙金屬片

實線：正常的情況
虛線：雙金屬片受熱彎曲

(c) 結構圖

圓形　　　蝶形

(d)實體圖

圖 7-3-7　過負荷電驛器

5. **恆溫器**：恆溫器又稱為溫度調節器或控制開關。使用於電冰箱及冷氣機中作溫度自動調節。結構如圖 7-3-8 所示，由感溫筒、毛細管、氣箱(亦稱為伸縮囊)及接點機構組成。

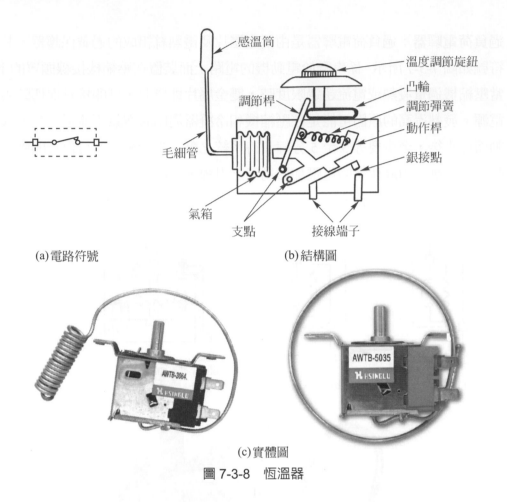

(a)電路符號　　　　　　　　　　(b)結構圖

(c)實體圖

圖 7-3-8　恆溫器

　　氣箱、毛細管、感溫筒所銜接而成的密閉管路中充有冷媒(氣體)。感溫筒置於蒸發器上(請參閱圖 7-3-4)。當蒸發器的溫度上升時,感溫筒攝取熱量,使氣體冷媒膨脹,因此氣箱膨脹而推動"動作桿",使銀接點閉合。相反的,蒸發器的溫度下降到某程度時,氣體冷媒收縮,氣箱收縮,使銀接點彈開。將銀接點串聯在壓縮機馬達的電源線中,則能使壓縮機自動適時運轉與停止,使冷凍溫度恆定。

　　凸輪用以控制調節桿施給動作桿的力量,亦即控制氣箱使銀接點閉合的難易程度。當凸輪使調節桿作較大的逆時針旋轉時,動作桿受力較大,在溫度較高時,氣箱的膨脹力才足以使銀接點閉合,故冷凍力低;當凸輪使調節桿作較小的逆時針轉動時,較低的溫度即足以使銀接點閉合,而使壓縮機再次運轉,故冷凍強。因此調節凸輪可控制冷凍的溫度。

二、電冰箱之基本電路

　　電冰箱的基本電路如圖 7-3-9 所示。在正常工作時，壓縮機馬達是受恆溫器的控制而動作。當恆溫器的接點閉合時，馬達的行駛繞組有一大電流通過，因此，與其串聯之起動器線圈產生一強力磁場，吸動活鐵心，將起動接點閉合，使起動繞組與所串聯的起動電容器 C_S 加入電路。少頃間，馬達轉動至額定轉速，以致行駛繞組通過的電流減少，使起動器線圈之磁場吸力也減少，活鐵心被釋放，因此起動器接點斷離，而起動繞組與起動電容器脫離電路。起動繞組是用以供給馬達起動時所需之扭力，以克服馬達轉子的慣性，起動以後它就不參與工作，而由行駛繞組單獨負責使馬達繼續工作(過負荷電驛器，與電熱絲串聯的雙金屬接點，平常在通路狀態，僅當馬達因故起動困難，以致有過多電流通過電熱絲，或因任何原因而致壓縮機過量發熱，過負荷電驛器的雙金屬接點始會斷離而切斷馬達的電源)。俟溫度降低至設定值時，恆溫器之接點彈開，切斷馬達電源。

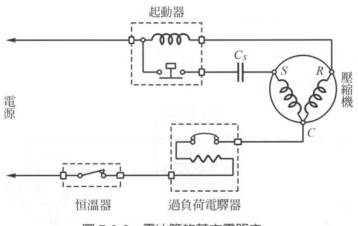

圖 7-3-9　電冰箱的基本電路之一

　　圖 7-3-10 是採用 PTC 起動器的電冰箱電路圖。PTC 起動器與壓縮機馬達的起動繞組串聯，在恆溫器的接點閉合使電路通電的一瞬間，由於 PTC 元件溫度較低，電阻很小，處於導通狀態，因此起動繞組與行駛繞組同時通電，馬達起動旋轉。

　　通過起動繞組的電流使 PTC 元件的溫度迅速升高，大約經過 3 秒以後，PTC 元件的溫度超過 100℃後，PTC 元件呈高電阻狀態，似處於開路狀態，使起動繞組與起動電容器脫離電路，只剩下行駛繞組單獨負責使馬達繼續旋轉，這時，流過 PTC 元件的小電流恰好可以產生維持高電阻的溫度，馬達完成起動過程。在恆溫器的接點打開

後，PTC 元件斷電，開始冷卻，當溫度降至 70℃以下時，恢復低電阻狀態，爲下一次起動作好準備。

在恆溫器的接點打開使馬達停轉後，PTC 起動器無法馬上冷卻，所以再次啓動的間隔，一般需要 3-5 分鐘。

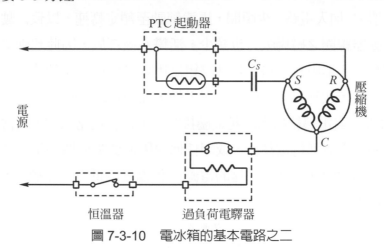

圖 7-3-10 電冰箱的基本電路之二

圖 7-3-11 比圖 7-3-10 少了起動電容器，壓縮機馬達是採用分相式起動 (與圖 6-3-7 相似)，起動轉矩比較小，適用於小電冰箱。

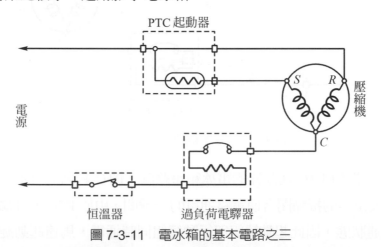

圖 7-3-11 電冰箱的基本電路之三

7-3-4 電冰箱的除霜系統

電冰箱內的蒸發器(即冷卻器)上常會積結著許多霜。這些霜是哪兒來的？此乃因開啓冰箱的箱門而進入之外氣所含的水氣，以及由貯藏於庫內食品所蒸發的水氣，附於蒸發器所形成的。霜的熱傳導非常小，結在蒸發器上，猶如一絕緣體隔在蒸發器與

空氣之間，會減少蒸發器的吸熱效用，故結霜量太多不但易致冰箱之冷凍效果降低、壓縮機運轉不停等缺點，甚者，無法全部蒸發而含有大量液體的混合冷媒被吸入壓縮機後可能令壓縮機發生故障。對於任何冷凍系統，欲使其工作有效而經濟，必須作周期性的除霜。通常霜的厚度達到 6mm 時即需除霜。除霜的方法有下列各種。

一、化霜的方式

1.　停止運轉法

　　　切斷電源，停止壓縮機的工作，使蒸發器的溫度自然上升而除霜，待除霜完畢後再恢復壓縮機的運轉。雖然除霜時不需要電力，比較經濟，但除霜時間須 3 至 5 小時(視結霜厚度及大氣溫度而定)。為了要加速除霜，可用適當的容器盛熱水，置於蒸發器內，這樣，就可在 20 至 30 分鐘內除霜完畢。

2.　高溫氣體冷媒除霜法

　　　我們已知，由壓縮機排氣管放出的氣體冷媒，溫度頗高(約 50℃)，假如不使熱量送往冷凝器散掉而利用來除霜，那不是可以嗎？這就是 "高溫氣體冷媒除霜法" 的原理。

　　　要利用高溫冷媒來除霜，就必須改變冷媒的路徑，使高溫冷媒不經過冷凝器，直接送至蒸發器，圖 7-3-12 即為一例。圖 7-3-12 比圖 7-3-4 多了一個三路電磁閥、旁路管及貯液器。平時，旁路管被電磁閥堵住，冷凍系統正常循環。欲除霜時，將電磁閥之線圈通電，閥門打開，旁路管不再被堵住，因此高壓高溫(約 50℃)的氣體冷媒不經冷凝器(因毛細管之阻力大)而經由旁路管直奔蒸發器，將霜除去。電磁閥的線圈斷電，即恢復正常的冷凍循環。

　　　霜溶化後之水，則經排水軟管引入蒸發盤(請見圖 7-3-20)，藉著部份置於冰箱底部的冷凝器所散發出來的熱量，將水蒸發。

　　　貯液器的作用已於 7-3-2 節作了詳述，主要在使進入壓縮機吸氣管之冷媒是完全蒸發的氣體冷媒，並藉以增加冷媒流量的伸縮性。然因毛細管緊靠著吸氣管，其熱交換作用(毛細管散熱、吸氣管吸熱)已足夠使冷媒完全蒸發，故比較不考究的電冰箱是不裝貯液器的。

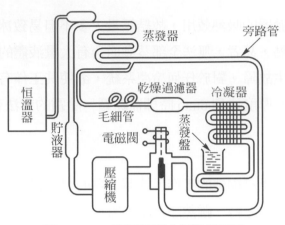

圖 7-3-12　　高溫氣體冷媒除霜系統

3.　電熱除霜法

　　電熱除霜法，就是在蒸發器之適當位置裝有電熱線(heater)，利用電流通過其中所生之熱，使霜溶化。平時交流電源加於壓縮機馬達電路，使之遂行冷卻循環，當除霜時，壓縮機馬達的電源就被切斷，而使冷卻循環停止，同時，電熱線的電路被接通，發出熱量，進行除霜。除霜完畢，電熱線被切離電路，壓縮機電路接通，恢復正常的冷凍循環作用。

二、除霜的操作

1.　人工除霜法

　　所謂人工除霜，就是除霜之前及除霜完畢的整個過程，皆需人工操作。

(1)　除霜之前把放在蒸發器下面的滴水盤騰空，再放回原處，以貯藏霜溶化所成之水。

(2)　按下除霜按鈕。

(3)　除霜完畢後，倒掉滴水盤中的水，清潔並抹乾冰箱內一切部份，然後，將冰箱恢復正常循環。

2.　半自動除霜法

　　半自動除霜，就是當使用人想要除霜時，將除霜鈕按下，蒸發器的除霜工作即行開始，除霜完畢後，冰箱自動恢復冷卻循環作用。

　　圖 7-3-13 即為半自動除霜的一個典型例子。半自動除霜開關示於圖 7-3-14。當按下除霜按鈕時，除霜開關的偏動桿下沈而成圖 7-3-14 中的實線所示之狀態，接點 1-2 斷路，1-3 接通，因此圖 7-3-13 中壓縮機的迴路被切斷，同時除霜加熱器通電發熱，進行除霜。

當除霜完畢，蒸發器溫度升至某一程度時，充於感溫筒、毛細管、氣箱組成的密閉管路裡之冷媒膨脹，以致氣箱的上頂之力大於彈簧之拉力時，偏動桿即被動作桿上頂而成圖 7-3-14 中的虛線所示之狀態，接點 1-2 接通，1-3 斷離，壓縮機迴路受電而恢復正常工作。

3. 全自動除霜電冰箱

全自動除霜，就是電冰箱在除霜前、除霜中及除霜後的全部過程——包括停止壓縮機、加溫於蒸發器、排除霜溶化後的水，及使水蒸發消散等——完全由機器自行處理，使用人不需按任何按鈕，轉任何開關，或做其他任何手續。

全自動除霜電冰箱中附裝有風扇，以助冷氣對流，而增冷卻效果。

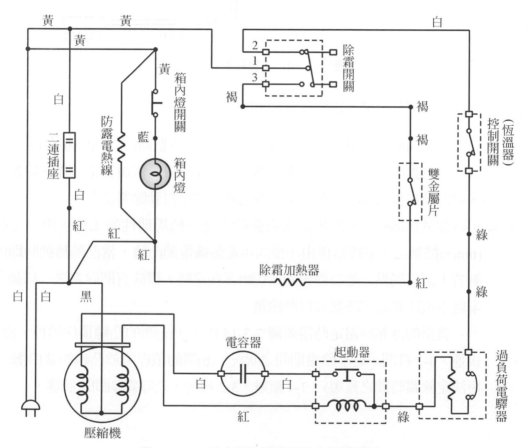

圖 7-3-13　半自動除霜電冰箱之電路圖例

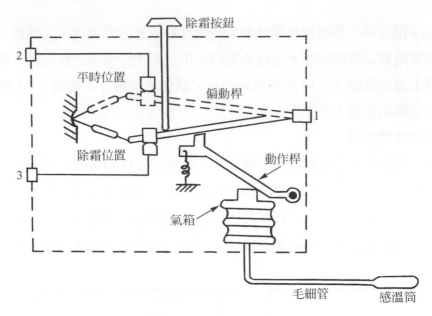

圖 7-3-14　半自動除霜開關

全自動除霜有兩種方式，茲分別說明如下：

(1) 計數式(counter)：當箱門的開閉數達到某一定次數時(通常是 30 次)，計數器令冰箱自動開始除霜，待除霜完畢後，電冰箱自動恢復正常工作。除霜完畢後的自動恢復冷卻之原理，請參看前述之"半自動除霜法"。

(2) 定時器式(timer)：定時器式全自動除霜是一種周期性的工作。由一定時器(timer)控制之。定時器係由小型同步電動機帶動凸輪，當凸輪轉動時即能控制若干個接觸點之離合而接通或切斷某些電路，構成有關除霜之一切動作。家庭用電冰箱是定時器式自動除霜。

　　典型的冰箱除霜定時器如圖 7-3-15 所示。(a)圖的凸輪頂住頂桿，使 3-4 接通，3-2 打開，是不除霜期間之狀況。(b)圖的頂桿陷於凸輪的缺口(缺口長短決定除霜時間之長短)，3-4 斷離，3-2 接通，是除霜期間之狀態。

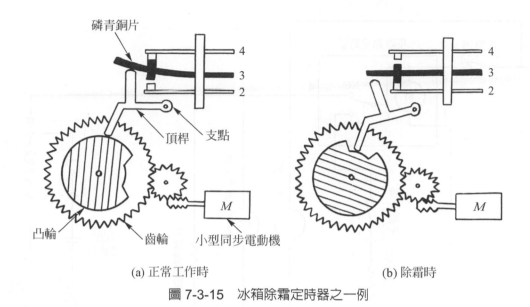

(a) 正常工作時   (b) 除霜時

圖 7-3-15 冰箱除霜定時器之一例

7-3-5 定時器式自動除霜電冰箱的電路分析

一、典型電路

茲將圖 7-3-16 之除霜過程綜述如下：(圖 7-3-16 中定時器各接點之編號與圖 7-3-15 完全一致)

① 定時器之接點 3-4 斷離，切斷壓縮機及風扇之電路，同時 3-2 接點接通，除霜加熱器之電路接通，開始除霜。風扇之所以要停止，其目的在停止箱內空氣之對流，以免在除霜期間，將除霜加熱器所生之熱傳送給冰箱內的食物。

② 除霜加熱器使蒸發器上之霜溶化。霜溶化所生的水，經由排水軟管排至冰箱底部的蒸發盤，受熱而蒸發。

③ 除霜時間完畢，計時器的接點恢復 3-4 接通，3-2 斷路之狀態，冰箱恢復正常工作。

④ 若在除霜時間未完時，雙金屬片的溫度已達 65°F，則雙金屬片斷離，切斷除霜加熱器的電路。此時，蒸發器上的霜應已完全化除。

⑤ 萬一除霜定時器及雙金屬片都故障，除霜加熱器持續加熱，則在 70°C 時溫度保險絲會熔斷以確保安全。

⑥ 防露電熱器是用來提高冰箱門四週的冰箱外壁的溫度，避免冰箱的外壁結露 (又稱為流汗)。

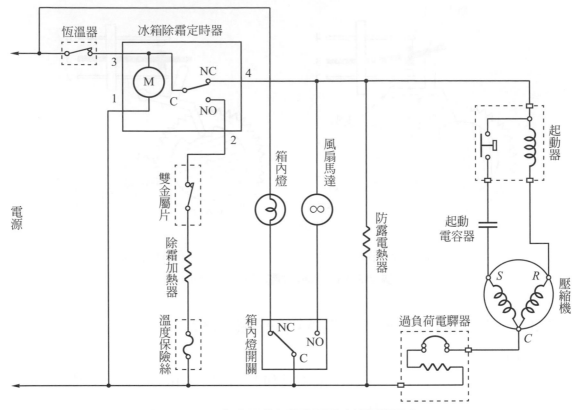

圖 7-3-16　定時器式自動除霜電冰箱電路圖之一

二、採用 PTC 起動器的電路

圖 7-3-17 是採用 PTC 起動器的典型電路圖。PTC 起動器與壓縮機馬達的起動繞組串聯，在恆溫器的接點閉合使電路通電的一瞬間，由於 PTC 元件溫度較低，電阻很小，處於導通狀態，因此起動繞組與行駛繞組同時通電，馬達起動旋轉。

通過起動繞組的電流使 PTC 元件的溫度迅速升高，大約經過 3 秒以後，PTC 元件的溫度超過 100℃後，PTC 元件呈高電阻狀態，似處於開路狀態，使起動繞組與起動電容器脫離電路，只剩下行駛繞組單獨負責使馬達繼續旋轉，這時，流過 PTC 元件的小電流恰好可以產生維持高電阻的溫度，馬達完成起動過程。在恆溫器的接點打開後，PTC 元件斷電，開始冷卻，當溫度降至 70℃以下時，恢復低電阻狀態，為下一次起動作好準備。

在恆溫器的接點打開使馬達停轉後，PTC 起動器無法馬上冷卻，所以再次起動的間隔，一般需要 3-5 分鐘。

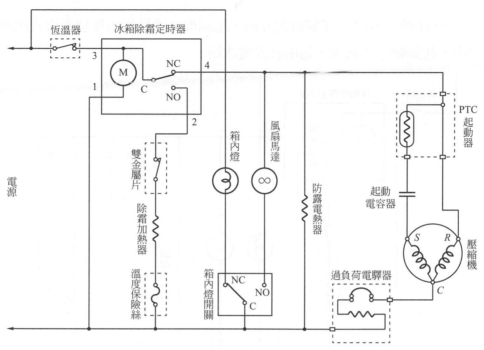

圖 7-3-17　定時器式自動除霜電冰箱電路圖之二

　　圖 7-3-18 比圖 7-3-17 少了起動電容器，壓縮機馬達是採用分相式起動 (與圖 6-3-7 相似)，起動轉矩比較小，適用於小電冰箱。

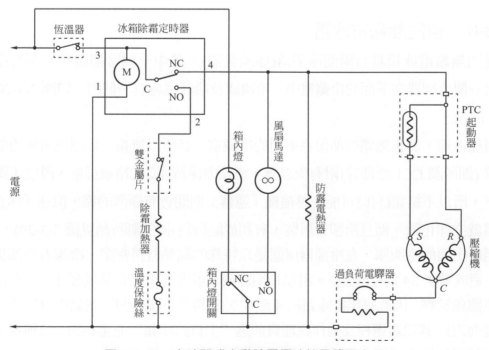

圖 7-3-18　定時器式自動除霜電冰箱電路圖之三

　　圖 7-3-19 比圖 7-3-17 多了運轉電容器，壓縮機馬達是採用雙值電容式起動 (與圖 6-3-4 相似)，起動轉矩比較大，適用於大電冰箱。

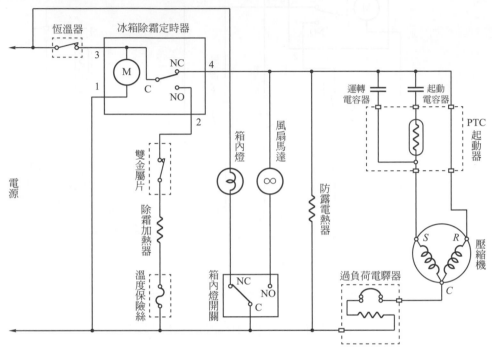

圖 7-3-19　定時器式自動除霜電冰箱電路圖之四

7-3-6　雙門無霜電冰箱

　　雙門無霜電冰箱具有兩個冷卻器(即蒸發器)。其中一個冷卻器在上面的冷凍庫中，另一個冷卻器在下面的冷藏室中。冷凍庫及冷藏室各有一個門。如圖 7-3-20 及圖 7-3-21 所示。

　　這種冰箱，真正無霜的部份在下面的冷藏室。其所以無霜，是因為所使用的無霜冷卻管 (即所謂 CC1 冷卻管)附有恆溫器，使箱內保持 4℃的冷藏溫度，溫度不降至冰點以下，所以不結霜(有時可能在壓縮機「運轉」期間會有極薄的霜，但在「休止」期間，霜就立即化除。而且冷卻管斜裝，有利於隨時將水份排除(請見圖 7-3-20)。)。

　　至於上面的冷凍庫，在冷卻器周圍是以特殊的隔熱材料密閉，冷凍力全部集中在庫內，造成零下 34℃的超低溫。用以長期貯藏冰淇淋等冷凍食品或製冰。故在冷凍庫中仍然難免結霜。因此每年需除霜約 4 至 8 次(視開門頻繁程度、空氣中濕氣及內容物之濕度而定)。其除霜過程及動作原理與前述"半自動除霜"完全相同。此種電冰箱以無霜為號召故按鈕不標上「除霜」兩字，而以「清除」代之。

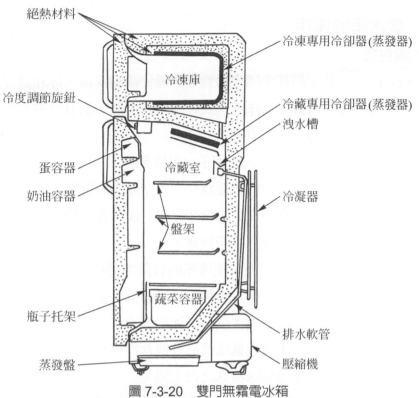

絕熱材料

冷凍專用冷卻器(蒸發器)

冷凍庫

冷度調節旋鈕

冷藏專用冷卻器(蒸發器)

洩水槽

蛋容器

冷藏室

奶油容器

盤架

冷凝器

瓶子托架

蔬菜容器

排水軟管

蒸發盤

壓縮機

圖 7-3-20　雙門無霜電冰箱

圖 7-3-21　冰箱內食物的放置

🔋 7-3-7　電冰箱的運用

一、怎樣放置食物

欲期冰箱效能好，就要把其中所放的食物作最妥善的安排。冰箱儲存食物的主要宗旨，就是要使食物保持其鮮美的味道、良好的營養價值，而且存放及取用要方便。依據此一宗旨，我們必須遵守一些原則。

圖 7-3-15 是冰箱內放置食物的一個例子，可供參考。

箱內空氣流通為冷藏食物有效的重要條件。若空氣受到限制，而不能在箱內各部份循環，在下方的食物就無法獲得充分的冷卻作用。所以在各份食物之間務須保持適當間隙，千萬不要把過多的食物硬往冰箱裡塞。

若把熱的食物放入冰箱裡，不但會使冰箱的負荷加重(壓縮機的運轉時間加長)，而且也會加深結霜的程度，所以，應等食物的溫度降低至室溫時，再行放入冰箱。

冰箱最上層的冷凍庫，是用來製冰淇淋、冰塊等冷凍食品，或將肉類食物凍結，以利長期儲存的。為免食物變味或將氣味傳給其他食物起見，宜先用塑膠袋封裝，再行放入，對生魚、牛肉、貝殼等氣味特殊之物尤然。

有些食物(如蔬菜)，不得讓它乾燥，也宜用塑膠袋包好再放入冰箱，以免水份散失而有損原味(若冰箱附有蔬菜容器，則可將菜直接放入蔬菜容器內。)。

有些冰箱的奶油貯藏室設有電熱器加溫(約 2.4W 以下)，把奶油放在裡面可保持適宜的柔軟。但請注意，只能把平常需要食用的奶油放在這裡，要長期貯存的奶油則應放入冷凍庫。普通的食物亦不可放在有加溫設備的奶油貯藏室。

二、冷度調節旋鈕之使用

電冰箱都有一條電源線(電纜)，並附有插頭，以便插入牆壁上的插座內。但在插接電源之前，必須先把"冷度調節旋鈕"置於適當的位置。

冷度調節旋鈕又稱為"旋轉式溫度調節開關"。在普通電冰箱中，此旋鈕有十個位置，一為斷(OFF)，一為「除霜」(DEFROST)，其餘八個位置分別標有 1 至 8 八個數字。其使用方法為：

1. 轉「冷度調節旋鈕」至「斷」(OFF) 的位置，然後把插頭插入電源插座，使箱內燈發亮，準備工作即已完成。

2. 把冷度調節旋鈕從「斷」的位置慢慢順時針轉動，馬達就開始工作，你應聽到極輕微的馬達轉動聲，冷卻器 (蒸發器)漸漸發冷，冰箱之溫度亦隨即下降。

3. 旋鈕位置之選用，視季節而定，一般標準如下：

　　　1-2　冬天

　　　2-3　春初及秋末，氣溫較低時

　　　3-4　春天及秋天

　　　5-6　夏天

　　　7　　盛夏

　　　8　　炎夏

　　　若冰箱內食物過多，箱門常常開啓，或當地氣溫特高，則宜將旋鈕轉至較上列數字更大(更冷)的位置。在急需製冰時則應轉至最冷(8)之位置。

4. 若將旋鈕轉回「斷」的位置，則電源切斷。此時不可立刻又把旋鈕轉至其他位置，否則壓縮機的負荷過重，易縮短壽命。

5. 若欲長期停用，先將旋鈕轉到「斷」的位置，然後取下插頭，並將箱內擦乾淨。最好打開箱門兩三天，讓箱內氣味散掉，且完全乾燥。若箱內未乾即關閉箱門，易生臭味。

6. 有些冷度調節旋鈕只有 1～7 七個位置，把「8」改成了「COLD」，此「COLD」即為最冷之位置。有的冷度調節旋鈕只有「關」，「適溫」，「強冷」，「急冷」四個位置。其中「關」與「斷」或「OFF」同義，「適溫」的冷度最小，「急冷」為冷度最大。讀者可比照上述選用原則而作適當的決定。

【注意】

　(1) 冷度調節旋鈕不可由「斷」(OFF)的位置直接依反時針方向轉至最冷(8)的位置，更不可從最冷的位置一下子依順時針方向轉至「斷」的位置，必須循序漸進，非常緩慢的旋動 (最好每動一個位置時，稍待片刻再旋動至下一個位置，再稍待片刻才又旋動)，否則易生故障。

　(2) 有的冰箱另設除霜按鈕或開關，而不把它附設在冷度調節旋鈕上。

三、除霜

1. 人工除霜電冰箱

　(1) 將冷度調節旋鈕轉至「除霜」位置，若無「除霜」位置，則轉至「斷」的位置，除霜就開始進行。若急需化霜，可用製冰盤盛溫水置於冷卻器上，即可加速除霜。

(2) 霜溶化所成之水聚集在滴水盤，應予倒掉。

(3) 用柔軟的棉布拭乾冷卻器及滴水盤。

(4) 將冰箱恢復正常運用。

2. 半自動除霜電冰箱

(1) 按下「除霜」按鈕。

(2) 除霜完畢按鈕會自動跳起，冰箱恢復正常的冷凍工作。

(3) 化霜所成之水，會流至蒸發盤蒸發消散。

3. 全自動除霜法

(1) 除霜之開始與終了完全自動。

(2) 除霜時間的決定：此種冰箱內有一除霜定時旋鈕，上面標有 1 至 24 之時間(按每日 24 小時)。其定時方法如下：

① 順時針方向轉動旋鈕，使指針指在現在的實際時間。旋鈕會按正確速率自行轉動，指針轉到紅點(約午夜零時至二時)位置時，自動除霜工作就開始。

② 如要提早除霜，則可將指針照需要撥快一些。如要延後開始除霜的時間，可把指針撥慢一些。若現在馬上要除霜，可逕行將指針對正紅點。

③ 除霜指針不可反轉。

(3) 冷凍食品開關之操作：為免除在自動除霜期間冷凍食品溶化起見，有的電冰箱在除霜定時器之旁設有一冷凍食品「有」「無」開關。其使用方法為：

① 平時置於「無」位置。

② 存放冰淇淋或其他冷凍食品時置於「有」位置(此時自動除霜系統失效)。

四、無霜電冰箱

1. 無霜電冰箱之特點

(1) 冰箱分為上下兩大部份，各自使用一個冷卻器。下面的冷藏室通常保持在 4℃ 至 5℃ 左右，因此是真正的無霜(因不到結霜的低溫)。上面的冷凍庫由於溫度極低，故仍不免結霜。

　　註：市面上有一種冰箱，其冷藏室在必要時可降至 −9.5℃ 以應過年過節冰凍肉食之需，此時已不再是「無霜」，故絕不可將熱食置入冰箱內，同時亦需避免常開箱門。

(2) 通常沒有由 1 至 8 數字的冷度調節旋鈕，取而代之的是一隻「關、適溫、強冷、急冷」四位置的旋鈕，或一隻「關、自動、急冷」三位置的按鈕開關(稱爲「琴鍵式自動溫度調節器」)，並在旁邊附有一「微調整」旋鈕。

2. 無霜電冰箱之使用法

(1) 琴鍵式自動溫度調節器之操作：

① 關：按下「關」按鈕，冷凍循環停止。關後至少要等 4 至 5 分鐘才可再開用。

② 自動：按下「自動」按鈕，則冰箱在一年中都可保持適當之冷度。

③ 急冷：在急於製造冰淇淋、雪糕、冰塊等，或箱內食品急需冷卻時，可按下「急冷」按鈕。但使用時間最好不要超過 6 小時。

④ 溫度微調整：可在其標度範圍內作小範圍的溫度調整。

(2) 「關、適溫、強冷、急冷」四位置旋鈕之操作：此旋鈕「關」之功能與琴鍵式的「關」相同，「適冷」相當於琴鍵式的「自動」、「急冷」與琴鍵式的「急冷」相同。而強冷則介於適溫與急冷之間，讀者可比照而運用之。

3. 無霜電冰箱之「清除」

(1) 冷藏室(冰箱下面的大半部)不用「清除」，但仍不可不予清潔。

(2) 冷凍庫(冰箱上面的小半部)：

① 若庫門緊閉，很少打開，一年只要清除 5 至 6 次即可，否則宜增加清除次數(霜厚約 6mm 時即應清除)。此式冰箱以「無霜」爲號召，所以不言「除霜」，而以「清除」代之。

② 應在庫內無冰淇淋等冷凍食品時清除。如有冰塊應先取出。

③ 欲清除時將「清除」按鈕壓下，即可使冷凍庫開始化霜。化霜完畢，「清除」按鈕會自動跳起，而恢復工作。

五、使用電冰箱的注意事項

1. 各開關、旋鈕、按鈕等，若無必要應避免亂動。尤其要禁止小孩玩弄。

2. 電冰箱的門應儘可能少打開。若箱門開啓頻繁，不但會損失箱內的冷氣，並且濕空氣進入後會增進結霜的機會。

3. 一切液體和潮濕的東西，放入冰箱時必須加蓋，以防其水份蒸發。

4. 冰箱內最好置入「冰箱脫臭器」。此器能消除箱內特殊食品氣味，淨化箱內空氣，使與腥味食品混合儲藏的食物不受感染。放置的最適當位置是最上層「盤架」靠左側或右側的中央處。若當地不易購得冰箱脫臭器，用一金屬或塑膠的容器盛以木炭，並在容器上鑽一些孔，放在箱內，也有脫臭的功效。

5. 在很熱而潮濕的天氣，冰箱的自動開動及停止的次數會較頻繁，不但每次開動的時間加長，停止的時間減短，並且結霜加厚。若把冷度調節旋鈕轉到最冷的位置，此現象尤為顯著。在這種情況下，自動除霜電冰箱的除霜時間可能不夠長，以致無法將霜全部化掉。解決的辦法有二：

   (1) 把除霜定時旋鈕轉到除霜(紅字)位置，重行除霜一次，然後把旋鈕恢復正常位置。

   (2) 將冷度控制旋鈕轉至冷度較小的位置，以減少壓縮機的運轉時間。

6. 放入及取出飲料時，避免傾倒在冰箱內，以免增加箱內腥味(牛奶為最)，且使金屬部份易於鏽蝕(檸檬汁等酸性飲料為最)。

六、食物及飲料適宜貯藏之溫度及期限

類別	品名	適宜溫度	可能貯藏天數
肉類	牛肉(生)	$-3°C$ 至 $0°C$	7
	魚(生)	$-4°C$ 至 $1°C$	7
	肝臟類	$-2°C$ 至 $0°C$	5 至 7
	蚵仔(無貝殼)	$0°C$ 至 $2°C$	4
	蚵仔(有貝殼)	$-1°C$ 至 $0°C$	4
	豬肉(生)	$-2°C$ 至 $0.5°C$	7
	雞鴨肉(生)	$-1°C$ 至 $0°C$	7
蔬菜類	黃瓜	$2°C$ 至 $7°C$	7 至 10
	芹菜	$2°C$ 至 $7°C$	10 至 14
	蘿蔔	$2°C$ 至 $7°C$	14 至 21
	豌豆	$2°C$ 至 $7°C$	14 至 28
	蕃茄	$2°C$ 至 $7°C$	21 至 42
	蘆筍、紅蘿蔔、花菜	$2°C$ 至 $7°C$	28
	南瓜	$2°C$ 至 $7°C$	40 至 60
	菠菜	$2°C$ 至 $7°C$	160

(續前表)

類別	品名	適宜溫度	可能貯藏天數
蔬菜類	芋	10℃至15℃	150至200
	洋蔥、馬鈴薯	2℃至7℃	180至270
水果類	香蕉	10℃至14℃	為保持水果不老化最好不要超過7天
	其他水果	2℃至7℃	
飲料類	威士忌	14℃至15℃	無限期
	啤酒	6℃至8℃	90至120
	汽水	4℃至6℃	90至120
	果汁	6℃至7℃	15至30
	牛乳	2℃至6℃	7
	乳酸飲料	6℃至7℃	10
其他	蛋	−1℃至0℃	20至25
	奶油	2℃至4℃	80
	麵包	8℃至10℃	7
	冰淇淋	−15℃	7

七、停電時之處理

1. 預知停電之處理步驟

    (1) 在停電前6小時之內，把冷度調節旋鈕轉至最冷位置，以便將箱內的溫度儘可能降低。

    (2) 如預定停電時間很長，應先將冷凍庫內的冰淇淋等冷凍食品先行取食。

    (3) 儘量避免開啓箱門，以防箱內溫度上升。

    (4) 恢復供電時，將冷度調節旋鈕恢復正常位置。

2. 突然停電之處理步驟

    (1) 將冷度調節旋鈕轉至「斷」(OFF)的位置。

    (2) 若立刻恢復供電，切勿立刻又開動冰箱。至少應等4至5分鐘方可再開動。因為壓縮機運轉時，在吸氣管側與排氣管側間所造成的壓力差頗大。若壓縮機停下來後立刻又開動壓縮機，則此時壓縮機會因背壓力過大而過載(管內壓力無法在停電的短短一兩分內平衡)，其後果可能為：

① 過負荷電驛器動作，切斷電路。

② 插座內的保險絲熔斷。

③ 若非常不幸地，過負荷電驛器失效，且插座內的保險絲用的太粗(已失去 "保險" 的作用)，則壓縮機的馬達將燒毀。

(3) 若電源時斷時續(打雷時，常如此)，應將冰箱轉至「斷」(停用)，等電源穩定後再行開用。

7-3-8　電冰箱之安裝

電冰箱效能之好壞，與安裝之正確與否有莫大的關係，有許多不滿意的情況，都是因安裝不良而引起。正確的安裝方法為：

1. 把冰箱安放在平坦且牢固的地板。冰箱背後的冷凝器(塗黑色的東西)，須離開牆壁 10cm 左右，以利冷凝器的散熱。

2. 若把冰箱置於凹入的牆壁，則冰箱頂、兩側、背面應各留 10 公分以上，以供空氣流通(頂部如能留 40 公分的空隙則效果更佳)。如冰箱嵌入壁內與前門齊時，門之右側更應酌留較大的空隙，以免妨礙開門。

3. 避免陽光直射。以免影響冷凍效果。

4. 遠離爐灶等發熱物體。以免影響冷凍效果。

5. 多水而潮濕的地方易使冰箱的冷卻器結霜而減低效果，應予避免。

6. 有些冰箱的前面兩腳有螺旋調節裝置，應予調節之，使冰箱穩固，並微向後傾(箱門的關閉較方便)。

7. 使用 10 安培以上的專用插座(勿與其他電器共用)，而配以 5 安培的保險絲。

8. 有些冰箱的後面，有接地用螺絲，為安全起見，接上接地線(使用綠色或黃／綠色絕緣皮的導線接地)。

7-3-9　使用人對電冰箱之維護

任何機器的使用人對其機器都應有相當的維護知識，勤於維護工作則可以減少故障的機會。茲將冰箱的維護工作述之如下：

一、日常保養

1. 箱外：表面若過於污穢則使用肥皂水洗後再用清水洗淨、拭乾，最好塗上一點汽車蠟。

2. 冰箱內：箱內若太髒或生臭味時可用「中性」洗劑清洗。然後再用清水洗一次，並抹乾。洗劑最好使用碳酸氫鈉 $NaHCO_3$ 溶液(蘇打水)，可使冰箱內帶有香味。

3. 冷凝器：冰箱背面的冷凝器，若沾滿灰塵，會降低散熱效果，應常清掃。

【注意】

(1) 千萬不可用刷子、酸類、苯油、或很燙的水擦拭冰箱。

(2) 不可直接用水向冰箱「沖」洗，以免水浸入箱壁內的絕緣物。

二、簡易故障診斷

1. 冰箱完全不工作

聽不到馬達的輕微聲音，而且箱內燈不亮。可能原因為：

(1) 停電或電源線路故障。——若家裡電燈不亮，則可確定原因在此。

(2) 插座上的插頭鬆開。

(3) 插座內的保險絲熔斷。

(4) 冷度調節旋鈕或琴鍵式自動溫度調節器置於「斷」的位置。

(5) 壓縮機馬達正處於循環休止期間。——這是正常現象。若箱內燈會明亮，其原因可能在此。此時，若將冷度調節旋鈕置於較冷的位置，就會立刻聽到輕微的馬達聲。若冷度調節旋鈕已置於最大冷度之位置，則等候 20 分鐘，休止期間過後，應能聽到馬達轉動的聲音。

(6) 電源電壓過低。——若家裡電燈昏暗就可確定原因在此。電源電壓過低以致不足以使馬達轉動時，過負荷電驛器會因為通過大量電流而動作，切斷電路。

2. 冷度不夠

(1) 冰箱門開啟頻繁或每次打開的時間過長。

(2) 冷卻器上結霜太厚。——應立即除霜。

(3) 冷凝器通風不良。——請照 7-3-8 節處理。

(4) 冰箱旁有火爐等發熱體。——應予避免。

(5) 盤架上放置的食物太多，以致冷空氣循環不良。

(6) 冷度調節旋鈕置於冷度太小的位置。

(7) 正在用特別大的容器製冰。

3. 發生噪音

(1) 地板不堅固。

    (2)　冰箱放置不平穩。

    (3)　壓縮機(及馬達)所在處之管子因震動而互相碰到。

4.　手觸冰箱會麻電

    (1)　沒有裝接地線。

    (2)　接地線接觸不良。

    (3)　有裝接地線，但仍有微弱的感電現象，乃馬達靜電感應所致，勿掛慮。

5.　冰箱外側有水滴

    (1)　梅雨季。在濕氣多的日子，會有一部份地方產生水滴。

    (2)　安裝在濕氣多的地方。——應變更安裝位置。

6.　除霜(或清除)所成之水溢出於箱內

    (1)　排水軟管堵住。

    (2)　結霜過多才清除。

7.　燈泡不亮

    若冰箱一切工作正常，僅箱內燈或箱外指示燈不亮，多半是燈泡損壞了，應予更換。更換燈泡時應照原來的規格換上。

7-3-10　故障檢修要領

一、電路之檢修

1.　壓縮機馬達

    欲判斷壓縮機馬達的起動繞組及行駛繞組是否發生斷路或短路等故障，可使用三用電表的 $R \times 1$ 檔測試之。馬達之出線頭有三，即 C、R、S (參見圖 7-3-9) C 及 R 間為行駛繞組，其電阻值最小，CS 間為起動繞組，其電阻較大，R 與 S 間則為兩繞組之串聯，其電阻最大。

2.　過負荷電驛器

    在試驗過負荷電驛器之前，必須確定在過去半小時以內冰箱並無超載現象。若在超載現象發生後不久試驗之，則接點斷離乃理所當然。

    若要試驗過負荷電驛器是否斷路，可暫以導線將過負荷電驛器加以短路，若短路後馬達轉，就表示保護器斷路，應予更換。若將過負荷電驛器短路後馬達仍

不轉動，則病源不在過負荷電驛器，應檢查其他部份，查看保險絲是否熔斷，插頭及插座是否接觸良好，電源線是否有斷線。

3.　**起動器**

　　若馬達迴路通電後數秒鐘過負荷電驛器跳開，等其接點閉合後數秒鐘又再度跳開，則故障大部份發生在起動器。其常見故障情形有二：

(1)　接點接觸不良：以細砂布拭擦之。若起動器是密封的，應換新品。

(2)　接點黏合在一起：予以分開並磨平清潔之。若起動器接點已嚴重損壞而無法整修，或起動器是密封的，應換新品。

4.　**PTC 起動器**

　　有些冰箱採用 PTC 起動器，因為 PTC 芯片長時間在高溫狀態，可能變質或破裂，導致壓縮機無法起動或過負荷電驛器時常跳開。

　　若 PTC 芯片的電阻值大於外殼的標示值，則把 PTC 起動器換新品。

5.　**恆溫器**

　　若壓縮機運轉不停，把"冷度調節旋鈕"置於「斷」的位置，壓縮機還是不斷的繼續運轉，則其故障必在恆溫器，應換新品。

　　假如壓縮機不能運轉，但將恆溫器的兩接點短路後，壓縮機馬達運轉正常，則為恆溫器接點接觸不良，應換新品。

　　恆溫器的動作溫度不正確，以致箱內溫度過冷或過熱時，宜先檢查感溫筒與蒸發器間之距離是否適當(調整方法請參閱下節的"故障檢修表")。

6.　**箱內燈**

　　電冰箱的箱內燈係由箱門操縱之。其線路之設計，係當箱門打開時，燈之電路就被接通，而燈明亮，當箱門關閉時，電路就被切斷，而燈熄滅。由於電路簡單，設計仔細，此一部份不易生故障。如遇故障，多半是燈泡燒壞或鬆動。要不然就是箱內燈開關太鬆或黏住，或某一接頭連接不良。電線斷線當然也會使箱內燈不亮，但此種可能性不大。

7.　**冰箱除霜定時器**

　　冰箱除霜定時器的內部是採用塑膠齒輪，所以用久了塑膠齒輪會斷齒而無法轉動，此時可能產生的故障情形有下列兩種：

(1)　因為無法定時除霜，所以冰箱的冷凍庫 (蒸發器) 會結冰不化，甚至冰塊卡住風扇或風道結冰塞住無法送出冷氣，冷藏室不冷。

(2)　冰箱一直在除霜狀態，壓縮機都不運轉，所以冰箱毫無冷卻作用。

拆開除霜定時器底部的螺絲，就可確定是否已損壞。

　　各廠牌電冰箱所採用之除霜定時器，接腳編號和位置不同，請參考圖 7-3-22 至圖 7-3-26。

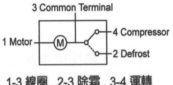

圖 7-3-22　除霜定時器 TMDF706CB1 的接腳圖

圖 7-3-23　除霜定時器 TMDFX04AB1 的接腳圖

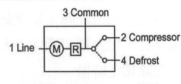
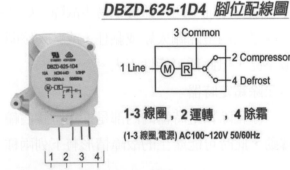

圖 7-3-24　除霜定時器 DBZD-625-1D4 的接腳圖

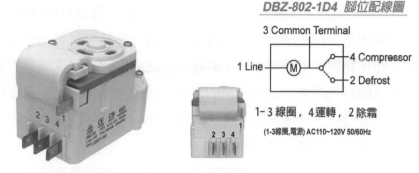

圖 7-3-25 除霜定時器 DBZ-802-1D4 的接腳圖

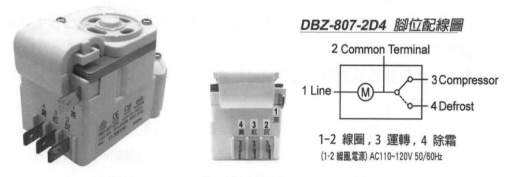

圖 7-3-26 除霜定時器 DBZ-807-2D4 的接腳圖

二、冷媒流路之故障檢修

若冰箱之電路系統沒有問題，但冰箱卻無法正常動作，其故障必落在冷媒流路，下面將告訴你一些冷媒流路故障的徵狀，以作為病源的診斷。

然坦白的講，一般電器行礙於設備及元件的缺乏，遇到必須動外科手術──更換蒸發器、毛細管、壓縮機、重新灌充冷媒等──的時候，真是心有餘力不足。故確定故障並非發生在電路系統後，最好交由該牌廠商所設之服務站處理。(此乃實情，絕非洩氣話。)

1. 毛細管不暢通

毛細管不暢通之可能原因有：①系統內有濕氣；②管路扭絞纏結；③有雜物存在於管路中。

(1) 徵狀：蒸發器上結霜極少或毫無，壓縮機運轉時間特別長久，終至使過負荷電驛器動作。

(2) 原因：若系統內有濕氣，通常會在毛細管與蒸發器相連接之處凍結。在凍結點附近的管路將結霜頗厚，而蒸發器的其餘部份無霜。

(3) 處理：若檢查電冰箱，發現壓縮機在運轉中，而蒸發器無霜(無霜冰箱例外)，就可打開冰箱，在毛細管靠蒸發器之一端加一點熱試試看——通常點燃一根火柴，在那兒燒一下就可以了。若在所燒之處的管子裡面果然有結冰阻塞，那麼你會聽到一突然的液體流動的聲音。若加熱使冰溶化，而乾燥過濾器能將這些濕氣吸收，則冰箱就不會再有類似毛病，苟或同樣的毛病在不久又發生，則乾燥過濾器就必須更換了。

乾燥過濾器的更換及毛細管阻塞的其他原因，最好請各廠商之服務站處理。

2. 蒸發器一部份不暢通

若濕氣及雜質沒有被乾燥過濾器阻攔而進入蒸發器，則可能在裡面凍結而使蒸發器發生部份不暢通之現象。

(1) 徵狀：在阻塞點靠低壓邊的蒸發器結霜頗厚，而靠高壓邊那部份蒸發器卻沒有霜(或極少)。

(2) 原因：此種不暢通的情形，就猶如加裝了第二根毛細管。在蒸發器靠高壓邊的壓力增加，所以造形較高的溫度，不結霜(或結霜極薄)，蒸發器中靠吸氣管的那部份，由於壓力低，造形較低的溫度因此結霜頗厚。

(3) 處理：解決此種故障的辦法是更換冷媒，若無效，只好更換蒸發器。最好請各廠商的服務站處理。

3. 壓縮機不良

(1) 徵狀：冷卻力小，蒸發器所結之霜極薄，壓縮機不停地運轉。

(2) 原因：若壓縮機的壓縮力不夠，它所生的冷卻能力當然很小。

(3) 判斷：簡易的判斷法，是把你的手放在蒸發器上歷二至三秒鐘。若與手相接之處的霜溶化了，則壓縮機的嫌疑就很大了。

(4) 處理：壓縮機必須經過工作壓力試驗，才能確定是否不良。其試驗及更換工作，最好由各廠商的服務站根據其服務資料處理。

🔋 7-3-11　電冰箱故障檢修表

故障情形	可能的原因	處理方法
電冰箱完全失效，壓縮機不轉動	保險絲熔斷	檢查之，即予更換
	電源電壓太低	電壓若低於 100V，配用 500 伏安的自耦變壓器
	電源電纜內部斷線	若插座有電而冰箱無電，則換新電源電纜或插頭
	除霜定時器故障	更換除霜定時器
	恆溫器失效	用一根導線跨於恆溫器兩接線端，若電冰箱立即開始工作，就表示恆溫器不良，更換之。
	起動器失效	見 7-3-10 節檢修要領一 3.或 4.
	過負荷電驛器失效	若將過負荷電驛器短路，馬達能正常運轉，則更換新品。 (注意！若剛在過載現象發生之後，過負荷電驛器當然不通，此乃正常現象，不可認爲是過負荷電驛器失效。此時必須追查使冰箱過載的原因。)
	內部接線斷線	接好或換新
	電容器短路或漏電	測試方法見洗衣機的故障檢修。如發現短路或漏電則更換之
	馬達之起動繞組或行駛繞組斷線	以三用電表的 $R \times 1$ 檔測試之。若斷線應更換壓縮機
	起動電容器的容量減少或馬達的線圈有部份短路以致力量不足以帶動壓縮機	電容量之測試方法見洗衣機的故障檢修，如爲容量減少，則應換新品。 馬達線圈若有部份短路則更換壓縮機(於此故障情形下，過負荷電驛器會跳脫)
	壓縮機卡住不動	發生此種故障時，過負荷電驛器極易跳脫(但此種故障較少發生)，應更換壓縮機
壓縮機運轉不久過負荷電驛器就跳脫	電壓太高	電源電壓不可超過 120V，否則需配用降壓變壓器
	起動器接點黏住	更換起動器
	過負荷電驛器動作不良(跳脫太早)	更換過負荷電驛器
	馬達及壓縮機附近之通風不良	檢查是否有足夠的散熱空間

(續前表)

故障情形	可能的原因	處理方法
壓縮機運轉不久過負荷電驛器就跳脫	馬達內部有短路現象	更換壓縮機
	馬達或壓縮機中發生機械故障	更換壓縮機
壓縮機馬達發出嗡嗡聲而停止	電壓過低	用三用電表檢查插座及冰箱內之電壓不可低於100V。注意是否因冰箱之電源電纜太長或太細而降壓太多，或有無接觸不夠緊密之處。若附近整個地區的電壓都低，應請電力公司調整之，或配用 500 伏安的自耦變壓器升壓
	起動電容器不良	換新品
	起動器不良	更換起動器
	馬達損壞	更換壓縮機
	壓縮機有某部份卡住	更換壓縮機
壓縮機運轉不停，或運轉時間過長	冷度調節旋鈕置於最冷的位置上(8，COLD 或急冷)	置於適當位置，使冰箱在良好情況下工作
	冰箱門開啟次數過多	減少開啟次數
	環境溫度太高，濕氣太大	儘量少開箱門
	冰箱門縫封口不嚴密	門縫封口不嚴密多半是因為冰箱放置不平所致，應仔細檢查並糾正之。若是封口墊不密合，應更換之
	箱內燈長亮不熄	檢查箱內燈開關(在箱門縫上)是否良好，關門時此開關被壓下，箱內燈應熄滅，否則拆下修理或更換之
	冷媒洩漏	作洩漏試驗。果真洩漏則應修補並重灌冷媒
	冰箱附近空氣不流通	冰箱後面與牆壁間及冰箱四周應有 10 公分以上之空隙，以利空氣之流通，否則應糾正之
	恆溫器之感溫筒與蒸發器接觸不良	檢查並糾正之。調整感溫筒與蒸發器間之間隔物厚度。用較薄之間隔物則恆溫器之切斷溫度提高，可縮短壓縮機之運轉時間
	恆溫器失效	將冷度調節旋鈕置於「斷」(OFF)之位置，若壓縮機馬達仍運轉不停，則應更換恆溫器

(續前表)

故障情形	可能的原因	處理方法
壓縮機運轉不停，或運轉時間過長	冰箱忽然受到大負載(一次將大量食物放入冰箱)	若突然將許多食物放入冰箱，則壓縮機將作頗長時間的運轉(可能長達數小時)，直至冰箱達到一定的冷度為止。所以，若非有必要，不宜一次放入太多的食物(尤其是熱食物，應待其涼後方可放入冰箱)
	冷媒不暢通或含有濕氣	見 7-3-10 節檢修要領二
	壓縮機效率太低	試驗方法見 7-3-10 節檢修要領二 3.。如果壓縮機的氣缸磨損，則更換壓縮機
	壓縮機速率過低	測試電動機的電壓。若太低，須加以調整之
壓縮機雖不停運轉，但冰箱毫無冷卻作用	冷媒漏光	重新灌充冷媒。但漏處需先行修補
	壓縮機的能力已大為減低	見 7-3-10 節檢修要領二 3.。若壓縮機的效率已甚低，應更換之
溫度不夠冷	冷度調節旋鈕置於冷度較不低之位置	將冷度調節旋鈕置於冷度較高之位置，使壓縮機的運轉時間加長，即可降低溫度
	冰箱門開啟次數太多	告訴使用人儘可能少開箱門
	食物放的過份擁擠	請使用人放置食物時稍留空隙，使冰箱內的空氣可以對流
	冰箱內風扇(若有時)不轉	檢查風扇馬達及其開關(此開關如圖 7-3-16 所示，與箱內燈開關同一個。關門時此開關應接通而使風扇馬達轉動)。如有斷線或接觸不良之處，應糾正之，或更換不良零件
	人工或半自動除霜冰箱，積霜甚厚未除	霜能使蒸發器的吸熱能力大為降低。即時除霜
	冰箱門不密合或關不緊	把冰箱放平。調整或更換門封墊(門膠條，磁條)
	箱內燈常亮不熄	檢查箱內燈開關。此開關由箱門控制，關門時應切斷箱內燈電路，而使之熄滅。如有動作不正常，更換之
	感溫筒之間隔物不當	使用較厚的間隔物，以降低恆溫器之切斷溫度，增長壓縮機的運轉時間，使溫度降低
雜音太大	組件之安裝螺絲鬆動	此種雜音在壓縮機馬達開動及停止時較明顯。將螺絲、螺帽等旋緊
	管子振動而碰觸他物	細察壓縮機附近的管子是否因振動而碰及他物。細心的重新調整各管子之位置，即可消除雜音

(續前表)

故障情形	可能的原因	處理方法
雜音太大	冰箱未放平	仔細檢查並糾正之
	冰箱所放置之地面不良	地面不平為產生雜音的原因之一。有些不堅實的地板會增強雜音。故宜選擇平坦且堅實的地面安置冰箱
	壓縮機及其馬達內機件不良或潤滑不足所引起	確定雜音並非前述各原因所產生後，應即檢查壓縮機及其馬達，找出雜音所在，修理或更換零件。或補充、更換潤滑油
溫度過低	冷度調節旋鈕置於溫度極低之位置	轉至冷度不那麼低的適當位置
	恆溫器之感溫筒與蒸發器脫離	感溫筒與蒸發器脫離，以致恆溫器失效，壓縮機不停運轉，故冷度特低。應減少感溫筒與蒸發器的距離，以提高恆溫器的切斷溫度，減少壓縮機的運轉時間
	周圍溫度太低	並非電冰箱故障。若欲降低冰箱的冷度，可將冰箱移往其他較暖的房間
	恆溫器損壞，或調節不適當	用冷卻劑噴在恆溫器上，若歷時 15 秒恆溫器之接點還不斷離，應換新品
自動除霜電冰箱之冷凍庫內結霜	將製冰盤放入冷凍庫時，不小心將水潑在冷凍庫內	水若潑在冷凍庫內而結冰，則自動除霜時難以除去。此時可將自動除霜開關轉動，使之立即除霜，並輕敲冷凍室之內壁底部，使冰脫落。並告訴使用人，以後若水不小心潑在冷卻器(蒸發器)上，應立即以棉布擦乾
	食物放置不妥當	食物不可妨礙冷凍庫內後上方空氣之流動
	風扇馬達(若有時)失效	檢查風扇是否運轉自如。否則檢查線路並測量電壓，修理或更換零件
自動除霜電冰箱之冷凍庫蒸發器結冰不化，冷藏室不冷	冰箱門沒有關好	清除結冰，並關好冰箱門
	除霜定時器故障	更換除霜定時器，並清除結冰
	雙金屬片不良	換新品
	除霜加熱器斷線	換新品
冷藏室內過於潮濕，但溫度正常	箱門封口不密	把冰箱放平穩，調節或更換封口墊。或調節鉸鏈
	箱門打開過久或開啟頻繁	盡量少開箱門
	空氣太潮濕	盡量少開箱門

(續前表)

故障情形	可能的原因	處理方法
在電冰箱四周地面上發現水滴	結霜太厚時才除霜，因此化霜之水過多而溢出	霜的厚度絕對不能超過 10mm，通常在霜厚達到 6mm 時即需除霜
	箱門上的封口墊料損壞或鉸鏈裝置不當	更換墊料或調節鉸鏈
	排水軟管破裂	常發生於舊冰箱 用膠帶紮緊或將排水軟管整條換新
	滴水接頭被糊狀物堵塞	清除之
	室內濕度過大，以致冰箱外壁出汗	一年中可能有幾天濕氣特別重(俗稱 "南風天")，有的冰箱在這幾天，外壁會出汗，天氣好轉時，此現象即消失。不是冰箱故障。向顧客說明之
冰箱內部溫度正常，但是冰塊凝結速度太慢	冷度調節旋鈕使用不當	將冷度調節旋鈕轉至冷度較高的位置若急需製冰，則將冷度調節旋鈕轉至「8」「COLD」或「急冷」位置
	使用塑膠製冰盤	改用鋁質製冰盤可加速冰塊的凝結
	蒸發器上結有一層霜	將霜除去
	箱內置有熱食，以致冰箱過載	熱食須待涼後，才放入冰箱
甜的食品不能凝凍	冷度調節旋鈕使用不當	將冷度調節旋鈕旋至冷度較大的位置
	甜食內糖和香料放太多，較難凝結	非冰箱故障，可延長凝凍時間
	用非金屬容器盛放甜食	改用鋁質容器盛放可加速甜食的凝結
壓縮機馬達發生高熱	電動機電壓太低	電壓若低於 100V，應配用自耦變壓器
	起動器或起動電容器損壞	更換之
	冷凝器表面不潔	清潔之，以利散熱
	馬達繞組有部份短路	更換壓縮機
	管路阻塞(冷媒所含的水份在毛細管或蒸發器內凝結)	參看 7-3-10 節 "故障檢修要領二"
	系統內有空氣混入	清除，抽真空，重新灌充冷媒
箱內燈不亮	燈泡鬆動	轉緊
	燈泡燒壞了	換新品
	箱內燈開關(門開關)不良	換新品

(續前表)

故障情形	可能的原因	處理方法
發現難聞的氣味	電冰箱已經很久未使用	電冰箱的內部若未完全乾燥即關上箱門，久置不用，易生臭味。需先徹底清潔並用蘇打水(碳酸氫鈉 $NaHCO_3$)清洗後才使用
	冰箱內有腐爛食物的屑粒	先將腐爛食物除去，再用蘇打水洗滌

7-4　冷氣機

　　我中華民國的冷暖器機製造業進步很快，現在各大百貨公司、飯店、旅社、理髮店都有冷暖氣設備，家庭用冷暖氣機也非常普遍。由於台灣氣溫常年都頗高，冷氣機的銷路更是一致看好。

7-4-1　使人健康舒適的環境所必備之條件

1.　宜人的氣溫

　　　　一般人以為在使用冷氣機時，只要把室內溫度調到一個固定的最佳溫度即可。其實這是不對的。最適合人體的室內溫度是依照室外溫度而變的，通常相差不宜超過 7℃或 13℉，否則對健康反而有害(出入室內外時，人體必須承受氣溫的突變)。在台灣，夏季使用冷氣時，最適合人體的室內溫度，如表 7-4-1 所示。

表 7-4-1　最適合人體的室內溫度

室外溫度	室內溫度	室內外溫度差
35℃(95℉)	28℃(82℉)	7℃(13℉)
32℃(90℉)	27℃(80℉)	5℃(10℉)
29℃(84℉)	26℃(79℉)	3℃(5℉)
27℃(80℉)	25℃(77℉)	2℃(3℉)

2.　適當的濕度

　　　　空氣中實際所含的水份之量與使此空氣飽和所需要的水份之量之比，稱為「相對濕度」，以百分比表示。此即一般人常說的濕度。濕度會影響我們的健康和舒適感。若濕度過高，皮膚的汗液就不易蒸發，會感到黏黏的，非常不舒服。若濕度過低，皮膚會乾燥的發痛，亦非所宜。

過高或過低的濕度，都有損人體的健康，最宜人的濕度為 50% 至 60%。

3. 流通的空氣

　　空氣流通的速度對人體之舒適感有很大的影響。若空氣完全靜止，則靠近人身之空氣，其溫度及濕度都會升高至難以令人忍受之程度，故必須維持室內空氣的流通。

4. 清新的空氣

　　具備上述三條件的環境，並不能確保人體的舒適健康。在塵埃漫天的環境裡，不生病才怪。因此，空氣的清潔、新鮮，對於人體亦影響甚鉅。

7-4-2 冷氣機的型式

冷氣機依其外形可分成窗型冷氣機與分離式冷氣機，如圖 7-4-1 所示。茲說明如下：

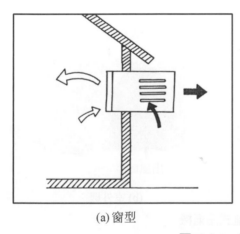

(a) 窗型　　　　　　　　　(b) 分離式

圖 7-4-1　冷氣機的型式

一、窗型冷氣機

1. 窗型冷氣機的外形如圖 7-4-2 所示。它的所有元件全部裝在一個箱子裡面，所以又稱為單體式冷氣機。

2. 優點：安裝容易、價格實惠、保養容易。

3. 缺點：安裝的位置較受限。

4. 注意事項：依安裝位置正確選擇**左吹式**或**右吹式**或**雙吹式**，才不會影響冷氣吹送的效果，而造成冷度不足。

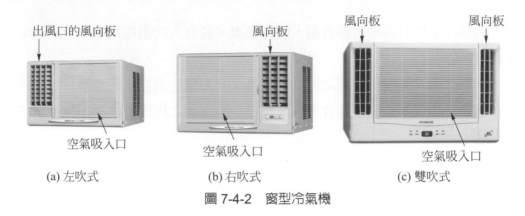

出風口的風向板　　　　　風向板　　　　　風向板　　　　　風向板

空氣吸入口　　　　　空氣吸入口　　　　　空氣吸入口

(a) 左吹式　　　　　(b) 右吹式　　　　　(c) 雙吹式

圖 7-4-2　窗型冷氣機

二、分離式冷氣機

1. 分離式冷氣機的外形如圖 7-4-3 所示。它把蒸發器放在一個箱子裡，置於室內，稱為室內機。把冷凝器及壓縮機放在另外一個箱子裡，置於室外，稱為室外機。室內機與室外機以銅管連接。分離式冷氣機特別適用於環境特殊，無法安裝窗型冷氣機的場所。

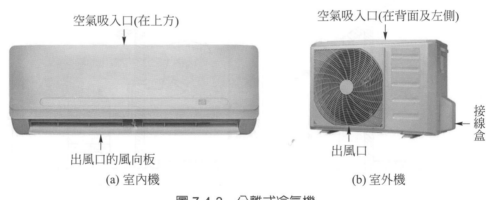

空氣吸入口(在上方)　　　　　空氣吸入口(在背面及左側)

　　　　　　　　　　　　　　　接線盒

出風口的風向板　　　　　出風口

(a) 室內機　　　　　(b) 室外機

圖 7-4-3　分離式冷氣機

2. 優點：(1) 安裝地點不受限。

　　　　(2) 壓縮機置於室外，較安靜。

3. 缺點：需考慮管線配置與美觀。

4. 注意事項：室外機要注意安裝位置，須預留維修人員檢修的位置，而且不宜與室內機距離太遠 (距離太遠，銅管太長，會大幅降低冷氣能源效率)。

7-4-3 冷氣機的功能

冷氣機之功能有四種，茲分別說明如下：

1. 調溫

調節室內的溫度，使人體舒適。冷氣機之蒸發器置於室內，冷凝器放在室外，能不斷地吸收室內的熱量並排至室外，因此能使室內溫度降低而變涼爽。最適合人體的室內溫度係隨室外溫度而變的，其關係已示於表 7-4-1 中。

2. 除濕

夏季的空氣較潮濕，冷氣機可以除濕，調節室內濕度。皮膚內濕氣(汗)之蒸發有助於身體之涼爽。夏天之所以使我們感到熱，溫度高固為其主要原因，但還有一常為人們忽略的原因——就是夏天大氣中的濕度較大(空氣較潮濕)。潮濕空氣吸收皮膚濕氣的能力比乾燥的空氣差，所以在潮濕空氣中汗液不易蒸發，而身體也不易涼爽。除去空氣中所含濕氣的手續叫做「除濕」。冷空氣容納濕氣之量比暖空氣來的小，所以只要設法使空氣的溫度降的很低，就可以達到除濕的目的。因為蒸發器的溫度極低，因此，當空氣通過蒸發器時，空氣中有一部份水蒸氣就會因受冷而凝結成水滴(當我們喝冷飲時，玻璃杯外面會積結一些細水珠，道理是相同的)，故冷氣機有除濕的功能。

3. 換氣

冷氣機設有換氣閥，可將室內污濁的空氣排出室外，而換取新鮮的空氣。空氣的流通也是很重要的，大多數人在靜止的空氣中會感到不舒服。多人的室內，空氣往往會變的潮濕而且氣味不佳。空氣是在冷氣機和室內之間不斷循環流動的，由於冷氣機中設有換氣閥，故可逐次將一部份舊空氣抽出，而吸入新鮮的空氣，如此不停的更換，最後就可以把室內的全部空氣換新。

4. 清潔空氣

冷氣機之空氣過濾器，可以去除空氣中的塵埃，保持室內空氣的潔淨。

🧴 7-4-4　冷氣機的冷凍系統

一、冷氣機冷凍系統的組成元件

1. 壓縮機

　　冷氣機的壓縮機，絕大部份採用如圖 7-2-2 所示之往復式壓縮機，由 2 極電容起動電容運轉式電動機帶動。有少數廠家則採用如圖 7-2-4 所示之固定葉片式壓縮機。

2. 冷凝器與蒸發器

　　冷氣機的冷凝器與蒸發器如圖 7-4-4 所示，由脫酸銅管及高純度的薄鋁片編排而成，由於與空氣的接觸面積大，故傳熱率極高，吸熱散熱能力很強。雖然冷凝器與蒸發器的功能相反，一為散熱一為吸熱，但構造卻相同。

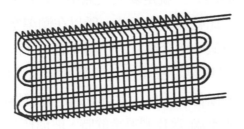

圖 7-4-4　冷氣機的冷凝器與蒸發器構造相同

3. 毛細管

　　冷氣機所用的毛細管是由內徑大約 1.4 公厘的細長脫酸銅管製成。

4. 乾燥過濾器

　　乾燥過濾器中裝有過濾網，能過濾冷媒中的雜質，並裝有高性能的乾燥劑，能徹底吸收冷媒中的水份。

　　將上述冷凍元件：壓縮機、冷凝器、蒸發器、乾燥過濾器、毛細管等與風扇組合起來即成為冷氣機的冷凍系統。

二、冷氣機冷凍系統的循環原理

　　圖 7-4-5 為常見冷氣機之冷凍系統。其循環原理為：

1. 壓縮機吸入在蒸發器蒸發後的低壓低溫氣體冷媒，將其壓縮成高壓高溫的氣體冷媒後送入冷凝器。

2. 冷凝器使高壓高溫的氣體冷媒散熱而凝結成為高壓的液體，由於旋葉扇幫忙強迫散熱，故散熱後的液體冷媒，其溫度比常溫還低。

3. 高壓比常溫還低的液體冷媒經由乾燥過濾器而進入毛細管。冷媒若有雜質則將其過濾，若有水分則將其吸收。

4. 冷媒被毛細管降壓和降溫後成為低壓低溫的液體冷媒進入蒸發器。

5. 低壓低溫的液體冷媒進入蒸發器後急速的膨脹、蒸發、大量吸取由百葉扇吸進的室內空氣之熱量，而成為低壓低溫的氣體冷媒。被蒸發器吸收熱量後再送回室內的空氣即為"冷氣"。

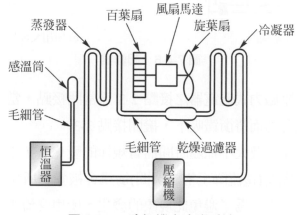

圖 7-4-5　冷氣機之冷凍系統

6. 在蒸發器蒸發後的低壓低溫氣體冷媒將再被壓縮機吸入加壓，然後又經過冷凝器，乾燥過濾器、毛細管而入蒸發器，如此不斷的循環，則放在室內的蒸發器不停的吸收熱量，放在室外的冷凝器不斷的將熱量散掉，室內的溫度即能降低而變的涼爽。

7-4-5　冷氣機的電力系統 (電路分析)

一、冷氣機電力系統的組成元件

　　冷氣機和電冰箱電力系統的組成元件有頗多相似之處，於此，僅舉出其相異之處加以說明。

1. 壓縮機馬達

　　家庭用窗型冷氣機的壓縮機馬達，除少數廠商採用雙值電容式馬達外，絕大多數是使用永久電容分相式(電容起動兼運轉式)馬達。

2. 起動器

　　冷氣機所用之起動器為電壓磁力式繼電器，如圖 7-4-6(a)所示。

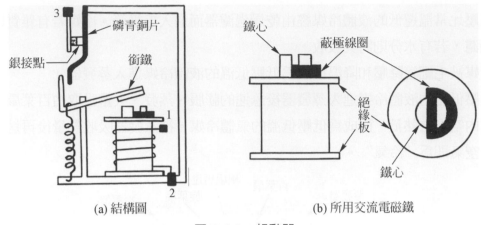

(a) 結構圖　　　　　　　　　(b) 所用交流電磁鐵

圖 7-4-6　起動器

　　冷氣機用電壓磁力式繼電器之接點 2-3 為常閉接點，當線圈跨接於足夠大之電壓時，會產生磁力而將銜鐵吸下，撥開接點 2-3。

　　交流電源之正負及大小係隨時間而有規律的變化著，當電流不為零時，銜鐵被吸引，但在零點時(電流降至零之瞬間)銜鐵會被彈簧所拉，因此銜鐵會振動不已而產生哼哼……聲。為了避免此現象的發生，所用交流電磁鐵鐵心之頂端都開有一個槽，而置入一個短路銅環──蔽極線圈，如圖 7-4-6(b) 所示。由楞次定律可知，蔽極線圈恆反對磁通的變化，當線圈所生之磁通降為零之瞬間，蔽極線圈反抗磁力線的變化(消失)所生之磁通量最大，如此，則線圈所生之磁通為零之瞬間，電磁鐵所生之總磁通並不為零，故銜鐵恆被吸引，而不致產生振動。

　　電壓磁力式繼電器適用於使用雙值電容式壓縮機馬達的冷氣機中，其基本使用電路如圖 7-4-7 所示，動作原理如下：

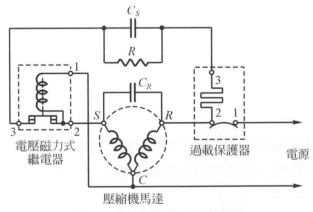

圖 7-4-7　冷氣機之基本電路

在起動時 C_S 通過電壓磁力式繼電器的常閉接點 2-3 與 C_R 並聯，因此可以獲得很大的起動轉矩。馬達起動後，起動繞組兩端的電壓將升高至額定電壓(電源電壓)的 1.6～2 倍，跨於起動繞組 CS 兩端的電壓磁力式繼電器之線圈於是得到足夠的電壓，產生磁力而將接點 2-3 撥開，使 C_S 脫離電路。電阻 R 爲洩放電阻，用以洩放馬達起動後，積存在起動電容器 C_S 上之電荷。

3.　恆溫器

　　　　恆溫器又稱溫度調節器。其結構如圖 7-3-8 所示。此元件之感溫筒係置於回程空氣流(即室內空氣流入冷氣機之經路)中，見圖 7-5-1。當回程空氣之溫度上升時，其接點閉合，使壓縮機轉動，以便在室內產生冷氣。回程空氣下降至某一設定之溫度時，其接點開路，使壓縮機停轉，此時冷氣機的功用只是使室內的冷空氣不斷的循環，並不發生冷卻作用。

4.　風扇馬達

　　　　風扇馬達是 6 極永久電容分相式(電容起動兼運轉式)馬達，利用線圈變速。

二、冷氣機的兩種典型電路

　　　　圖 7-4-8 爲三洋 SA-113B 冷氣機配線圖，是採用電壓磁力式繼電器與三點式過載保護器配合雙值電容式馬達運用的標準線路。

　　　　圖 7-4-9 爲大同 TW101A 冷氣機配線圖，由於用的是永久電容分相式馬達，故省略了起動繼電器。此種電路，到目前爲止，國產冷氣機採用的最多。

　　　　茲將圖 7-4-9 說明如下：

　　　　此機之單相電源由插頭輸入。電源線內有三條線，其中兩條較粗的線(取名 L_1 和 L_2)接至旋轉開關，另一條較細的綠線是地線，接至機殼。

　　　　L_2 接至旋轉開關的公共銅片，經黑色線至過載保護器，並經白色線至風扇馬達的接線端 C。

　　　　L_1 接至旋轉開關的接頭 "2"。此接頭與各電路間之通斷視旋轉開關的位置而定。旋轉開關在各位置時之工作情況分述如下：

1.　停

　　　　在「停」的位置時接頭 2 不與任何電路相通，所以冷氣機完全不工作。

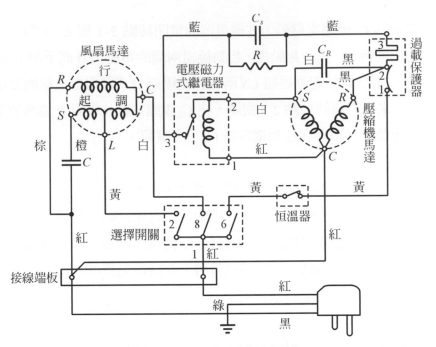

圖 7-4-8　三洋冷氣機配線圖

註：選擇開關的動作情形，請見表 7-4-2。

表 7-4-2　圖 7-4-8 的動作情形

開關位置	接點(＊表示接通)		
	1-2	1-8	1-6
停止			
弱風	＊		
強風		＊	
弱冷	＊		＊
強冷		＊	＊

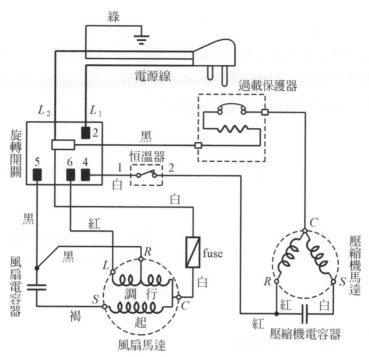

圖 7-4-9　大同冷氣機配線圖

表 7-4-3　圖 7-4-9 的動作情形

旋轉開關位置	接點(＊表示接通)		
	2-5	2-6	2-4
涼 LO COOL		＊	＊
冷 HI COOL	＊		＊
停 OFF			
強風 H1 FAN	＊		
弱風 LO FAN		＊	

2. 強風

　　在此位置時，僅接點 2-5 間相通，L_1 經接點 2-5 將電壓供給至風扇馬達，使風扇以高速轉動，推動空氣，使室內空氣不斷循環流動，但無冷氣。

3. 弱風

　　僅旋轉開關之接點 2-6 相通，L_1 經接點 2-6 而至風扇馬達之接線頭 L，串聯調速繞組後加至風扇，調速繞組的壓降減低了行駛繞組之實得電壓，故風扇以低速轉動，使室內空氣低速循環。

4. 冷

在此位置時接點 2-4 相通，壓縮機回路接通，L_1 經恆溫器而至壓縮機馬達，蒸發器產生冷卻作用，同時接點 2-5 亦接通而使風扇以高速旋轉產生強風，強風經蒸發器冷卻而送回室內，就產生冷氣了。

5. 涼

接點 2-4 相通，把壓縮機回路接通，同時接點 2-6 亦接通而使風扇以低速旋轉，由於風扇轉的較慢，冷風較弱，所以稱之為「涼」。

雖然對於冷氣機在各種情況下之工作情形僅以大同公司窗型冷氣機為例說明，但其他廠牌的冷氣機，其動作情形與此相同，只不過佈線及開關之式樣可能不同(有的公司採用按鈕式開關而不用旋轉開關)。讀者稍加思索，不難舉一反三。

7-4-6 冷氣機的內部結構

冷氣機的內部由分隔板為界分為室內機及室外機。室內機由前面窗體、空氣過濾網、蒸發器、百葉扇、滴水盤及操作盤組成。室外機則由冷凝器、壓縮機、旋葉扇及風扇馬達組成，如圖 7-4-10 所示。

冷氣機開動後室內空氣會被百葉扇所吸而經空氣過濾網濾除塵埃，然後經蒸發器冷卻，由百葉扇吹向上方，從前面窗體的出風葉窗送回室內。

空氣在通過蒸發器時，其溫度會降至露點以下，因此空氣中的水份會在蒸發器表面結成露珠，滴至底盤上，除濕的水分高於排水口的部份則被排出室外。而室外空氣從外箱側面的風孔吸入，使冷凝器散熱後，再由旋葉扇吹出室外。

冷氣機的分隔板上設有換氣閥，此閥打開時可使室內換取新鮮空氣。

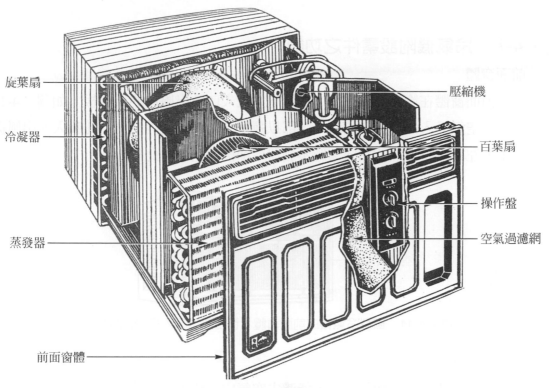

旋葉扇

壓縮機

冷凝器

百葉扇

操作盤

蒸發器

空氣過濾網

前面窗體

(a) 實體圖

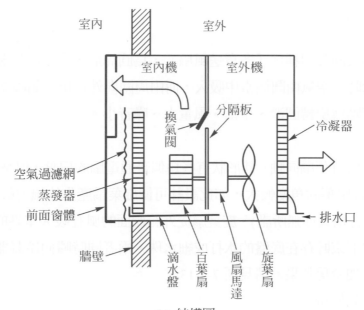

室內　　　　室外

室內機　　　室外機

分隔板

換氣閥

冷凝器

空氣過濾網

蒸發器

前面窗體

排水口

牆壁

滴水盤

百葉扇

風扇馬達

旋葉扇

(b) 結構圖

圖 7-4-10　冷氣機的內部結構

🔧 7-4-7　冷氣機附設零件之功能

1. 前面窗體

　　　前面窗體在冷氣機的前面，包含空氣吸入口及出風口的風向板，如圖 7-4-11 所示。空氣吸入口為樹脂製品，上部以彈簧支持著，室內空氣由此吸入。出風板可上下左右調整冷氣的風向，經蒸發器冷卻後的空氣由此吹出。

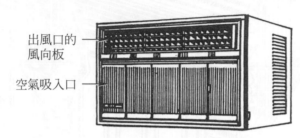

　出風口的
　風向板

　空氣吸入口

圖 7-4-11　窗型冷氣機的前面窗體，包含空氣吸入口及出風口

2. 空氣過濾網

　　　空氣過濾網採用塑膠製成，能濾去空氣中的塵埃，保持室內空氣的潔淨。塵埃積多時可拿下清洗。

3. 百葉扇

　　　百葉扇大同公司稱為「多翼送風扇」，為圓筒形，許多葉片裝在圓周上。此種風扇轉動時，空氣由圓筒當中吸入，而由周圍向外送出，如圖 7-4-12 所示。此種風扇之特點為旋轉圓滑、平衡、風量大、噪音小。

4. 旋葉扇

　　　旋葉扇與百葉扇同軸。其形狀有些類似普通電扇的扇葉，但葉數較多(約 6 至 10 片)，而且扇葉的角度較大，如此設計可使旋葉扇產生的風力較大(旋葉扇屬於室外機，噪音稍大亦無所謂)。旋葉扇從外箱側面的風孔吸入室外的空氣，同時其扇緣將除濕下來貯存在底盤的水打成細水珠，兩者同時噴向冷凝器，加強冷凝器的散熱，增加冷房效果。請見圖 7-4-13。

5. 換氣桿或換氣旋鈕

　　　操作換氣閥用。打開換氣閥可使室內空氣換新，保持室內空氣的新鮮。

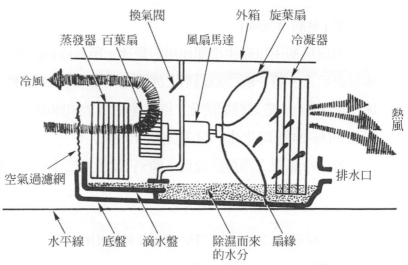

換氣閥　　外箱　旋葉扇

蒸發器　百葉扇　　風扇馬達　　　冷凝器

冷風

熱風

空氣過濾網

排水口

水平線　底盤　滴水盤　除濕而來　扇緣
　　　　　　　　　　　　的水分

注意！水平線顯示出正確的安裝應使冷氣機的機體微向後下傾斜

圖 7-4-12　百葉扇　　　　圖 7-4-13　冷氣機的機體要微向後下傾斜以利排水

6. 排水口

在氣候比較潮濕的時候，冷氣機除濕下來的水分較多，排水口能使過多的水分排出室外，僅保存適量的水分在底盤幫助冷凝器散熱。如圖 7-4-13 所示。

7-4-8　冷氣機能力大小的表示法

被冷氣機製造廠商採用為冷氣機能力大小之表示方法，常見者有三種：

1. 每小時英國熱量單位 BTU/Hr

BTU 是 British thermal unit 之縮寫，意義是「英國熱量單位」。將 1 磅的水升高華氏 1 度所需的熱量為 1 BTU。

若有一冷氣機，其冷房能力為 12000 BTU/Hr (每小時一萬二千 BTU)，則將此冷氣機開用 1 小時，可使 12000 磅之水降低 1°F。

BTU/Hr 數越大的冷氣機，其冷房能力越強。

2. 每小時大卡 Kcal/Hr

卡路里(calrie)簡稱「卡」(cal)。使 1 克之水升高 1℃所需之熱量為 1 卡。使 1 公升的水升高 1℃所需之熱量 = 1 大卡 = 1000 卡 = 1 Kcal。冷氣機之冷房能力可以用每小時吸收熱量之大卡數「Kcal/Hr」表之。

3. 冷凍噸 (美制冷凍噸)

因為最初用以產生冷卻作用的是冰，所以除熱的速率是以每單位時間內所需冰量表示之。將一噸(2000 磅)之冰溶化需要吸收 288000 BTU 的熱量，若一噸的冰在一天 24 小時之時間溶化，則其速率為 288000/24 = 12000 BTU/Hr。這樣的冷卻速率(每 24 小時化冰一噸)被定為「1 噸」。

若一冷氣機之冷房能力為 1 噸，它就能在二十四小時吸收 288000 BTU 的熱，或每小時吸收 12000 BTU 的熱。

> 1 冷凍噸= 12000 BTU/Hr = 3024 Kcal/Hr
>
> 1 BTU/Hr = 0.252 Kcal/Hr

7-4-9　如何選購適當大小的冷氣機

一、房間所需之冷房能力

1. 影響冷氣負載的因素很多。一般住宅每一坪空間所需的冷房能力可如下概估：

   (1) 一般臥室、書房每坪 500 Kcal/Hr

   (2) 一般客廳、餐廳每坪 550 Kcal/Hr

   (3) 西曬：嚴重西曬每坪 700 Kcal/Hr

   (4) 挑高：樓高 4 公尺以上的，每坪 750 Kcal/Hr

   (5) 頂樓：每坪 800 Kcal/Hr

   (6) 鐵皮屋：每坪 1000～1200 Kcal/Hr

2. 冷氣能力的單位換算

   冷氣冷房能力 1 kW = 860 Kcal/Hr

二、房間的坪數怎麼算？

1. 用面積計算

   坪數 = 房間長 (公尺) × 房間寬 (公尺) × 0.3025

2. 用地磚的數量判別

   (1) 1 坪 = 30 公分 × 30 公分的地磚 36 塊

   (2) 1 坪 = 40 公分 × 40 公分的地磚 21 塊

   (3) 1 坪 = 50 公分 × 50 公分的地磚 13 塊

三、例題

例 1

某五層樓住宅，在**二樓**有一長 5 公尺寬 4 公尺的臥室，求此房間所需之冷房能力為多少？

解 1. 房間坪數 $= 5 \times 4 \times 0.3025 = 6.05$ 坪

2. 所需冷房能力 $= 500 \text{ Kcal/Hr} \times 6.05 = 3025 \text{ Kcal/Hr}$

3. 所購冷氣不可以小於

$(3025 \text{ Kcal/Hr}) \div (860 \text{ Kcal/Hr}) = 3.52 \text{ kW}$

例 2

某五層樓住宅，在**五樓**有一長 5 公尺寬 4 公尺之書房，求此房間所需之冷房能力為多少？

解 1. 房間坪數 $= 5 \times 4 \times 0.3025 = 6.05$ 坪

2. 在頂樓，所需冷房能力 $= 800 \text{ Kcal/Hr} \times 6.05 = 4840 \text{ Kcal/Hr}$

3. 所購冷氣不可以小於

$(4840 \text{ Kcal/Hr}) \div (860 \text{ Kcal/Hr}) = 5.63 \text{ kW}$

例 3

某三層樓住宅，在二樓有一**西曬**長 5 公尺寬 4 公尺之臥室，求此房間所需之冷房能力為多少？

解 1. 房間坪數 $= 5 \times 4 \times 0.3025 = 6.05$ 坪

2. 西曬，所需冷房能力 $= 700 \text{ Kcal/Hr} \times 6.05 = 4235 \text{ Kcal/Hr}$

3. 所購冷氣不可以小於

$(4235 \text{ Kcal/Hr}) \div (860 \text{ Kcal/Hr}) = 4.92 \text{ kW}$

7-4-10 冷氣機的能源效率 EER 與 CSPF

由於國人生活水準不斷提高，因此冷氣機廣為各家庭普偏採用。而冷氣機卻是各種家庭電器裡耗電最兇的一種，因此在世界能源危機的今天，我政府明智的定下了冷氣機的能源效率比 EER 之標準。凡不合格者，自民國 71 年起即禁止在市面上銷售。為使讀者了解 EER 之意義及各廠牌冷氣機之分級，特分別說明如下：

一、何謂 EER？

EER 為能源效率比 Energy Efficiency Ratio 之簡寫。冷氣機的 EER 代表著冷氣機在 35℃ 滿載運轉時「冷氣機每消耗 1 瓦特的電力，所能產生的冷房能力」。

$$公制\ EER = \frac{Kcal/H}{W} = \frac{仟卡／小時}{瓦特}$$

$$英制\ EER = \frac{BTU/H}{W} = \frac{BTU／小時}{瓦特}$$

(註：1 Kcal/H = 3.969 BTU/H)

因為 EER 較高之冷氣機表示「在耗電相同的情況下所產生的冷房能力較強」，也表示「產生相同的冷房能力時只需消耗較少的電力」，因此 EER 愈高的冷氣機愈省電。

二、什麼是 CSPF？

CSPF 是「冷氣季節性能因數」Cooling Seasonal Performance Factor 的縮寫。用來評估空調機的能源效率，是以國內冷氣使用季節的氣候下冷氣機全年運轉 2486 小時的總冷氣負載與總消耗電量的比值，其計算公式為

$$CSPF = \frac{冷氣季節的總冷氣負載(kWh)}{冷氣季節的總消耗電量(kWh)}$$

CSPF 值越高，表示越省電。

經濟部把冷氣機稱為無風管空氣調節器，能源效率依表 7-4-4 分成 5 級，第 1 級最省電，第 5 級最耗電。台灣自 2017 年起冷氣機的節能標章貼紙如圖 7-4-14 所示，全面用 CSPF 取代過去使用的 EER，選購冷氣機時請選最省電的第 1 級節能機種，CSPF 值越高越好。

表 7-4-4 無風管空氣調節器 (冷氣機) 的能源效率分級基準表

機種		額定冷氣能力分類(kW)	各等級基準(kWh/kWh)				
			5 級	4 級	3 級	2 級	1 級
氣冷式	單體式	2.2 以下	3.40 以上，低於 3.64	3.64 以上，低於 3.88	3.88 以上，低於 4.11	4.11 以上，低於 4.35	4.35 以上
		高於 2.2，4.0 以下	3.45 以上，低於 3.69	3.69 以上，低於 3.93	3.93 以上，低於 4.17	4.17 以上，低於 4.42	4.42 以上
		高於 4.0，7.1 以下	3.25 以上，低於 3.48	3.48 以上，低於 3.71	3.71 以上，低於 3.93	3.93 以上，低於 4.16	4.16 以上
		高於 7.1，71.0 以下	3.15 以上，低於 3.37	3.37 以上，低於 3.59	3.59 以上，低於 3.81	3.81 以上，低於 4.03	4.03 以上
	分離式	4.0 以下	3.90 以上，低於 4.41	4.41 以上，低於 4.91	4.91 以上，低於 5.42	5.42 以上，低於 5.93	5.93 以上
		高於 4.0，7.1 以下	3.60 以上，低於 4.03	4.03 以上，低於 4.46	4.46 以上，低於 4.90	4.90 以上，低於 5.33	5.33 以上
		高於 7.1，10.0 以下	3.45 以上，低於 3.86	3.86 以上，低於 4.28	4.28 以上，低於 4.69	4.69 以上，低於 5.11	5.11 以上
		高於 10.0，71.0 以下	3.40 以上，低於 3.81	3.81 以上，低於 4.22	4.22 以上，低於 4.62	4.62 以上，低於 5.03	5.03 以上
水冷式		全機種	4.50 以上，低於 4.77	4.77 以上，低於 5.04	5.04 以上，低於 5.31	5.31 以上，低於 5.58	5.58 以上

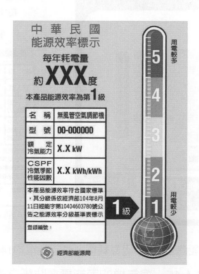

圖 7-4-14 冷氣機的節能標章貼紙範例

由圖 7-4-15 可知，同樣額定冷氣能力 4.1kW 的冷氣機，能源效率第 1 級的每年耗電約 1059 度，能源效率第 5 級的每年耗電約 1423 度。

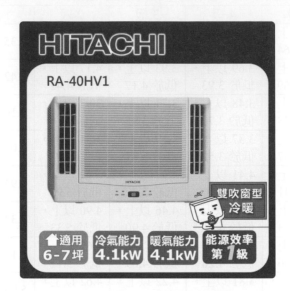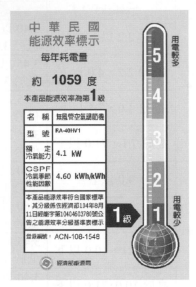

(a) 能源效率第1級最省電，每年耗電約1059度

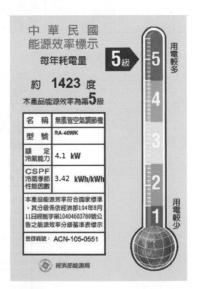

(b) 能源效率第5級最耗電，每年耗電約1423度

圖 7-4-15　冷氣機的節能標章貼紙之實例

7-4-11　冷氣機有效節省用電的方法

一、減免房間負荷之方法

1. 做好房間之隔熱設施：以四層樓公寓太陽直射的屋頂為例，有塗防熱漆與無塗防熱漆者，其冷氣負載可能相差 1 倍。

2. 朝西之窗戶應設置窗簾、百葉窗或其他遮物，以防止太陽輻射熱之侵入。

3. 減小門窗通氣間隙：最好使用緊密的鋁門窗，謹防室外熱氣侵入或室內冷氣外洩。

4. 可以不設置在冷房空間之發熱器具(如咖啡壺、電爐等)最好移設他處。

5. 窗型冷氣機安裝高度以離地面 1.5 公尺左右效用最高。裝的越高，負荷越大，耗電亦越多。但不得低於 1 公尺。

二、使冷氣機保持最高性能的方法

1. 選購能源效率第 1 級的冷氣機。CSPF 值愈高愈省電。

2. 冷房時多利用"冷"(高速)運轉：雖然"冷"的運轉聲比"涼"(低速)的運轉聲稍大，但效率較高，因此除睡眠時間外，其他時間可多加利用。

3. 勤洗空氣過濾網：每週至每月至少清洗一次。

4. 窗型冷氣機體露出室外部份，避免陽光直射。

5. 定期保養：清洗機內冷凝器與蒸發器盤管，每半年或一年一次。

6. 冷氣機背面儘量不要裝向強風吹襲的方向，以免影響排熱。

7-4-12　冷氣機使用上的注意事項

1. 冷氣機在停止後，至少應等候 3 分鐘才可再開機。若將開關置於「停」後馬上又開動，則由於內部壓力尚未平衡，壓縮機無法起動，不但可能招致電流過大而燒斷保險絲，而且可能使壓縮機的壽命減短。

2. 若轉動溫度調節旋鈕至一位置，應稍候 2～3 分鐘後方可再轉至另一位置，否則可能有損冷氣機之壽命。

3. 風向之調整：冷氣機出風口的風向板有垂直及水平兩種葉片，用來引導風向，調節垂直葉片可改變風之左右向，調節水平葉片可改變風之上下向，如圖 7-4-16 所示。但儘可能不要使風向下吹，因為向下吹風使冷氣集中於某一處，而不能全室平均分佈。

圖 7-4-16　風向板可以改變出風的方向

7-4-13　窗型冷氣機的安裝

　　冷氣機的安裝方法及安裝位置的選定要點和冷暖氣機一樣，因此我們留待 7-5-5 及 7-5-6 節一併詳述。

7-5　冷暖氣機

7-5-1　冷暖氣機之功用

　　冷暖氣機除了具有冷氣機的功用——在炎夏使室內溫度降低、除濕，使空氣流動、潔淨之外，寒冬室溫過低時，可產生暖氣使室內溫度升高，使我們終年生活在如春的環境中。

　　在夏天，令人舒適的溫度大約是在 25℃～27℃左右，但是在冬天使用暖氣時最適宜的室內溫度則如表 7-5-1 所示，除手術室之外，大約在 16℃～20℃之間。其理由有三：

1. 冬天室外氣溫太低，若將室內溫度調節至 26℃左右，則室內外之溫度差太大，我們出入房間時會感到難受。

2. 在冬天，人們所穿的衣服較多，若將室內溫度調節到 26℃左右，一進門就會感到太熱，還不如把室內溫度稍微調低一點，這樣，由室外進入室內就既有溫暖之感，又不致於太熱。

3. 冬天，大氣中的水份較少，若將溫度升高太多，相對濕度就嫌不夠，過份乾燥的空氣會使鼻、喉、肺部等器官受刺激，且使人的皮膚過份乾燥而發痛，為了防止這個缺點起見，室內溫度應該少升高一點。

表 7-5-1　台灣冬天開用暖氣時最適當的室內溫度

房間的種類	適宜的室溫
客廳	18℃～20℃
臥室	16℃～18℃
辦公室	18℃～20℃
醫院病房	18℃～20℃
醫院手術室	26℃～28℃
商店	16℃～18℃
輕工業工廠	16℃～18℃

7-5-2　產生暖氣的方法

暖氣的產生，其法有二，茲分別說明如下：

一、使用電熱器

暖房使用電熱器發熱的冷暖氣機，其冷氣部份與 7-4 節所述者完全相同，只是機內多裝了一高功率的電熱器用以在冬天產生暖氣。冬天時，以發熱器取代壓縮機，若風扇馬達以高速運轉，使強風吹過發熱器，則從出風葉窗吹出的熱風較強，是為「熱」。若風扇馬達以低速旋轉，則吹出的熱風較弱，故稱之為「暖」。

在冷暖兩用機中的恆溫器，其接點有兩對，一對用以在夏天控制壓縮機之運轉或停止，一對在冬天用於控制電熱器之通電與否。

圖 7-5-1 為使用電熱器擔任暖房工作的冷暖氣機取掉機殼 (外箱) 及空氣過濾網後的照相圖。在此圖中可清晰的看出冷凝器、蒸發器、壓縮機及電熱器之位置。尤其值得特別留意的是感溫筒的位置，它裝在室內空氣進入機內的回風經路中，且位於蒸發器之前，用以感受室內的溫度。

由表 7-5-2 可看出，在台灣(溫帶地區大致如此)，大約每 6000 BTU/Hr 冷房能力之冷氣機需配用 1kW 容量的電熱器。

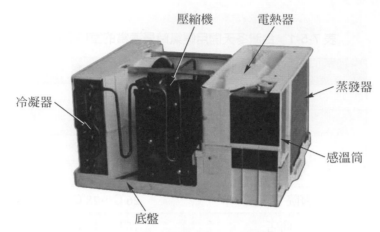

圖 7-5-1　使用電熱器發熱的冷暖氣機之結構圖

表 7-5-2　大同冷暖氣機規格

	TWE 101F	TWE 152F	TWE 202F	TWE 252F
冷房能力 BTU/Hr (Kcal/Hr)	10500 (2650)	14000 (3500)	18000 (4500)	22000 (5500)
暖房能力	1.8 kW	2.2 kW	3.0 kW	3.5 kW
電源	1ϕ110V60Hz	1ϕ220V60Hz	1ϕ220V60Hz	1ϕ220V60Hz
電流(A)	18.2	11	15	17.2

二、使用熱幫浦

　　所謂熱幫浦就是利用四路閥使冷凍系統產生逆向循環的暖氣產生系統。在使用熱幫浦系統的冷暖氣機中,由於冷凝器與蒸發器將隨四路閥之動作而異位,故在室內(機)者稱之為室內曲管,裝在室外(機)者稱之為室外曲管,而不再以冷凝器或蒸發器稱之(別忘了,在圖 7-4-4 的說明中曾言及冷氣機中"雖然冷凝器與蒸發器的功能相反,一為散熱一為吸熱,但構造卻相同"。)。

　　圖 7-5-2(a) 中,四路閥並未動作,故冷媒如圖中箭頭所示方向流動,此時室內曲管為蒸發器,吸熱,室外曲管為冷凝器,散熱,若壓縮機不停的運轉,則室內的熱量將不斷被室內曲管吸收,而從室外曲管散掉,故此時冷暖氣機是作為冷氣機使用。其冷凍系統與圖 7-4-5 完全一樣。

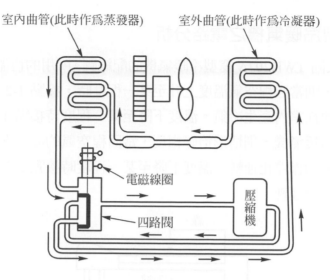

室內曲管(此時作為蒸發器)　室外曲管(此時作為冷凝器)

電磁線圈

壓縮機

四路閥

(a) 夏天，四路閥不動作，是為冷氣機

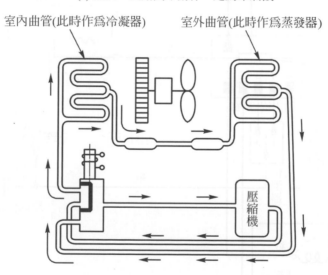

室內曲管(此時作為冷凝器)　室外曲管(此時作為蒸發器)

壓縮機

(b) 冬天，四路閥動作，成為暖氣機

圖 7-5-2　冷暖氣機的動作分析

　　圖 7-5-2(b)中，四路閥的電磁線圈被通上電，故其滑動板被吸起，此時冷媒如圖中箭頭所示之方向流動，壓縮機壓縮後的高壓高溫冷媒被送往室內曲管散熱，經毛細管降壓而進入室外曲管的低壓低溫液體冷媒則在室外曲管迅速蒸發而吸取室外的熱量(由於室外曲管的溫度比室外的大氣溫度低，故可由室外吸取熱量)，若壓縮機不斷運轉，則室內曲管將不斷發散室外曲管所吸收的熱量而使室內的溫度上升。此時冷暖氣機是作為暖氣機使用。冷暖氣機，毛細管的兩端都裝有乾燥過濾器。

7-5-3 窗型冷暖氣機之電路分析

圖 7-5-3 為大同 TWH202A 窗型冷暖氣機的配線圖。所用的恆溫器共有三個接點。若使用為冷氣機,則當回程空氣溫度上升至某一程度時,接點 1-2 閉合而接通壓縮機馬達之電路,以便在室內產生冷氣。溫度下降至某一程度時接點 1-2 打開使壓縮機停止運轉。若使用為暖氣機,則情形恰好相反,當回程空氣的溫度上升至某一程度時接點 2-3 打開,使壓縮機停止運轉。溫度下降至某一程度時接點 2-3 閉合,接通壓縮機之電路,而使壓縮機運轉。

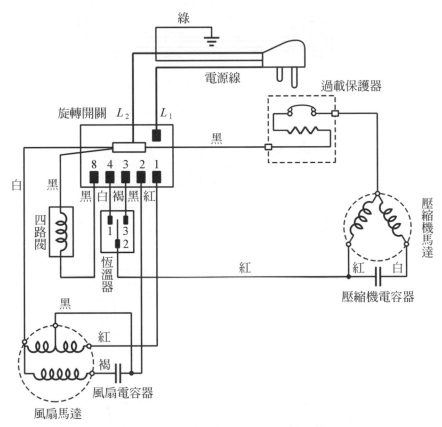

圖 7-5-3 大同窗型冷暖氣機配線圖

旋轉開關位置	接點 (＊表示接通)				
	L1-4	L1-2	L1-1	L1-3	L1-8
涼 LO COOL	＊		＊		
冷 HI COOL	＊	＊			
停 OFF					
強風 HI FAN		＊			

旋轉開關位置	接點 (＊表示接通)				
	L1-4	L1-2	L1-1	L1-3	L1-8
弱風 LO FAN			＊		
熱 HI HEAT		＊		＊	＊
暖 LO HEAT			＊	＊	＊

7-5-4　暖氣負載的計算

同一間房子之冷氣負載與暖氣負載頗為接近(在溫帶地區大致如此)。所以，通常溫帶地區的房子只需依 7-4-9 節計算冷氣負載，按計算所得之結果裝用一部適合所需能量的冷暖氣兩用機即可。

7-5-5　窗型冷氣機及冷暖氣機安裝位置之選定

下述安裝位置之選定要點除適用於冷暖氣機外，亦適用於冷氣機。

1. 避免把冷氣機裝在有日光直接照射之處。若萬一無法避免，就應在冷氣機上加裝遮簷以擋住日光。在此種情形下，應使冷氣機後方及側面有更寬之空間，以利空氣流通。

2. 有陽光直接照射之玻璃門窗應加裝遮簾，以防陽光射入減少冷氣效果。

3. 夏天開用冷氣時，室內應避免放置非必要的發熱物。若無法避免，也應使其遠離冷氣機，以免發熱物之熱力直接加入出風葉窗吹出的冷風中，減少冷房效果。

4. 冷暖氣機之外側(室外部份)應選擇通風良好之處。冷暖氣機之後面至少需有 60 公分之空間，左右兩側至少應有 40 公分之空間。

5. 在冷暖氣出口之附近不得有障礙物。

6. 安裝高度以 1.5 公尺為宜，如此不但冷暖氣效果好，而且操作保養皆方便。

7. 不要裝在房間出入口的附近。因為如此不但冷暖氣易從出入口損失，而且有人通過出入口時，會被由室外曲管而來的風吹到，此風在開用冷氣時為熱風，在開用暖氣時為冷風，吹在身上都不好受。

8. 安裝之支持物務需堅牢，不但要能勝任冷暖氣機之重量，而且要能抗禦振動，不致發生噪音。

9. 大部份的冷暖氣機，其室外吸氣口是設在側面，所以要注意牆壁不可以遮擋到吸氣口，不可以阻礙空氣之吸入。

7-5-6　窗型冷(暖)氣機之安裝

一、安裝在窗子中

1.　若要把冷(暖)氣機裝在窗子中,首先要確定窗框的寬度和高度不小於冷(暖)氣機之所需。

2.　冷(暖)氣機最好裝在窗子的下部,因為下部的窗框木條或鋁條是緊貼在牆壁上的,比較牢固,可安穩地承受冷(暖)氣機的重量而不易震動。若窗框下緣實在太低(低於 1 公尺),就只好裝在窗的中部或上部。但裝在窗子的中部或上部時,應注意窗上原有之橫木條或鋁條是否有足夠之強度以承受冷(暖)氣機之重量。若強度不夠,則應加強之。

3.　決定在窗上安裝之位置後,可照冷(暖)氣機之大小,取去一部份玻璃或整扇玻璃窗。也許還要鋸掉一部份窗外原有之鐵窗,以資獲得足夠大的安裝口子。

4.　做了第 3 步工作後,可能在冷(暖)氣機的上、下、左、右還剩下有過大的空餘缺口,應設法填補,辦法是裝配適當大小的玻璃,這樣既美觀又可透光。若為簡便起見可用三夾板補之。但做成後的安裝口子應比冷(暖)氣機稍大,以便於冷(暖)氣機的裝上及取下。通常口子之寬度應比冷氣機寬約 2 公分,高度應比冷(暖)氣機高約 1 公分。

5.　各公司售冷(暖)氣機時多附有如圖 7-5-4 所示安裝架之全套零件,可照其所附之說明書安裝之。安裝架之安裝方法可分為吊掛法與支持法兩種。圖 7-5-5 所示為吊掛法安裝後之側面圖,此種安裝法適用於安裝口之上方有堅硬之牆壁可作為支持點。若安裝口之上方沒有堅硬的牆壁可作支持點,則需用支持法,其安裝後之側面圖如圖 7-5-6 所示。

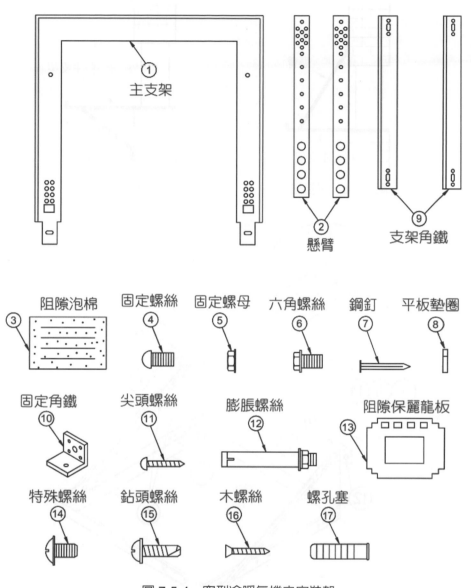

圖 7-5-4 窗型冷暖氣機之安裝架

6. 由於現場環境的差異，安裝方法請參考圖 7-5-7 至圖 7-5-11。

7. 在安裝口之周圍及主支架上加貼橡皮或其他適當之襯墊物，以免冷(暖)氣機與堅硬物直接碰觸而受損，並可減少震動及噪音。

8. 將冷(暖)氣機由室內送入安裝口，背面朝向牆外，直至機箱後緣與擋板相接為止。

9. 將冷(暖)氣機之位置擺正後，在機箱與安裝口間之隙縫中填塞保麗龍或泡棉 (海綿)，以免由此損失冷 (暖) 氣。

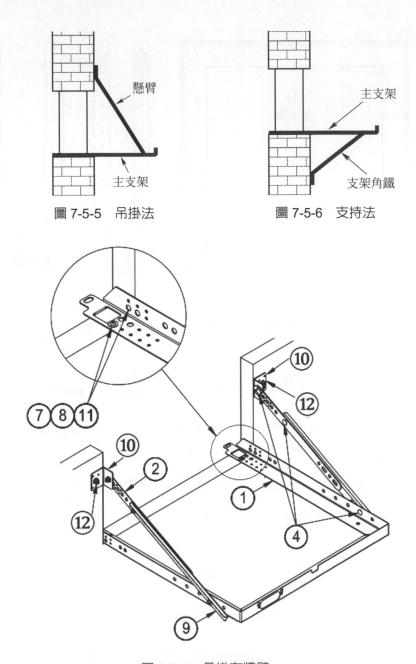

圖 7-5-5　吊掛法　　　　　　圖 7-5-6　支持法

圖 7-5-7　吊掛在牆壁

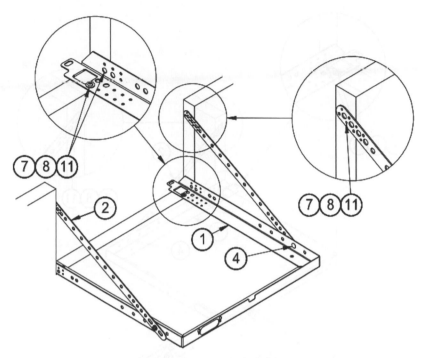

圖 7-5-8 吊掛在窗框

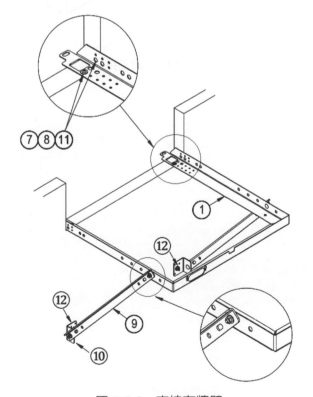

圖 7-5-9 支持在牆壁

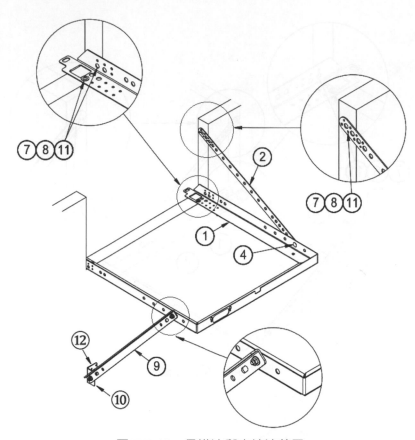

圖 7-5-10　吊掛法與支持法兼用

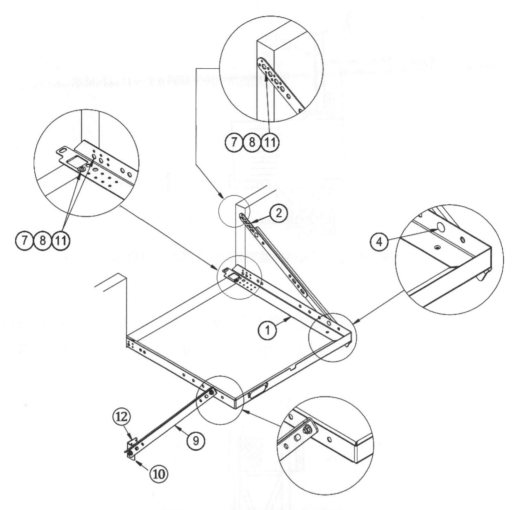

圖 7-5-11　吊掛法與支持法兼用

二、後仰角度之調整

　　冷氣機在使用時，其蒸發器外表會積結水份。水份滴落在滴水盤而貯存在底盤內，一部份可利用來加強冷凝器(室外曲管)的散熱(由旋葉扇將水打成細霧狀態，噴在冷凝器上)，過多的水份則應予排除。為使底盤所積存的水只向外流而不向內流起見，應使冷(暖)氣機向後下傾斜 0.5°至 1°。或者在機箱前引兩垂直線，其一通過機箱之上角尖，另一通過下角尖，則此兩垂直線相距約 10～15 mm。如圖 7-5-12 所示。

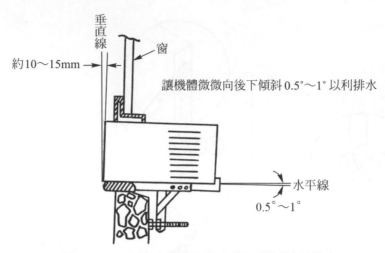

圖 7-5-12　安裝時機體要微向後下傾斜以利排水

三、安裝結構之加強

安裝窗型冷(暖)氣機時，若牆壁及窗子之結構都頗脆弱，難以勝任冷(暖)氣機之重量，就應另行設法加強之。加強之法可用萬能角鋼製一承架，置於冷(暖)氣機之下，如圖 7-5-13 所示。

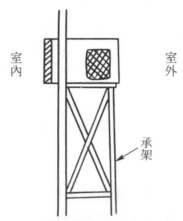

圖 7-5-13　若牆壁及窗子之結構脆弱，必需用承架置於冷(暖)氣機之下

四、滴水管之安裝

冷(暖)氣機後面有一排水口，為排除機內積水之用。在冷(暖)氣機下面放有東西或有行人經過之場所，不能讓積水直接由排水口排出機外，而需在排水口接上連接水管。滴水管的安裝法見圖 7-5-14。冷(暖)氣機在發售時已附有排水口襯墊(即黑色橡膠，出廠前已裝在底盤上)，在冷(暖)氣機安裝好了之後，將附屬之「滴水連絡管」插入排水口襯墊，然後再配合現場另配塑膠軟管，由連絡管接至排水溝或其他適當地點。

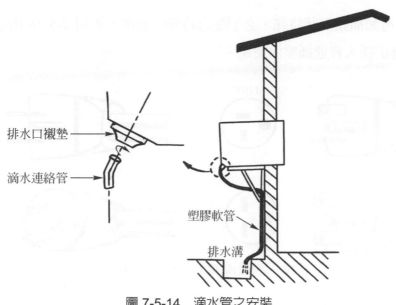

圖 7-5-14 滴水管之安裝

五、日光之遮擋

冷氣機應避免日光直接照射。如萬一無法避免，應如圖 7-5-15 所示，加裝簷蓬遮蔽之。

圖 7-5-15 冷氣機應裝遮陽棚，避免日光直接照射

六、電源之連接

冷(暖)氣機需用何種電源，在銘牌上都有清楚的註明，必須先查清楚後才動手設計並安裝電路。

窗型冷(暖)氣機之電源有單相二線式 AC 110V 及從單相三線式電源取得 AC 220V 兩種。不論安裝處所之電源電壓是否符合冷(暖)氣機之所需，都應為冷(暖)氣機裝設專用電源線路，不可直接將冷(暖)氣機之插頭插入牆壁上原有之普通插座中，因為冷(暖)氣機所需的電流較大，普通線路無法勝任。不過，事實上，此種錯誤不易發生，因為

冷(暖)氣機的電源插頭形狀特殊，必須配合特殊的插座，如圖 7-5-16 所示。除非加以修改，否則無法插入普通插座內使用。

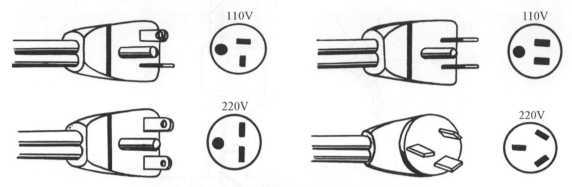

圖 7-5-16　冷(暖)氣機用之各種電源插頭及插座

因冷(暖)氣機而增設之電路，在室內部份(由冷(暖)氣機插座至電表間)凡是合格的電工技術人員皆可裝配，室外部份(由電表至外線)則應申請電力公司裝配之。若用戶原有電源為 110V 單相二線式，因裝設冷(暖)氣機而需改成 220V 單相三線式，並更換電表，電力公司不收任何費用。

在冷(暖)氣機所用插座與電表之間應有一無熔絲開關 NFB。所用 NFB 之安培數大約等於(或略大於)冷氣機額定電流的兩倍。例如東元冷氣機 MW401HR-HR 之電源需求為 AC 220V 6A，兩倍應為 12A，但 NFB 之標準額定安培值為 10AT，15AT，20AT，30AT……，所以採用 15AT 的 NFB。

冷(暖)氣機要裝一地線。此地線應由三孔插座連接至地。窗型冷暖氣機之接地方法如圖 7-5-17 所示。接地電阻不可大於 100 Ω，所用地線應為 5.5 mm² 以上之 PVC 線(綠色或黃／綠色)。此地線在冷(暖)氣機中係經由插頭引線中之一條綠色線(或黃／綠色線)連接至金屬機殼。

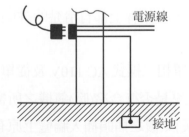

圖 7-5-17　冷(暖)氣機地線之裝接法

7-5-7 分離式冷暖氣機的內部結構與配線圖

分離式冷暖氣機的內部結構，如圖 7-5-18 所示。把熱交換器(或稱為室內曲管，夏天擔任蒸發器的功能，冬天擔任冷凝器的功能)和百葉扇裝在室內機。把壓縮機、熱交換器(或稱為室外曲管，夏天擔任冷凝器的功能，冬天擔任蒸發器的功能)和旋葉扇裝在室外機。

室內機與室外機間之冷凍管路必須用銅管相接，電力系統則需用電纜相連接。因為容易產生振動並發出噪音的元件都在室外，所以室內非常安靜。

分離式冷暖氣機的配線，請參考圖 7-5-19。

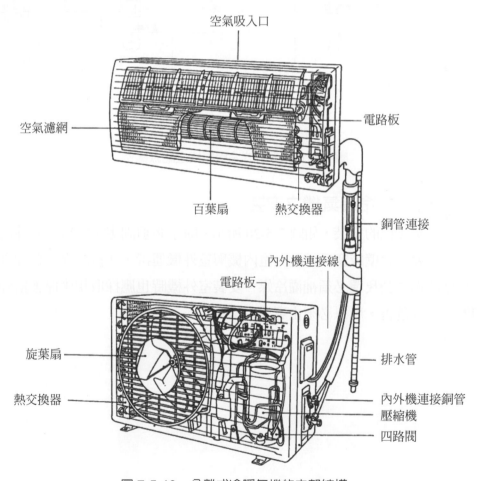

圖 7-5-18　分離式冷暖氣機的內部結構

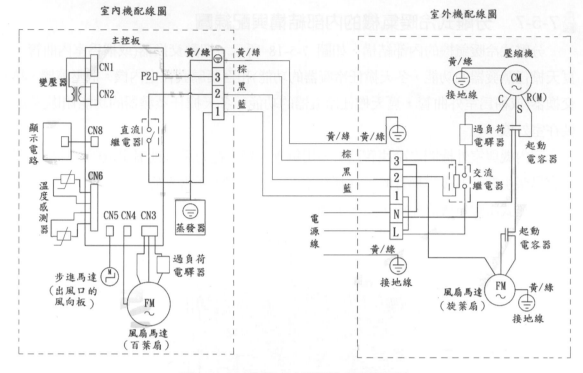

圖 7-5-19　分離式冷暖氣機之配線圖例

7-5-8　分離式冷暖氣機之安裝

　　分離式冷暖氣機的安裝，如圖 7-5-20 所示。除了必須固定室內機及室外機在適當的位置，還需要在牆壁或窗戶挖孔、室內機與室外機連接，連接的銅管要抽眞空，若銅管的長度超過 7 公尺還必須補灌冷媒。安裝室外機時也應採取相應保護措施，保證自己和他人不受危害，所以必須由專業人員安裝。

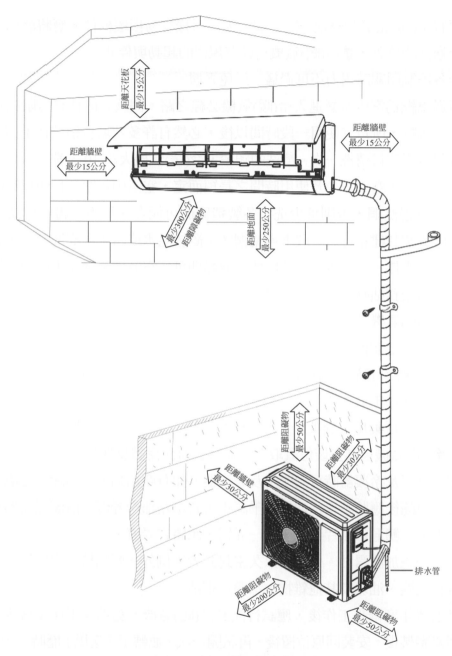

圖 7-5-20　分離式冷暖氣機的安裝

7-5-9　使用人對冷(暖)氣機之維護

一、日常維護

1. 冷(暖)氣機之表面應用柔軟而不易脫落纖維碎屑之布類拭擦之。為使塵垢易於拭去起見，可將抹布稍加潤濕。如能在機箱面上打蠟，更能保持其美觀。

2. 不要將冷(暖)氣機頻繁地一開一關，因為這樣容易損壞機件。應將溫度調節旋鈕轉至適當的位置，讓冷(暖)氣機自動有規律的起動與停止。

3. 操作各控制開關時用力不可過猛，以免弄壞。

4. 空氣過濾網為室內空氣進入冷(暖)氣機必經之路。因為它的任務是阻擋灰塵和空氣中的雜物，所以在使用一段時間以後，必然有許多塵垢會積結在上面。因此，應每隔若干時日清洗一次。清洗的頻率，冷(暖)氣機大約 10 天洗一次。但也要看房間空氣中灰塵之多少及使用時間之長短而定，空氣中灰塵多且使用時間長者應勤洗空氣過濾網，否則可少洗。各製造廠商可能在使用說明書中建議多久洗一次，應依照其建議行之。取下過濾網後，置於溫水或冷水中漂洗都可，如加入少許肥皂粉更佳。洗後置於陰涼處使之乾燥即可。空氣過濾網如用破或太髒不易洗潔，可向服務站購買新品更換之。

二、窗型冷(暖)氣機的年度維護

年度維護乃定期保養工作，通常冷氣專用機可每年一次，冷暖氣兩用機則每半年一次，但製造廠商有特殊建議者應從其建議。維護之項目包括清潔及潤滑。執行維護工作之時間以在每年夏末使用冷氣之後及冬末使用暖氣之後為宜。清潔之部位包括蒸發器、冷凝器、百葉扇、旋葉扇、壓縮機及機箱。窗型冷(暖)氣機在作清潔工作時，應將窗型冷(暖)氣機自其安裝位置取下，並移去前面窗體及外箱。

清潔蒸發器及冷凝器時可用刷子及吸塵器。如有塵垢黏緊不易除去之處，可用肥皂水洗之，但隨後應將肥皂水沖掉。千萬不可將電路部份弄濕。清潔蒸發器和冷凝器時須留心不可將鰭形散熱片弄彎，萬一弄彎，應將它弄直。

風扇馬達應加潤滑油。但採用永久密封式者則例外。壓縮機上之塵垢應予除去。機箱內若有灰塵、油垢及其他雜物，都應仔細清除之。

做完上述年度維護工作後，應試行開動冷(暖)氣機，認為其工作正常後，才將外箱及前面窗體裝復。安裝回原位置後，再試開一次，並轉至「送風」歷時一至二小時，以便將內部吹乾。

對於冷氣專用機，冬天不用時，最好取下來予以包裝並收藏。如此可避免遭受潮濕及風沙侵害。在收藏之前應予清潔一次，並將冷氣機開到「送風」位置歷時 2 小時左右，以便吹乾裡面的水份。若不便取下收藏，就用塑膠布將冷氣機的室外部份及前

面窗體遮蓋起來，以免塵埃進入。若長期不使用，請拔去電源插頭或關掉專用之閘刀開關或無熔絲開關。

三、分離式冷(暖)氣機的年度維護

室內機的外表使用柔軟的乾布和沾有中性洗劑的濕布擦乾淨。濾網用吸塵器或用水清潔。然後送風一至二小時，把內部吹乾。

四、簡易故障之處理

冷(暖)氣機之使用人如發現工作失常，不一定是機器壞了，也許是外在的原因所引起。下面的故障檢修表將有助於冷(暖)氣機使用人對故障做初步的研判及處理。

故障檢修速見表

故障情形	可能的原因	處理方法
完全不動作	停電或電源外線故障	通知電力公司處理
	電源之保險絲熔斷	換新保險絲
	插頭與插座接觸不良	將插頭插緊或更換插座
冷度不夠	房門沒關	把門關好
	溫度調節器未轉到冷度足夠之位置	將溫度調節旋鈕轉至較冷之位置
	空氣過濾器太髒	清洗之
	蒸發器及冷凝器太髒	清洗之(參閱上述"年度維護"辦理)
	電壓太低以致壓縮機及風扇馬達都運轉太慢	通知電力公司調節電壓
	陽光照入室內	用窗簾遮擋之
	門窗牆壁有縫隙漏氣	將縫隙填補之
	室內正在大量使用發熱電器	將發熱器具移至其他房間使用
	室內人數太多	如為暫時人數太多(客人來)，可用電扇補助之。如經常人數太多，應換用較大型的冷氣機
	冷氣機之空氣流路受障礙物阻擋	將障礙物移開
	天氣太熱	如室內溫度比室外溫度低 5℃ 以上可視為冷氣機能力正常。天氣太熱可暫時用電扇補助之

故障檢修速見表(續)

故障情形	可能的原因	處理方法
室內滴水	冷氣機未向外作適當之傾斜	矯正傾斜角度
	滴水管堵塞	疏通並清潔之
冷暖兩用機之暖度不夠	房門未關	把門關好
	溫度調節器未調節至足夠暖的位置	將溫度調節旋鈕轉至較暖的位置
	空氣過濾器、蒸發器、冷凝器太髒	清洗之
	電源電壓太低	通知電力公司改進之
	空氣流路受阻	將障礙物移開
	門窗、牆壁等有縫隙漏氣	將縫隙填補之
蒸發器結霜	空氣過濾器或蒸發器太髒	清洗之
	冷風向下吹	調整出風葉窗之水平葉片，勿使風向下吹

7-5-10 冷(暖)氣機的故障檢修

　　若冷(暖)氣機發生故障必須先從電力系統著手檢修，因為電力系統發生故障的機會較多。檢查電力系統應先熟悉電路之結構，並配合三用電表使用。讀者如能獲得正在檢修的機器之特有電路圖(製造廠商所供給者，通常會貼在冷(暖)氣機上)當然最好，否則，本書內所附之圖 7-4-8、圖 7-4-9 及圖 7-5-3 可做為參考。

一、檢修要領

1. 檢修之前需先確定電源電壓不低於額定電壓的 90% 以下。

2. 冷(暖)氣機開至送風、涼、冷、(暖)、(熱)等位置，風扇馬達都應該轉動。否則應先用三用電表檢查運轉選擇開關之接點是否接觸良好，其次才檢查風扇馬達。若接點接觸不良，須更換之。

3. 雖然使保險絲熔斷之原因頗多，然最常見者為保險絲盒或開關內的保險絲接線座及螺絲鏽蝕、太髒或螺絲鬆動，接觸不良而易發熱所致。應清潔之，並把螺絲鎖緊。

4. 壓縮機馬達之正常與否，可拆下馬達接頭 C、S 和 R 上的三條線(紅、白、黑三條線)，然後以三用電表之低電阻檔判別之。若電路圖或說明書中載有馬達繞組之歐姆數，當然可根據其數值來斷定繞組是否良好，否則也有一方法可概略判明繞組之好壞：CR 間為行駛繞組，電阻最小。CS 間為起動繞組，電阻較大。RS 間為兩繞組串聯，其電阻最大。C 為共用接線端。

5. 採用起動繼電器的冷(暖)氣機，若壓縮機馬達不能起動，只聽見過載保護器接點跳開的聲音，其原因為電壓磁力式繼電器之接點接觸不良(其接點為常閉接點)，須更換之。

6. 電容器變質，其容量減小，常使馬達起動困難，宜測定之。(請參閱 6-9-9 節之"檢修要領""6")。

7. 檢查恆溫器是否有效，可用一塊布或毛巾沾熱水包在感溫筒上，或用手握住感溫筒，歷時約半分至 1 分鐘，若恆溫器沒有反應(可由壓縮機的動作或用三用電表判定之)，可能其中灌充的冷媒已漏去，或接觸點太髒或腐蝕。

8. 在一般室內及室外溫度下，冷氣機在工作時，蒸發器的全部曲管都應該是冷的，而且全部為大約相同的溫度。只要把冷氣機的前面窗體取下，就可輕易作此項檢查。若蒸發器之首先幾道結冰，或在最後幾道顯然有溫度增高之現象，則表示冷媒受到限制(不暢通)或冷媒有損失(洩漏)，最好通知該牌服務站前往處理。不過，請記著，當室外溫度甚高時，最後幾道曲管的溫度略高，此乃正常現象。

二、故障檢修分析表

「故障檢修分析表」將有助於你迅速的找出故障原因並加以處理，但若電力系統已確定動作正常，故障是落在冷凍系統——諸如冷媒洩漏、壓縮機不良等，則最好通知該牌服務站前往處理，以免礙於設備，徒勞而無功。

故障情形	可能的原因	處理方法
機器完全不動作	插頭與插座間接觸不緊密	調節或更換之
	保險絲熔斷	更換保險絲。若保險絲再斷，則照本表下一種故障情形——「保險絲常斷」處理
	插頭之引線斷線	接通或更換之
	電源電壓太低	用三用電表測之，如低於冷(暖)氣機銘牌所載規定值之 90%以下，應請電力公司糾正之
	冷(暖)氣機之操作開關不良	拔掉插頭，然後用三用電表的 $R \times 1$ 檔測量操作開關各接點，如發現有接觸不良現象，則更換操作開關
	遙控器沒電	更換新電池

故障情形	可能的原因	處理方法
機器完全不動作	遙控器損壞	換新品
保險絲常斷	電容器短路	查出，並更換之
	保險絲與其接頭座接觸不良	調節、清潔，並旋緊其螺絲
	保險絲之電流限額太小	查明，若確實太小，則換用較大者
	電路中有短路	檢查並排除之
	壓縮機或其馬達黏住或咬緊	更換之
風扇轉動而壓縮機不轉	溫度控制旋鈕置於太暖之位置(當用冷氣時)，或置於太冷之位置(當用暖氣時)，或恆溫器失效	將溫度控制旋鈕轉至較冷之位置(當用冷氣時)，或轉至較暖之位置(當用暖氣時)。在使用冷氣時，若室內溫度在24℃以上，把溫度控制旋鈕轉至最冷之位置，壓縮機必須轉動。在使用暖氣時，若室內溫度在21℃以下，把溫度控制旋鈕轉至最暖位置壓縮機必須轉動(此指熱幫浦式冷暖兩用機而言)。倘在上述情況中壓縮機不轉，而將恆溫器之接頭短路壓縮機會轉動，則需更換恆溫器
	接線鬆弛或已斷	以三用電表查出故障所在，並糾正之
	電容器損壞	測量並更換之
	起動器不良	更換之
	過載保護器跳脫	等候15分鐘左右應恢復正常。若再跳脫，應查明超載之原因(如電容器短路、壓縮機及馬達太熱或黏住咬緊、電路中有短路等)而糾正之
	過載保護器損壞	更換之
	電源電壓過低	檢查確定後請電力公司糾正之
	壓縮機黏住、咬緊	通知服務站處理
	壓縮機馬達之繞組燒斷或短路	通知服務站前往處理
壓縮機有雜音	排氣管或吸氣管敲擊其他金屬物	將管子稍微撥開以避免碰擊
	電容器或其他另件鬆動	鎖緊之
壓縮機運轉時起時停(過載保護器時常跳脫及接通)	電源電壓太高或太低	檢查確定後糾正降壓過多之線路，或請電力公司糾正
	冷凝器之空氣不暢通	檢查旋葉扇，並檢查有無妨礙空氣流通之物

故障情形	可能的原因	處理方法
壓縮機運轉時起時停(過載保護器時常跳脫及接通)	冷凝器太髒	清潔之
	過載保護器不良	檢查壓縮機馬達電流。若電流未超過，而且壓縮機馬達未過熱，但過載保護器跳脫，則應更換超載保護器
壓縮機運轉時起時停(恆溫器時常接通及切斷)	感溫筒之位置不正確	檢查感溫筒。務使在回程空氣中之正確位置。感溫筒不可接觸到蒸發器曲管
	空氣過濾網太髒或受阻塞	清潔、清除阻塞物，或更換空氣過濾網
	蒸發器髒了或結霜(冰)太厚	清潔或除霜
風扇有雜音	扇葉碰擊他物	糾正風扇之位置，勿使相碰
	扇葉鬆弛或彎曲	弄緊、斜正，若無效則更換之
	風扇馬達位置不正或鬆弛	糾正、鎖緊
室內滴水	未適當的向外傾斜	糾正安裝角度，使微向外傾斜
	排水管堵塞	清除堵塞物
冷度不夠	空氣過濾網堵塞	清潔或更換之
	溫度控制旋鈕未轉至足夠冷之位置	轉至較冷之位置
	冷凝器不潔或周圍之空氣不暢	清潔、清除阻礙氣流之物
	冷凝器排出之熱空氣又進入冷氣機中	注意吸入及排出空氣之分隔，消除引起熱空氣回來的原因
	壓縮機或冷凍系統故障	由服務站處理
蒸發器上結冰	空氣過濾網不潔或阻塞	清潔、清除阻塞物
	風扇馬達損壞或其電路不通	以三用電表檢查並修理或更換損壞部份
	室內溫度太低	若室內溫度在21℃以下，而開用冷氣，蒸發器可能結冰。最好停用冷氣，把開關轉至送風位置
	室外溫度太低	停用冷氣，把開關轉至送風位置
壓縮機運轉不停	冷氣負載過大(房間太大，室內人數太多，發熱器具太多，門窗不嚴密及陽光照入室內等)	針對原因糾正之。若不能糾正這些原因，只好改裝較大的冷氣機。否則，只有暫時將溫度控制旋鈕轉至較暖(不冷)的位置，如此也許可以消除壓縮機運轉不停之現象
	在使用冷氣時將溫度控制旋鈕置於太冷之位置或使用暖氣時置於太暖之位置	轉至不太冷或不太暖之位置

故障情形	可能的原因	處理方法
壓縮機運轉不停	恆溫器損壞(接觸點無法切斷)	更換之
	冷媒流路有一部份阻塞或冷媒洩漏	最好由各牌的服務站自行處理
	風扇馬達損壞或電路不通	檢查並修復之
壓縮機起動後就過載	電源電壓太高或太低	檢查確定後糾正降壓過多之線路,或請電力公司糾正
	線路中有短路或接錯	檢查並糾正之
	電容器損壞	更換之
	過載保護器不良	更換之
壓縮機轉而風扇馬達不轉	風扇馬達之電路不通	檢查並接通之
	電容器損壞	換新品
	選擇開關不良	換新品
	風扇馬達損壞	更換之
冷暖兩用機無暖氣	若暖氣部份係由電熱器供應者,應檢查電熱器,此器務需良好,否則可能電熱器燒斷或電路有斷線或接觸不良之處。若暖氣係由熱幫浦系統供應者,則需檢查四路閥之電磁控制線圈或其電路有無斷路或短路之處	檢查並修理之。若有必要則更換新品

7-6 除濕機

7-6-1 除濕機的構造、原理

　　除濕機如圖 7-6-1 所示,是用以將空氣中過度的濕氣除去,保持室內濕度適宜的電器。

　　在炎熱的夏天,將冰冷的飲料放在玻璃杯內,則杯子外側會附有許多水滴,這是因為玻璃杯的溫度低,和杯子外側接觸的空氣,溫度下降至露點以下,水份凝結成水滴。

　　除濕機除去空氣中水份的原理與此相同。冷媒(使用 R-134a)在冷凍系統中循環時,蒸發器的溫度會降至極低,空氣通過蒸發器時,其溫度會降至露點以下,因此空

氣中的水份會在蒸發器表面凝結成露珠而滴下。只要冷凍系統不停的循環,除濕機即能不斷地將室內濕氣逐漸除去。

圖 7-6-1 除濕機之實體圖

　　除濕機的結構如圖 7-6-2 所示,通過蒸發器被冷卻而除去水份的乾燥的冷空氣,將通過冷凝器及風扇馬達,幫助散熱,以提高單位機器容量的除濕效能。雖然送回室內的乾燥空氣,其溫度會上升至略高於室溫,然而「除濕」機的主要功用在於除濕,故無法降低室內溫度,並未與設計的初衷相違(若要除濕並降低室內溫度,則使用冷氣機才是最佳的抉擇)。

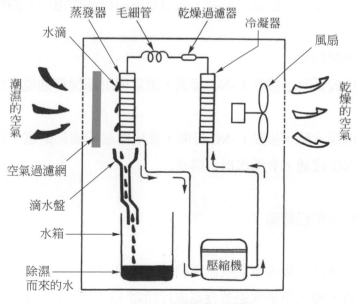

圖 7-6-2 除濕機之結構

　　除濕機，設定好時間即開始運轉，時間到就自動關機，使用人所要做的工作只是水箱滿時，將水倒掉(若接上排水管將除濕而來的水引至室外的水溝，則可免除倒水的麻煩)。

　　在使用的周圍溫度超過 40℃ 以上時，系統內的壓力會增高而使壓縮機過載，此時過載保護器會切斷電路，以免壓縮機馬達損毀。又周圍溫度低於 15℃ 時，附著於蒸發器表面的水滴會結霜或結冰而使除濕機的除濕效能大為降低(何故？細思電冰箱何以需要除霜，當可明白。)。所以除濕機必須在 15～40℃ 之範圍內使用。(註：雖然有的除濕機標示可以在 5℃ 的環境工作，但是當溫度低於 15℃ 時，除濕機不斷工作在自動除霜模式，除濕能力已經大為降低。)

7-6-2　除濕機的電路分析

　　圖 7-6-3 是除濕機的典型電路，茲說明於下：

1. **定時開關**

   定時功能。可以設定時間，運轉時間到，機器自動關機。

2. **濕度開關**

   濕度設定控制。濕度值可以在相對濕度 40% 到 70% 的範圍內進行設定。

   設定所需濕度後，若室內濕度高於設定濕度，風扇及壓縮機都通電運轉除濕。

   當除濕至室內濕度已低於設定濕度，風扇及壓縮機都斷電停止運轉。

3. **滿水檢知器**

   這是一個浮球開關。

   水箱內的水位較低時，接點 C-NC 接通，風扇與壓縮機都通電運轉，進行除濕工作。

   水箱內的水位滿水時，接點 C-NC 打開，風扇與壓縮機都斷電，停止除濕工作。

   同時接點 C-NO 接通，令滿水指示燈亮。

4. **滿水指示燈**

   指示水箱內的水位已經滿了。

5. **風扇**

   壓縮機有在運轉時，吸入空氣吹過蒸發器進行除濕。

   壓縮機停轉時，吸入空氣吹過蒸發器進行除霜。(不斷吹風，霜會融化掉。)

6. **除濕指示燈**

   指示目前除濕機有通電。

7. **溫度開關**

   若蒸發器結霜時，除濕機的效能會降低，所以必須令壓縮機停止運轉而風扇繼續運轉，直到結霜消失。(這就是自動除霜功能。)

   (1) 有的廠商把溫度開關固定在蒸發器的銅管，當銅管的溫度低於 –1℃時，溫度開關的接點 C-NC 打開，壓縮機斷電，停止除濕工作。同時接點 C-NO 接通，令除霜指示燈亮。而風扇繼續運轉，直到結霜消失。

   除霜完畢(蒸發器銅管的溫度上升至大於 15℃時)，溫度開關的接點 C-NC 接通，壓縮機通電，恢復除濕工作。同時接點 C-NO 打開，令除霜指示燈熄。

   (2) 因為室內溫度低於 15℃時，蒸發器的銅管會出現結霜，所以有的廠商把溫度開關固定在空氣吸入口，當空氣的溫度低於 15℃時，溫度開關的接點 C-NC 打開，壓縮機斷電，停止除濕工作。同時接點 C-NO 接通，令除霜指示燈亮。而風扇繼續運轉，進行除霜。

   當室內溫度高於 15℃時(默認蒸發器銅管沒有結霜)，溫度開關的接點 C-NC 接通，壓縮機通電，進行除濕工作。同時接點 C-NO 打開，令除霜指示燈熄。

   (3) 註：雖然有的除濕機標示可以在 5℃的環境工作，但是當空氣的溫度低於 15℃時，除濕機不斷工作在除霜模式，除濕能力已經大為降低。

8. **除霜指示燈**

   指示目前壓縮機斷電，除濕機在進行除霜。

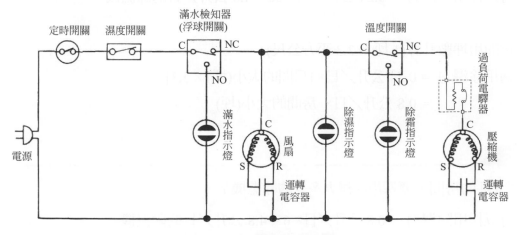

圖 7-6-3　除濕機的典型電路

🔧 7-6-3　除濕機能力大小的表示方法

　　除濕力是除濕機的效能指標，想要知道怎麼挑選適用坪數的除濕機，就要先了解什麼是除濕力。所謂除濕力，是除濕機在一天(日)可以除出多少公升 (L) 的水，單位為公升／日(L/day)。按照規定，額定除濕力的標示基準有兩種：

基準 1：室溫攝氏 30 度、相對濕度 80% 時 (30℃/80 % RH) 的每日除濕量。

基準 2：**室溫攝氏 27 度，相對濕度 60%** 時 (27℃/60 % RH) 的每日除濕量。

而一般基準 1 的除濕力為基準 2 的 2 倍，所以在挑選機器時記得要看清楚標示。**挑選除濕機時以後者的數值為主要依據。**

🔧 7-6-4　如何選購適當大小的除濕機

　　除濕機不像電冰箱需要 24 小時全天開啟，一般家庭若只買 1 台除濕機在各房間移動，可用家中最大房間的坪數來挑選，用坪數計算需要的除濕力。

　　在挑選除濕機時，經濟部能源局是按每平方公尺每日除濕量 0.24 公升估算，估算公式如下：

1. 房間用平方公尺計算

　　適用除濕力 ＝0.24 公升／日 × 房間的大小 (平方公尺)

例 1

一個 20 平方公尺的房間，要採用除濕力多少的除濕機？

解　可以採用除濕力 ＝0.24 公升／日× 20 ＝4.8 公升／日的除濕機

2. 房間用坪數計算(1 坪 ＝3.3 平方公尺)

　　適用除濕力 ＝0.24 公升／日× [房間的大小(坪) × 3.3]

　　　　　　　＝0.8 公升／日× 房間的大小(坪)

例 2

一個 6 坪的房間，要採用除濕力多少的除濕機？

解　可以採用除濕力 ＝0.8 公升／日× 6 ＝4.8 公升／日的除濕機

3. 另外，經濟部能源局提供一個懶人估算法，直接令除濕力等於坪數。例如 6 坪的房子選購 6 公升／日的除濕機，10 坪的房子選購 10 公升／日的除濕機。

4. 如果居住在日照時間短，空氣潮濕的環境，空氣的含水量比較多，選購除濕機時必須把適用除濕力加大。

7-6-5　除濕機的能源因數值 EF

除濕機的效率以能源因數值 EF (ENERG FACTOR)來表示，單位為公升／千瓦小時(L/kWh)，代表每消耗 1 度電(kWh)能從空氣中除去多少公升(L)的水。EF 值越高，越省電。

很多人最關心的就是除濕機耗電量的問題，會不會讓電費爆表？其實經濟部能源局把除濕機的能源效率依表 7-6-1 分成 5 級，第 1 級最省電，第 5 級最耗電。台灣自 2018 年起除濕機的節標章貼紙如圖 7-6-4 所示。選購除濕機時，請選最省電的第 1 級節能機種，EF 值越高越好。

表 7-6-1　除濕機能源效率分級基準表

等級基準　　　　　額定除濕能力(公升／日)	能源因數值，EF(公升／千瓦小時)				
	5 級	4 級	3 級	2 級	1 級
六以下	1.10 以上，低於 1.34	1.34 以上，低於 1.58	以 1.58 上，低於 1.83	1.83 以上，低於 2.07	2.07 以上
高於六，十二以下	1.20 以上，低於 1.50	1.50 以上，低於 1.80	1.80 以上，低於 2.10	2.10 以上，低於 2.40	2.40 以上
高於十二	1.40 以上，低於 1.68	1.68 以上，低於 1.96	1.96 以上，低於 2.24	2.24 以上，低於 2.52	2.52 以上

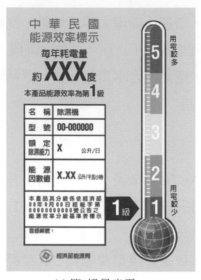 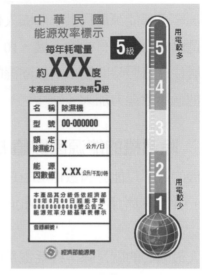

(a) 第1級最省電　　　　　　　　　　　(b) 第5級最耗電

圖 7-6-4　除濕機的節能標章貼紙範例

　　請注意！節能標章貼紙的每年耗電量，根據經濟部能源局的說明，除濕機的「每年耗電量」計算方式是以台灣 5、6 月兩個月的梅雨季加 7 月的彈性質，一共 3 個月，每天開 6 小時來計算，算下來總共 540 小時。所以雖然寫的是「每年耗電量」，但並不是一整年 365 天、全天開除濕機的方式來計算。如果按照一般人的認知，每年是 365 天 × 24 小時 = 8760 小時，跟估算的 540 小時整整差了 16 倍多，收到電費帳單會嚇到。

7-6-6　除濕機之安裝

1. 家庭用除濕機僅適於室內居家使用，請勿在戶外使用。
2. 家庭用除濕機不得作為商業或工業用途。
3. 室內不要有烘衣機。因為烘衣機可能會將潮濕的水氣排到室內。
4. 不要放在發熱器具附近。
5. 不要放在浴室。
6. 除濕機應放置在平坦、水平且足以支撐其機器水箱滿水位重量的堅固地板上。
7. 請在除濕機四周預留至少 40 公分以上的空間，以獲得良好的空氣流通(在進風處，應距離牆壁約 1 公尺)。
8. 要確保除濕機的前後沒有被窗簾、簾幕或家具阻擋。

9.　離開電視機、收音機 1 公尺以上，防止出現畫面受干擾或發出雜音。

10.　除濕機必須直立放置。若曾經橫放或上下搬動，則須直立放置 2 小時後（待冷凍機油流回壓縮機）才可以使用。

11.　除濕機必須操作在封閉的區域，才會最有效果。

7-6-7　除濕機使用上的注意事項

1.　除濕機必須直立放置。若曾經橫放，則須直立放置 2 小時後才可以使用。

2.　確實插好電源插頭，若電源插頭沒有確實插牢，有可能因為發熱導致火災。

3.　除濕機運轉時會發熱，導致出風口的空氣溫度略高於室溫，這是正常的現象。

4.　關閉房間所有的門、窗和其他對外的開口，能提升除濕效果。

5.　不要用布、衣物或被子蓋住出入風口，以免引起火災。

6.　水箱已滿時，除濕機會停止除濕。請不要馬上取出水箱，否則可能會導致水從排水盤繼續滴落。

7.　把水箱的水倒掉後，水箱必須裝回原來的位置，除濕機才能正常運轉。

8.　要移動除濕機時，請先把水箱的水倒掉，以免因為水溢出而發生意外。

9.　皮鞋等皮革製品不可以使用除濕機乾燥，以免變形或變質。

10.　不要把除濕機放入衣櫥除濕。

7-6-8　除濕機的清潔、保養與存放

1.　在清潔之前，請關閉除濕機電源，將插頭從牆上的電源插座拔下。

2.　清理外殼：請使用水和溫和的清潔劑。請勿使用漂白水。

3.　清理出風格柵：請使用家用吸塵器的吸頭配件或刷子。

4.　清潔空氣過濾網：

　(1)　取出：抽出濾網。

　(2)　清潔：用溫和肥皂水清洗濾網。以清水沖洗濾網、風乾，然後再裝回。

　(3)　裝回：將濾網裝回除濕機。

　(4)　注意：空氣過濾網清洗完畢後一定要裝回去，不要在沒有濾網時讓除濕機運轉，否則運轉時灰塵將進入機體，會累積髒污並影響機器的性能。

5.　清理水箱：請每隔幾個星期清潔一次水箱，以防止黴菌和細菌生長。

　(1)　取出：取下水箱並將水倒掉。

(2) 清潔：將水箱裝一些乾淨的水，並加入少許溫和的清潔劑。攪拌水箱中的水、倒出並以清水沖洗乾淨。請確認水箱內的水完全倒出。

(3) 浮球的周邊若有污漬，一定要洗乾淨，以免浮球誤動作。
注意水箱內的浮球是否放置完好，且轉動順暢。

(4) 裝回：將水箱裝回除濕機。水箱必須裝回原來的位置，除濕機才能正常運轉。

6. 收納與存放：

當您長期不使用除濕機時，建議您採取以下措施在良好的條件下來存放除濕機：

(1) 取下電源線和插頭並將之收好。

(2) 清潔該機器，並確保沒有水殘留在水箱中。

(3) 放置 1 天以上，使內部乾燥，然後將之包裝好以遠離灰塵。

(4) 除濕機必須直立放置。若曾經橫放，則須直立放置 2 小時後才可以使用。

7-6-9 除濕機的故障檢修

故障情形	可能的原因	處理方法
風扇與壓縮機都不轉	除濕機插頭已拔除	確保插頭已完全插入插座
	停電或電壓過低	通知台電或配用電壓調節器
	插頭不良或斷線	更換
	除濕機已經達到了預先設定的溼度值	正常。請切換到較低的溼度設定
	水箱已滿	清空水箱，並裝回適當位置
	水箱未裝回適當的位置	水箱應裝回定位、並固定，以便除濕機正常工作
風扇轉而壓縮機不轉	電壓太低	通知台電或配用電壓調節器
	環境溫度太低	正常(進入除霜模式)
	溫度開關故障	更換
	壓縮機的電容器故障	更換
	過負荷電驛器故障	更換
	壓縮機故障	更換
出風量少	空氣過濾網太髒	清洗過濾網或換新
	風扇的電容器故障	更換

故障情形	可能的原因	處理方法
出風量少	風扇馬達故障	更換
不除濕或除濕量太少	環境濕度太低	正常(設定為較低的相對濕度,以獲得較大的除濕效果)
	環境溫度太低	正常(進入除霜模式)
	空氣過濾網太髒	清洗過濾網或換新
	冷媒漏	通知服務中心處理
噪音	流水聲	正常(冷媒流動聲)
	地板不平	移至平坦處或加墊塊
	馬達或壓縮機鬆動	固定
蒸發器結霜	環境溫度太低	正常(會自動除霜)
	空氣過濾網太髒	清洗過濾網或換新
	溫度開關故障	更換
除濕水溢出 (地板上積水)	水箱漏水	更換
	地板傾斜	移至平坦處或加墊塊
	排水管連接處鬆脫	重新安裝
	浮球未在定位	重新安裝
	滿水檢知器故障	更換
除濕機無法如預期把濕度降低	沒有足夠的時間來除去濕氣	第一次安裝時,請讓它有至少 24 小時的時間來達到所需的乾燥程度
	氣流受限制	確保除濕機的前後沒有被窗簾、簾幕或家具阻擋
	空氣過濾網太髒	清洗過濾網或換新
	門窗未緊閉	檢查所有的門、窗和其他開口是否緊閉
	濕度控制的設定值可能設定得不夠低	若要空氣更乾燥,設定為較低的相對濕度,以便獲得較大的除濕效果
	室內的溫度過低	正常(家庭用除濕機無法在低溫環境工作)
	烘衣機將潮濕的水氣排到室內	把烘衣機的空氣排到室外

🍚 7-7　第七章實力測驗

1. 何謂凝結？何謂蒸發？凝結和蒸發與熱之得失有何關係？

2. 電冰箱之蒸發器為何皆置於箱內之上方而不置於箱內之底部？

3. 冰箱之外殼為何皆製成色淡且光滑的表面？

4. 試繪冷凍系統圖，並說明管路中冷媒的變化情況。

5. 貯液器有何功用？

6. 電冰箱背面之黑色冷凍元件，其名稱為何？有什麼功用？

7. 為什麼必須把蒸發器上的霜除掉？

8. 少開冰箱門有何益處？試述之。

9. 雙門無霜電冰箱冷藏庫內之蒸發器為何不會結霜？

10. 雙門無霜電冰箱皆俱有一「清除」按鈕，試述其功用。

11. 電冰箱或冷氣機在運轉中，將其電源切掉(OFF)，是否可立即再通電運轉？何故？

12. 全自動除霜電冰箱所設之"冷凍食品「有」「無」開關"有何功用？

13. 電冰箱在安裝上有何應注意之事項？

14. 預知停電時，對電冰箱之處理手續為何？

15. 突然停電時，對電冰箱之處理手續為何？

16. 若欲將電冰箱長期停用，應如何處理？

17. 電冰箱完全失效，壓縮機不轉動，可能之原因有哪些？

18. 壓縮機不停地運轉，而電冰箱卻毫無冷卻作用，試述其原因。

19. 冷度調節鈕已置於最冷的位置，但電冰箱冷度不足，且壓縮機每於運轉後不久即停轉，試述可能之原因。

20. 如何判斷壓縮機內馬達之線圈是否有短路？

21. 冷氣機所用之百葉扇有何特點？

22. 窗型冷(暖)氣機安裝高度以幾公尺最適宜？

23. 窗型冷(暖)氣機所用電源保險絲之定額如何決定？

24. 若將窗型冷(暖)氣機之風向調節向下吹，有何缺點？

25. 若府上的客廳欲裝冷氣機，需裝多少容量的？試計算之。

26. 一般附有壓縮機之冷凍類電器(例如冷氣機、電冰箱等)，搬運時，其傾斜角不得超過 45°(見圖 7-7-1)，試述其原因。【提示：與壓縮機內之潤滑油有關】

圖 7-7-1 冷凍類電器搬運時，其傾斜角不得超過 45°

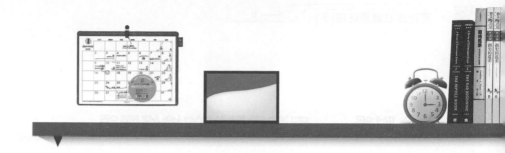

附錄

附錄一　　串激電動機的檢修要領

家庭電器所用之串激電動機，皆為二極者。茲將其各種故障之檢修要領詳述於下。

一、電刷的檢修

1. 不良的碳刷可用眼睛觀察找出(電刷由碳為主要成份，與石墨等混合製成，故俗稱"碳刷")。

2. 碳刷磨損(如圖 1)或刷尖破損(見圖 2)會使電動機的效率降低，並產生火花、發生噪音。此時應將碳刷換新。

(a) 正常的碳刷長度，使　　　　(b) 長期使用電動機的結果，使碳刷磨損
　　彈簧發揮其效用　　　　　　　　到彈簧不能有效的施以需要的壓力

圖 1　碳刷磨損後會接觸不良

圖 2　碳刷尖破損使接觸面積減少

3. 更換新碳刷後，宜用 0 號砂紙放於碳刷與換向器間，砂面朝上，將砂紙順著換向器前後拉動，如圖 3，使適合換向器的曲度，然後再用 000 號砂紙如法研磨之，直至碳刷與換向器能完全密合接觸為止。

4. 移去砂紙，清除碳粉。碳刷應能在握刷器中上下伸動自如。

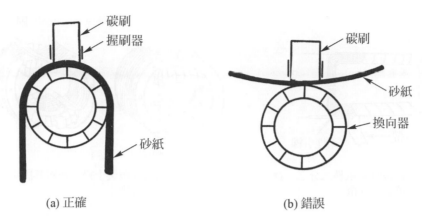

(a) 正確

(b) 錯誤

圖 3　更換新碳刷後，砂紙的砂面朝上，前後拉動，使適合換向器的曲度

二、磁場繞組的重繞

1. 從磁極鐵心上取下舊線捲。
2. 拆去線捲之包紮帶及絕緣層等。
3. 將線捲展平成長方形，如圖 4(b)所示。
4. 量取線捲內徑尺寸，以便製作線捲之模型。
5. 記錄線捲的圈數。

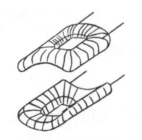

(a) 從鐵心上拆下之磁場線捲

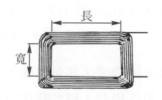

(b) 拆去包紮帶壓平後量取線捲長寬內徑

照線捲內徑長寬製作

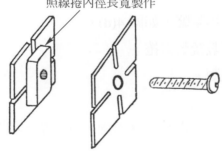

(c) 以木板製作線捲繞線模型

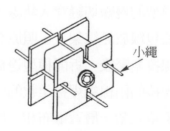

(d) 繞線前將模型的邊槽中放入小繩以備繞妥後綁紮線捲四邊

圖 4　磁場繞組的重繞

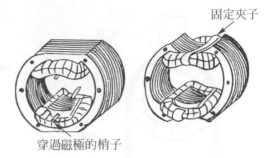

棉紗帶

柔性引線

(e) 以棉紗帶每次重疊二分之一寬　　　　(f) 將磁場線捲裝上鐵心并將其固定
　　　包紮繞妥之線捲　　　　　　　　　　　緊牢於磁極上

穿過磁極的梢子

固定夾子

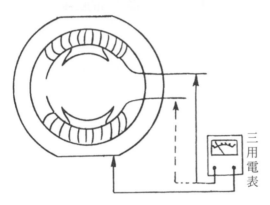

三用電表

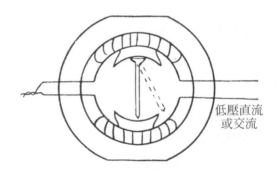

低壓直流
或交流

(g) 用三用電表分別檢查兩線捲是否接地　(h) 檢驗極性是否兩線捲聯接錯誤,實線鐵釘
　　　　　　　　　　　　　　　　　　　　　所示聯接正確,虛線所示聯接錯誤

圖 4　磁場繞組的重繞(續)

6.　除去漆包線之絕緣漆,測量導線線徑之大小。

7.　鋸切木板,製作模型,模型略作斜勢,便於取下線捲,如圖 4(c)。

8.　在模型周圍繞上一層絕緣紙。

9.　將模型用螺絲栓緊後,裝架於繞線機上。

10.　從模型的邊緣切縫穿入紮線,以便將線捲紮緊,如圖 4(d)。

11.　將漆包線放於線架上,照原有線捲之圈數繞製線捲。

12.　將線捲紮緊後,拆開模型邊板,取下線圈。

13.　在線捲的兩線端焊接柔軟的引線。

14.　將線捲包紮一層黃蠟布和一層紗帶,包紮時需將柔性引線一併包紮,如圖 4(e)所
　　示。

15.　將線捲壓成原有的形狀。

16.　浸漬凡立水。

17. 烘乾。

18. 裝套於鐵心上，並照原來的方式加以鎖緊，如圖 4(f)。

19. 以三用電表檢查線捲有否接地，如圖 4(g)。

20. 聯接磁場線捲，使二線捲串聯成相反的極性。

21. 檢查磁場極性是否正確，如圖 4(h)。

22. 若接線有誤，將其中一線捲之兩引線反接即可。

23. 與碳刷連接，使磁場繞組與電樞成串聯。

24. 若反轉，則將碳刷所接之兩引線對調即可。

三、換向器之整修

說明：換向器常因長期使用，表面燒成凹凸不平，或銅條(整流片)間堆積炭質及油污，
或銅條間之雲母片凸出等，此等現象若不及時修護，而仍繼續使用，則馬達之
損壞將更趨嚴重。

預備工作：用砂輪機將廢鋼鋸片磨成特殊工具備用，如圖 5 所示。

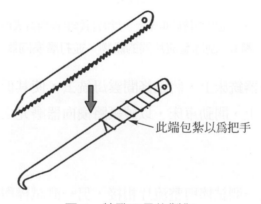

←此端包紮以為把手

圖 5　特殊工具的製作

步驟：

1. 拆卸馬達端板，取出電樞。

2. 用圖 5 之特殊工具刮除銅條(整流片)間堆積的炭質或髒物，如圖 6(a)，直至看到
白色的雲母。

3. 若換向器表面凹凸不平，將其夾於車床上，視其粗糙之程度，選用適當的磨石
(commutator stone)，以手握持，開動車床研磨之。若換向器表面粗糙過甚，可先
用車刀整修光滑，再以細磨石磨之，如圖 6(b)。

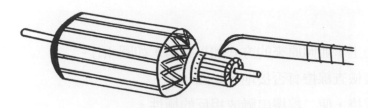

(a) 用鋸片作成之特殊工具除去銅條間雜物

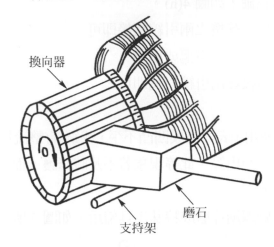

換向器

磨石

支持架

(b) 將電樞夾持於車床上，以磨石修磨換向器表面

圖 6　刮除整流片間的髒物，並打磨換向器

4.　將電樞夾持於換向器銑床上，將銅條間雲母銑去，使其低於表面 1/32 吋。

5.　再將電樞夾於車床上，開動車床，以砂紙將換向器磨光之。

四、電樞繞組之檢修

1.　接地檢查

　　(1)　以三用電表之一測試棒與整流片相接，另一測試棒與電樞之轉軸相接，若指針偏轉(三用電表置於電阻檔)，即表示電樞中有接地存在。

　　(2)　三用電表置於 $R \times 1$ 檔，並作 $0\ \Omega$ 調整。然後，一測試棒與電樞轉軸相接，如圖 7 所示，電阻值最低者，即表示與該整流片相接的線捲即為接地之線捲。

2.　接地線捲之修理

　　(1)　將接地線捲從換向器上剪斷，如圖 8。

　　(2)　以導線將與短路線捲相接之兩整流片焊接起來，如圖 8 所示。

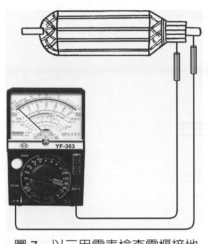

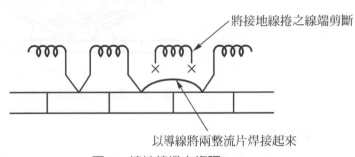

將接地線捲之線端剪斷

以導線將兩整流片焊接起來

圖7 以三用電表檢查電樞接地　　　　圖8 接地線捲之修理

3. 短路檢查

　　　將電樞放於音響器上，並將音響器接上 AC 110V 電源，放置一鋸片於頂槽上，如圖 9(b)所示，轉動電樞逐槽檢查之。若放在槽上的鋸片振動不停，即表示該槽中的線捲短路(音響器係以漆包線在 H 型鐵心繞製而成，鐵心之頂部截角，以便安置電樞。當線圈通以交流電源時，利用變壓器的作用，在電樞繞組內感應而生一應電勢，如圖 9(a)所示)。

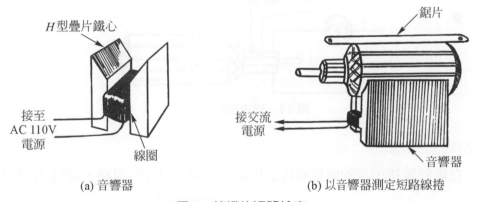

(a) 音響器　　　　　　　　　　　　(b) 以音響器測定短路線捲

圖9 線捲的短路檢查

4. 短路線捲的修理

(1) 在整流器相對的一端上切斷短路線捲(若線圈在底層以致切斷困難，則只有重繞了。)。

(2) 在該線捲兩端所接之整流片上，焊接一跳線短路之，如圖 10 所示。

在此端將短路線捲剪斷

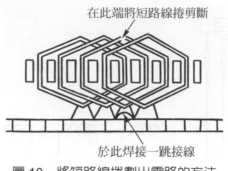

於此焊接一跳接線

圖 10　將短路線捲劃出電路的方法

5.　斷路檢查

　　　將直流電源串聯一燈泡(限流)，然後接至相對的兩整流片上。以一伏特計逐次測量每相鄰整流子間之電壓，若指針偏動甚劇，則表示該兩整流片間之線捲斷路。見圖 11。

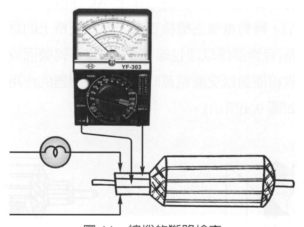

圖 11　線捲的斷路檢查

6.　斷路線捲之檢修

　　　在斷路線捲所接的兩整流片上焊接一銅線，以完成電路，如圖 12 所示。

斷路線捲

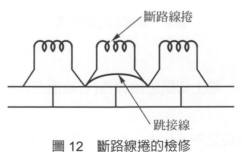

跳接線

圖 12　斷路線捲的檢修

五、電樞繞組的重繞

1. 拆除舊繞組

(1) 拆除鐵心與換向器間之綁紮線。

(2) 逐圈拆開一二線捲，從換向器端觀察線捲引線在整流片上之相關位置，並以奇異墨水筆作記號，如圖 13，以作為重繞時之依據(此步驟甚為重要)。

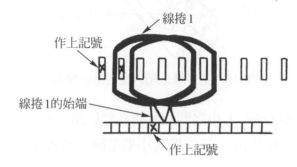

圖 13　令其中一線捲為"線捲 1"，在其所置線槽之兩旁鐵心作記號，並在其始端所接之整流片上作記號，作為重繞的根據

(3) 觀察線捲之截距(即兩線捲邊間之槽數)，及線捲是向右進行(大部份如此繞製)，如圖 14(a)，或向左進行，如圖 14(b)，並記錄之。

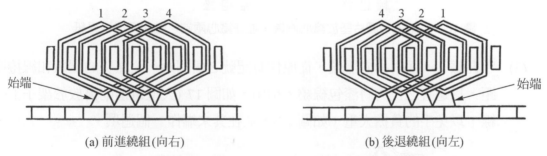

(a) 前進繞組(向右)　　　　　　　　(b) 後退繞組(向左)

圖 14　觀察線捲之截距(即兩線捲邊間之槽數)，並記錄之

(4) 在電樞鐵心兩端，將線捲剪斷。

(5) 在槽之一端，順槽之方向將槽中線捲全部鉗出。

(6) 任選一槽，記錄其槽中之總導線數。

(7) 用火焰燒去漆包線之絕緣層，並拭淨，以測徑計量取導線之直徑，並記錄之。

(8) 用電烙鐵拆除剩餘在換向器整流片上之引線端。

(9) 清除整流片上焊線處殘餘之銲錫，以免整流片發生短路。

(10) 除去線槽中之舊絕緣紙，並清潔線槽。

2. 重繞電樞線捲

(1) 剪裁絕緣紙(青殼紙)墊入電樞鐵心槽中，絕緣紙兩端伸出槽外約 1/8″，高出槽口約 3/16″～1/4″，如圖 15。

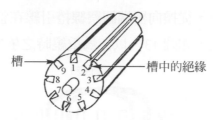

圖 15　把絕緣紙墊入電樞鐵心槽中

(2) 用紅紙板剪裁成鐵心大小之圓片及槽孔墊於鐵心兩端，並在鐵心兩端之軸心圍以絕緣紙，如圖 16。(果汁機等小型電樞大都省掉此步驟)。

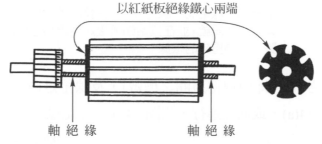

圖 16　用紅紙板圓片墊於鐵心兩端，並在鐵心兩端之軸心圍以絕緣紙

(3) 手握鐵心，面對換向器端，從原作有記號之槽開始，照原有的圈數和線捲截距，以適宜之拉力將漆包線繞入槽中，如圖 17 (大型電樞則需放於架子上繞線，以免手的負擔太重，如圖 18)，並在其末端作一個迴環。

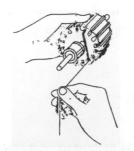

圖 17　小電樞在繞線時可以用一隻手拿住

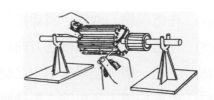

圖 18　大型電樞要安在架子上繞線

(4) 幾乎所有的串激電動機(交直流兩用電動機)都是兩極的，故其電樞繞組都是疊繞，即同一線捲的始端和終端引線，連接在換向器上兩相鄰的整流片上，

次一線捲之始端引線和前一線捲的終端引線接在同一整流片上，如此類推連接下去。

(5) 每槽一線圈的疊式繞組之繞製(特徵：槽數與整流片數相等)。

① 第(3)步驟完成後，在鄰槽中開始繞第二個線捲，其圈數(每槽中總導線數除以2)和線捲截距與第一線捲同，繞完後照前法作第二個迴環，然後再在第三槽中開始繞第三個線捲，照此方式進行，直至全部槽中均有兩個線捲邊為止，然後將最末一線捲的終端和第一線捲的始端去掉漆層後相捻在一起。圖19即為九槽電樞繞組的繞製程序。

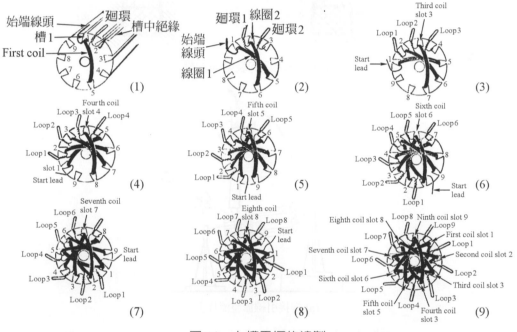

圖 19　九槽電樞的繞製

② 在槽中繞上層的線捲邊時，應先在槽中墊以絕緣紙，將上下兩層線圈邊隔離，如圖20。

③ 刮去各迴環之漆層。

④ 將電樞放於電樞架上，換向器略傾斜向下，將各引線照原來正確之位置，依次焊接於整流片上。即將原作有記號槽中之始端引線接至作有記號的整流片上，然後依次將相鄰的迴環接至相鄰的整流片上，如圖21。

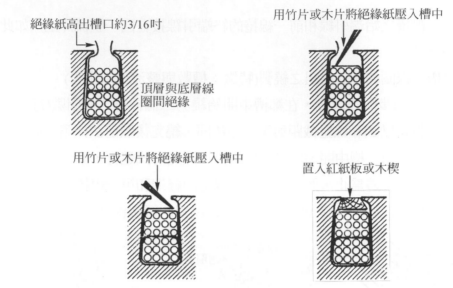

絕緣紙高出槽口約3/16吋

用竹片或木片將絕緣紙壓入槽中

頂層與底層線
圈間絕緣

用竹片或木片將絕緣紙壓入槽中

置入紅紙板或木楔

圖 20　槽絕緣的裝置與摺疊法

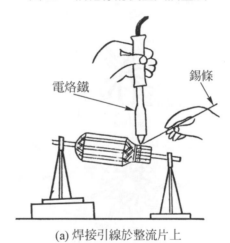

電烙鐵

錫條

(a) 焊接引線於整流片上

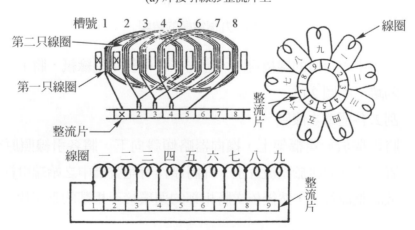

槽號 1　2　3　4　5　6　7　8

第二只線圈

第一只線圈

整流片

線圈

整流片

線圈 一 二 三 四 五 六 七 八 九

整流片

圖 21　依次將各引線焊接至整流片上

⑤ 用麻繩圍縛引線，如圖 22。

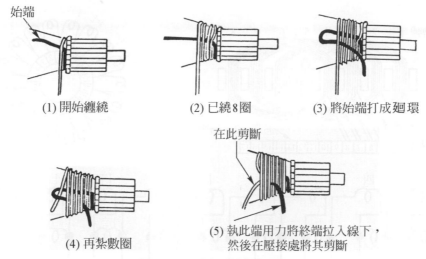

(1) 開始纏繞　　(2) 已繞8圈　　(3) 將始端打成迴環

(4) 再紮數圈

(5) 執此端用力將終端拉入線下，然後在壓接處將其剪斷

圖 22　用麻繩紮線捲引線

⑥ 烘烤和塗漆(參閱附錄二(六))。

(6) 每槽二線圈的疊式繞組之繞製(特徵：整流片數為槽數的兩倍)

① 第(3)步驟完成後，在相同的兩槽內繞製第二只線捲，末端作個迴環，然後在相鄰之槽(第 2 號槽)跨越相同的截距繞第三只線捲，末端作個迴環後，在與第三只線捲相同的兩個槽裡製第四只線捲。照此方式進行，直至全部槽中均有四個線捲邊為止。然後，將最末一線捲的終端和第一線捲的始端去掉漆層後相捻在一起。

② 為了區別同一槽中的兩個迴環，可以將迴環套以不同顏色的套管，或如圖 23 所示將第二個迴環打的比第一個迴環長，以資識別。

圖 23　每槽兩線圈的繞組，可以迴環之長短作為鑑別

③ 如圖 20 處理，然後刮去各迴環之漆層。

④ 將各引線照原來之正確位置依次焊接於整流片上。

⑤　圖24為九槽電樞的接線例，可供參考。

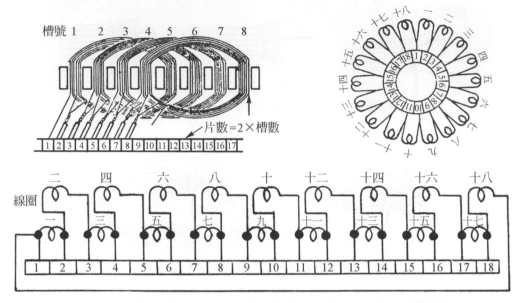

圖24　每槽二線圈的疊式繞組接線例(以9槽，18整流片為例)

🍚 附錄二　單相鼠籠式感應電動機的重繞

　　鼠籠式感應電動機的故障多發生在定部，轉子則甚少會發生故障。茲將定部繞組的重繞步驟詳述如下：

一、馬達的拆卸

1.　拆卸馬達的端板，並拆掉引接線(參照圖1)。。

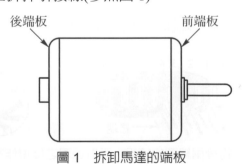

圖1　拆卸馬達的端板

2.　取出轉子。

3.　用筆記下"線圈截距""起動繞組與行駛繞組間之關係"及"繞線方式[到底是同心繞(如圖2)？或疊繞(如圖3)？是多少極的(桌扇大多是四極的)？]"。

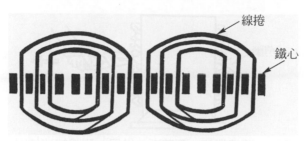

圖 2　這種繞線方式就是同心繞

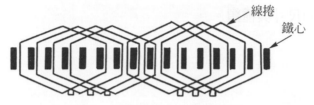

圖 3　這種繞線方式就是疊繞

4. 若線槽劈之兩末端伸出槽外，則用手鉗鉗住劈之一端，用力拉出。若劈之兩端未伸出槽外，則用鋼鋸的鋸片嵌入劈內，然後用鐵鎚將鋸片敲出，如圖 4。

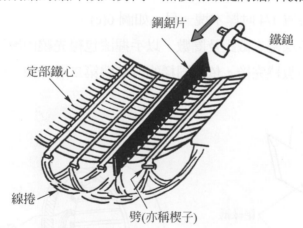

圖 4　用鋸片嵌入劈內，以鐵錘將劈打出

5. 從槽中取出線圈。若無法從槽口取出，則將線捲的一端切斷，用手鉗沿線槽之方向將原線圈一一抽出，如圖 5。

6. 分別記錄行駛繞組與起動繞組各線捲之圈數。

7. 取行駛繞組與起動繞組之漆包線各一段，以火焰燒之，將漆層去掉。

8. 用測徑器(micrometer caliper，亦稱為螺旋測微器)測量導線的大小，以確定其線號，並記錄之。

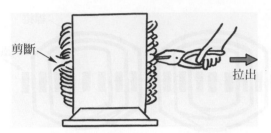

圖 5　將線捲的一側剪斷，從另一側將線捲拉出

9.　記錄槽中絕緣的尺寸與種類。

10.　清潔線槽。

二、繞製線捲

以手繞法繞製同心繞組

1.　裁摺絕緣紙(青殼紙)。

2.　將裁摺好之青殼紙放入線槽中，如圖 6(a)。

3.　將漆包線架於線架上。在要繞極中心的空槽，放竹條或木條，並在鐵心外端，竹條或木條下，各置 1/4 吋厚木塊一只，如圖 6(c)。

4.　按照行駛繞組各線捲之截距及圈數，以手握漆包線先繞內層線捲，如圖 6(b)。

5.　內層線捲所有圈數繞完後，依著同樣的方向繞第二層線捲，直到將全部所有的線捲繞完為止。

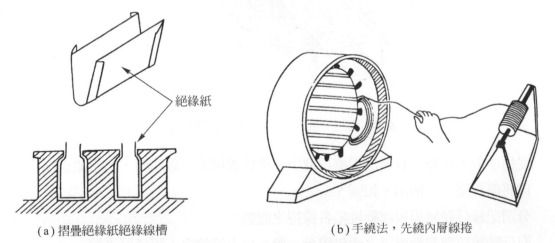

(a) 摺疊絕緣紙絕緣線槽　　　　　　　　(b) 手繞法，先繞內層線捲

圖 6　以手繞法繞製同心繞組

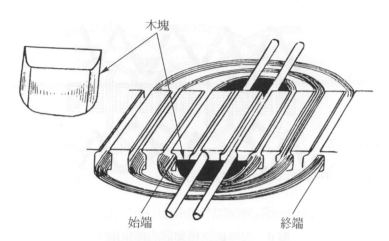

(c) 繞線時以木塊放置鐵心兩側，木條或竹條放在槽中心部份
　　的空槽中以保持線捲位置

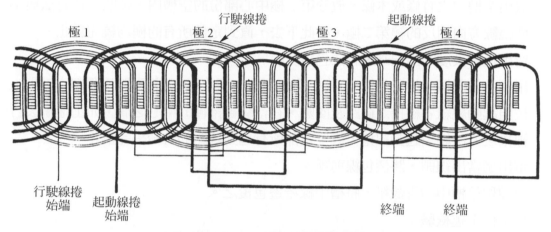

(d) 先繞行駛線捲，起動線捲繞於行駛線捲的上層，
　　均從內層開始繞，極與極之繞線方向必須相反。

(e) 行駛線捲繞妥後以絕緣紙包覆之，使與起動線捲隔離，
　　完全繞妥後，槽口下插入一劈(木、竹、纖維板均可)

圖6　以手繞法繞製同心繞組(續)

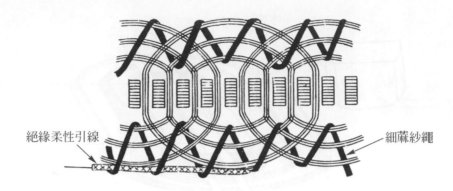

絕緣柔性引線　　　　　　　　　　　　　　　　　　細蔴紗繩

(f) 用細蔴紗繩綁紮線捲兩端及絕緣柔性引線

圖6　以手繞法繞製同心繞組(續)

6. 取出空槽中之竹條或木條，放於第二極中心部份的空槽內，按照上述方法與第一極繞線方向相反的繞第二極，如此下去，直到定部所有的極均繞完為止。

7. 留出適當長度的出線端，將漆包線剪斷。

8. 用預先放置槽中的青殼紙，將槽中之線圈邊包覆之。使與起動線捲隔離，如圖 6(e)。

9. 按照起動繞組各線捲之截距及圈數，在行駛線捲極的中心之間，如上述繞製行駛線捲之方法繞製起動線捲，直至定部所有起動繞組的各極繞完為止。

10. 留出適當出線頭，將漆包線剪斷。

11. 用預留於槽中的青殼紙，將槽中線捲邊包覆之。

12. 分別作下述檢驗：

　(1) 接地檢查：

　　① 以三用電表的一測試棒和鐵心相接，另一測試棒分別與行駛繞組及起動繞組相接，若三用電表的指針偏動，即表示線捲中有接地(漆包線之外漆不小心刮破，以致導體碰鐵心)存在。

　　② 切斷極與極間之連線，然後，如圖 7 所示，逐極檢查，以尋找接地的極。並觀察接地點，然後重新絕緣。

　(2) 斷路檢查：

　　① 以三用電表的兩測試棒分別與行駛繞組及起動繞組之兩出線頭相接，如圖 8，若三用電表指針不動，即表示繞組中有斷路存在。

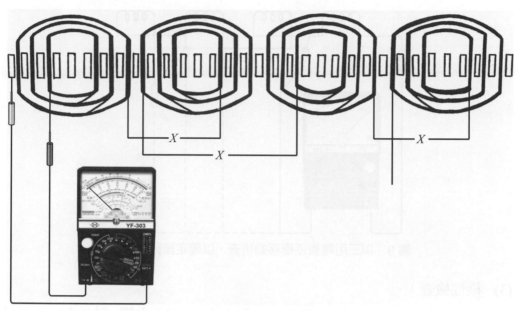

圖 7　在 " X " 處切斷極間連線逐極檢查，以確定接地的線捲。

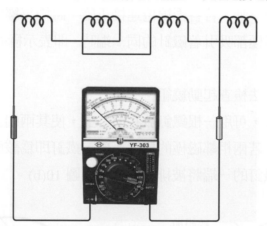

圖 8　繞組若有斷線，三用電表指針即不動。

② 將三用電表之一測試棒與繞組的出線頭之一相接，另一測試棒逐次接觸
　　極與極間之連接線。若接觸①時指針偏轉，即第一極完好，若接觸②時，
　　指針不動，即表示斷路發生在第二極，餘類推，如圖 9 所示。

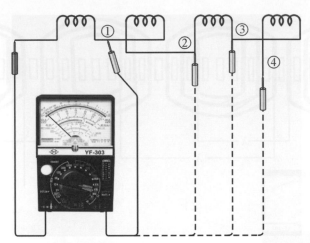

圖 9　以三用電表逐極移動檢查，以確定斷路的線捲

(3) 極性檢查：

① 在行駛繞組的始末兩端接一低壓直流，在定部內側，用一小磁針(指南針)沿極逐一移動，若各極線捲連接正確，磁極每經過一極即反轉一次，若相鄰的兩極都吸引著磁針的同一端時，即表示極間連接錯誤，如圖 10(a)所示。

② 以同樣方法檢查起動繞組。

③ 若無磁針，可用一根鐵釘放在鐵心上，使其兩端正好在兩相鄰磁極的中心位置，若兩相鄰磁極的極性正確，鐵釘即為該兩極所吸引，若極性有錯，則鐵釘的一端將被排斥而去，如圖 10(b)。

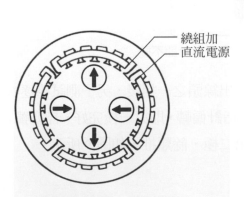

(a) 用磁針檢查極性，判斷極間連接是否有誤

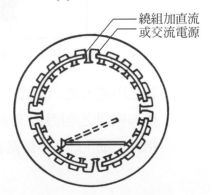

(b) 用鐵釘檢查極性，若鐵釘成虛線所示之情形，即表示極間連接有誤

圖 10　極性檢查

13. 在各槽槽口下，插入一竹劈或一片紅紙板，使導線不致跑出槽外，如圖 6(e)之右圖所示。

14. 在鐵心外，行駛繞組各線捲與起動繞組各線捲之間，襯墊一層黃蠟布或青殼紙，使兩繞組彼此隔離。

15. 在行駛繞組與起動繞組之兩端各焊接一柔性引線，焊接處以絕緣套管套住。

16. 用細麻紗繩將伸出鐵心外之線捲端，以及柔性引線，綁紮一起，如圖 6(f)所示。

以型繞法繞製同心繞組

1. 以一段粗點的鉛線比照各層線捲之大小彎成線捲之型式，如圖 11(a)，以便製作模型。

2. 將厚度約為槽深 3/4 的木塊，製成如各層線捲的大小和形狀，用螺絲釘鎖緊在一起，如圖 11(b)所示。

3. 將模型裝架於繞線機上。漆包線線管置於線架上。

4. 從最小的線捲開始，照每線捲原有的圈數在模型纏繞，當全極的線捲繞好後，用細麻紗繩各別將各層線捲紮緊，然後從模型上取下。

5. 在線槽中放置青殼紙，如圖 6(a)。

6. 按照原有之捲距(截距)，先將行駛線捲放入槽中，並且先放內層線捲，次放第二層，最後放最後一層。

7. 以槽中之青殼紙包覆槽中線圈邊，如圖 6(e)所示。

8. 以同樣方法在相關之槽中放入起動線捲。

9. 以槽中青殼紙包覆線圈邊。

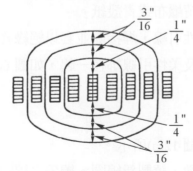

(a) 用單導線作成線圈以決定
製作模型之大小

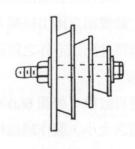

(b) 用木板製作模型，然後以
螺釘栓接在一起

圖 11　以型繞法繞製同心繞組

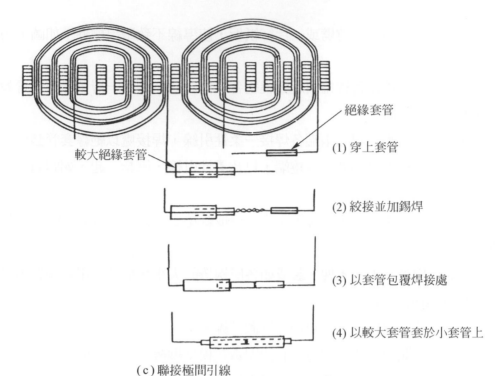

絕緣套管

較大絕緣套管

(1) 穿上套管

(2) 絞接並加錫焊

(3) 以套管包覆焊接處

(4) 以較大套管套於小套管上

(c) 聯接極間引線

圖 11　以型繞法繞製同心繞組(續)

10. 按每極線捲之方向，一反一正，分別焊接行駛線捲及起動線捲各極之聯接線。焊接前各線端之漆層需先除去，並套以絕緣管，焊接後將絕緣套管覆蓋在焊接處，如圖 11(c)。

11. 分別作行駛繞組及起動繞組之接地、斷路及極性檢查。

12. 在槽口下放置竹劈或紅紙板。

13. 在鐵心外，行駛和起動線捲之間，襯墊黃蠟布或青殼紙。

14. 在行駛及起動繞組之兩出終端各焊接柔性引線，焊接處並套以絕緣管。

15. 用細麻線繩將伸出鐵心外之線捲端，以及柔性引線綁在一起，如圖 6(f)。

疊繞繞組之繞製

1. 在槽中墊置青殼紙，如圖 6(a)。

2. 根據原線圈之大小，製作繞線模型，如圖 12(a)所示。

3. 將木模架於繞線架上，依據原線圈之圈數，繞製新線圈。繞妥之線圈，其線圈邊應予綁紮，以免散亂，如圖 12(b)。

4. 按照原行駛及起動線圈所佔之槽數,將行駛及起動線圈之一側分別逐一放入槽中,如圖 12(c)及圖 12(d),直到全部線圈的一邊皆放入槽內,再將線圈之另一邊按照截距放入槽中而重疊在另一線圈邊上,在放入之前,兩線圈邊之間先墊以絕緣紙。

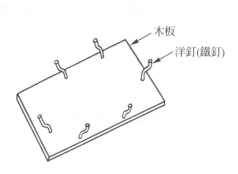

(a)依據原線圈大小製作線圈模型

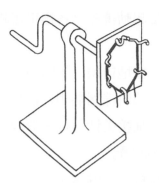

(b)將模型架於繞線機上繞製線捲

(c)將線圈的一側放入槽中

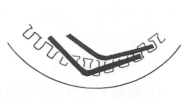

(d)將線圈的一側放入槽中,另一側須放於槽之上層,暫不放入

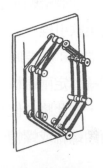

(e)用此纏繞連續線圈的模型,線圈與線圈之間即勿需再焊接

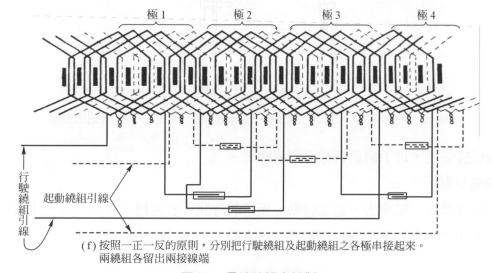

(f)按照一正一反的原則,分別把行駛繞組及起動繞組之各極串接起來。兩繞組各留出兩接線端

圖 12　疊繞繞組之繞製

5.　將原先墊於槽中的青殼紙之兩邊，折覆於槽中，以包覆槽中的兩線圈邊。

6.　在槽口下插入一條較槽口略闊之紅紙板，以防線圈邊突出槽口外。

7.　按每極之線圈數，分別將行駛及起動線圈串接，連接之前各線端均套上絕緣套管，連接處加焊之後，以套管覆蓋之。然後，按照一正一反之原則，分別將行駛繞組及起動繞組之各極串接起來。兩繞組各留出兩接線端，以便接引線，如圖 12(f) 所示。

8.　分別作接地檢驗、斷路檢驗及極性檢驗。

9.　以棉紗線將線圈端相互綁紮。

10.　接線端加接柔性引線，於焊接處套以絕緣管後，綁紮於線圈末端上。

三、馬達的裝配

1.　清潔端板上之軸承。

2.　以潤滑油潤滑軸承套：若為球軸承，以油膏充填油槽約四分之三為度，不宜過多。

3.　拉出柔軟引線，置入端子(若有離心開關的話，將其接妥)。

4.　裝上端板：必要時可以木槌輕敲兩端板，使能與定部緊密接合。

5.　用螺絲固定兩端板，旋緊螺絲或螺帽時，應對鎖緊，勿單獨鎖緊一個後，再鎖其餘的，如此將會使端板偏斜不正，如圖 13 所示，轉子將因此而無法轉動。最好一面鎖螺絲或螺帽一面用手轉動轉軸，試驗是否轉動正常。

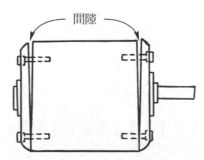

圖 13　端板裝置不正確，以致轉子無法轉動，這是初學者易犯的錯誤

6.　端板裝妥後，以手轉動轉軸應輕靈順滑。

四、通電試驗

將馬達串接一電流表，通電轉動一極短的時間，若運轉正常即可。若電流較銘牌上者大，即表示有短路存在，切斷電源，立即作下述"短路檢查"。

五、短路檢查

1. 迅速拆開端板,取出轉子,以手觸摸各線捲,其中最熱的線捲,多半為短路的線捲。

2. 將繞組跨接於低壓直流電源上,然後分別測量每極的壓降,其中電壓降最低者,即是含有短路的線捲,如圖 14 所示。

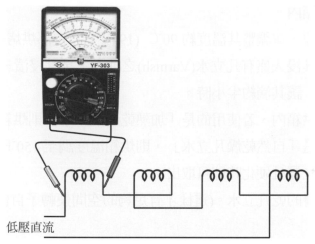

低壓直流

圖 14　用電壓降法找尋短路的線捲

3. 將行駛繞組與起動繞組出線端之相連處拆開,三用電表置於電阻檔,以三用電表之一測試棒接行駛繞組,另一測試棒接起動繞組,若三用電表之指針偏動,即表示起動繞組與行駛繞組之間有短路,如圖 15 所示。

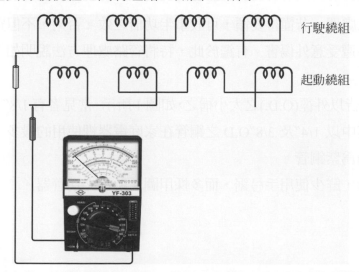

行駛繞組

起動繞組

圖 15　若三用電表的指針偏轉,即表示行駛繞組與起動繞組間有短路

六、定部繞組的烘烤和塗絕緣漆

說明：定部繞組全部繞製完成，並經各種檢驗後，整個定部必須施以烘烤，除去濕氣，而後塗以凡立水再烘乾之，以增強繞組的絕緣強度、機械強度，並杜絕水份的侵入。

步驟：

1. 將定部置於烘箱內。

2. 將烘箱接上電源，並調整其溫度約 90℃ (194℉) 將定部烘烤約 3 小時。

3. 拿出定部，將其浸入盛有凡立水(Varnish)之桶內，讓其浸漬一小時或至不再冒氣泡，然後吊起，讓其滴約半小時。

4. 將定部再置於烘箱內，若使用的是「加熱乾燥凡立水」則烘箱溫度調節至約 250℉，若使用的是「自然乾燥凡立水」，則烘箱溫度調至 150℉左右即可。

5. 待繞組表面有光澤且硬化時即可取出。

6. 刮淨鐵心內外層的乾凡立水。(這樣才有足夠的空間使轉子自由旋轉，也唯有如此才容易裝配)。

備註：1. 若凡立水太濃，可用汽油、酒精或其他凡立水製造商建議的稀釋劑稀釋之。

2. 未浸凡立水前的烘箱溫度勿超過 200℉，以免燒毀絕緣。

附錄三　冷凍管路處理

　　冷凍管路之處理，若懂得要領，可收事半功倍之效。否則，不但費事耗時，且在操作不當時甚易遭受意外傷害。有鑑於此，特將管路處理方法說明如下：

一、切管

1. 銅管習慣上皆以外徑(O.D.)之大小稱之，如圖 1 所示。常見者有 1/8″ O.D.～3/4″O.D. 多種，但其中以 1/4″及 3/8″O.D.之銅管在家庭電器裡使用的最多。冷凍系統所用之銅管，稱為紫銅管。

2. 銅管之切斷，鮮少使用手弓鋸，而多採用圖 2 所示之切管器。

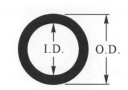

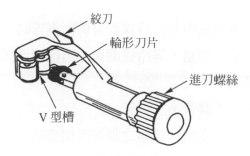

圖1　O.D 表示外徑 I.D.表示內徑　　　圖2　切管器

3.　切管之前應先在欲切斷處做個記號。

4.　把銅管放入 V 型槽內。

5.　旋轉進刀螺絲，直到輪形刀片頂住銅管，並施適度的壓力於銅管上。

6.　緩緩轉動切管器，使刀刃在銅管周緣切出一圓切口，如圖3所示。

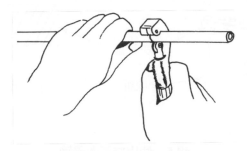

圖3　使用切管器切銅管

7.　再旋緊進刀螺絲，然後重複第6步驟，直至銅管被切斷。

8.　切管優劣之判斷，請見圖4之說明。

佳　　　　　　　不良(進刀過猛導致毛邊過大)

圖4　切管優劣之判斷

9.　用切管器上所附之絞刀將銅管切口之毛邊刮除乾淨。

10.　進刀若過快，不但切口之毛邊很大，不容易刮除，甚者將使銅管變扁。初學者宜特別留意之。

11.　毛細管甚細，既無法用切管器切，也不能用手弓鋸鋸斷，應該使用三角銼刀之尖鋒在毛細管周緣銼一細槽，然後用手折斷。

12. 冷凍系統內若有冷媒而需切斷銅管時，切勿一口氣切斷，應輕輕切到漏冷媒時，即停止切割，等冷媒漏畢，再繼續切斷，以免人體受冷媒凍傷。

二、擴管

1. 使用「擴管衝」擴管

   (1) 兩支相同管徑之銅管欲相接時，必須將其中一支銅管之管端擴管。

   (2) 將銅管夾於「夾管器」中之適當孔徑內(夾管器上各夾孔旁均註有適用銅管之管徑大小)，再把夾管器夾於老虎鉗，如圖 5(a)所示。銅管必須高出夾管器 H = 銅管外徑+ 1〜2 mm，如圖 5(b)所示。

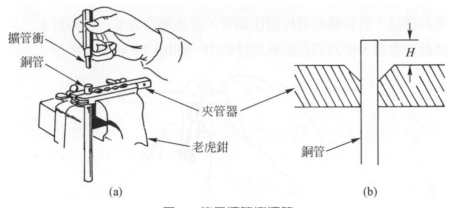

擴管衝　銅管　夾管器　老虎鉗　(a)

H　銅管　(b)

圖 5　使用擴管衝擴管

   (3) 選擇一支與銅管的外徑相符之擴管衝，塗上少許潤滑油。

   (4) 左手持擴管衝，垂直於銅管，右手持鐵錘(或木槌)垂直敲打擴管衝的上端，直至擴管衝無法再下移為止。

   (註:鐵錘每敲一次,左手即將擴管衝旋轉一次,以免擴管後擴管衝不易取出。)

   (5) 擴管完成後，銅管不應彎曲或破裂。

2. 使用「擴管器」擴管

   (1) 將銅管如圖 5(b)所示夾在夾管器上。

   (2) 選擇一支與銅管的 O.D.相符之擴管頭裝入擴管器。

   (3) 擴管器架在夾管器上方，然後把擴管器之把手順時針旋轉到底。轉動把手時速度不可過快，否則銅管容易裂開。如圖 6 所示。

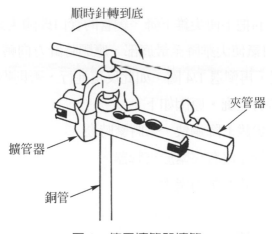

圖 6　使用擴管器擴管

(4)　擴管完成後把擴管器之把手逆時針旋轉到底。移走擴管器後，自夾管器取下銅管。

三、製作喇叭口

1.　當銅管欲與其他器材連接以作抽真空、灌冷媒等工作時，必須先在銅管末端製作喇叭口。

2.　製作喇叭口，除了夾管器以外，還需備有喇叭口製作器(flaring tool)，如圖 7 所示。

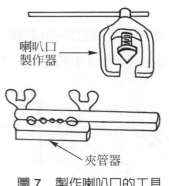

圖 7　製作喇叭口的工具

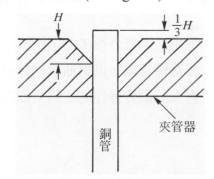

圖 8　銅管應高出夾管器的斜面高度 H 的 $\frac{1}{3}$

3.　把銅管如圖 8 所示固定在夾管器。銅管應高出夾管器的斜面高度 H 的 $\frac{1}{3}$。

4.　在喇叭口製作器的尖錐上塗一點潤滑油。

5.　把喇叭口製作器架在夾管器上，使其尖錐恰在銅管的正上方。

6.　旋轉喇叭口製作器的把手使尖錐下降，銅管的管口即隨尖錐的形狀而擴張。
　　(請注意！不能一口氣使尖錐降至最底部，應順時針方向轉 3/4 圈，然後倒退 1/4
　　圈，再轉緊 3/4 圈，再倒退 1/4 圈，如此反覆進行，否則喇叭口容易破裂。)

7.　喇叭口完成後，若有瑕疵，原因如下：

　　(1)　裙邊破裂 ⇒ 尖錐下降過快，未時緊時鬆。

　　(2)　裙邊不正 ⇒ 管子沒有夾緊於夾管器。

　　(3)　裙邊太薄 ⇒ 尖錐的壓力過大。

四、彎管

1.　使用「彈簧彎管器」彎管

　　(1)　彈簧彎管器如圖 9 所示，係以鎳加工製成，故柔韌性頗佳。

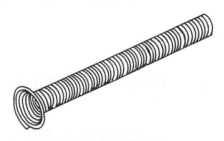

圖 9　彈簧彎管器

　　(2)　選用與銅管外徑(O.D.)相符之彈簧彎管器緊密的套在銅管外面(若選用太鬆的
　　　　彈簧彎管器，則彎曲後銅管會變形。)，如圖 10 所示以手彎曲之。彎曲半徑
　　　　需大於銅管外徑的 5 倍，如圖 11 所示。

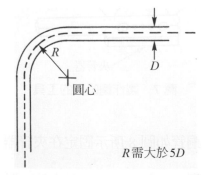

圖 10　彈簧彎管器緊密的套在銅管外面，然後　　圖 11　彎曲半徑 R 需大於銅管外徑 D 的 5 倍
　　　　以手彎曲之

(3) 許多技術人員在彎管後，時常會遭遇到一個困擾，那就是銅管彎好後，費了九牛二虎之力，好不容易才把彈簧彎管器取下來。於此告訴你一個秘訣：用彈簧彎管器時，把管子彎到比所需還大的角度，再扳回一點，即可很容易的把彈簧彎管器褪下。

2. 使用「桿型彎管器」彎管

(1) 桿型彎管器如圖 12 所示。一般人簡稱為彎管器。

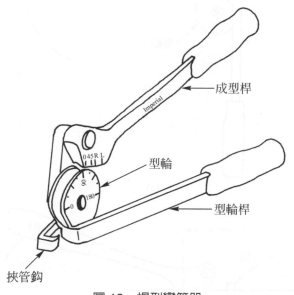

圖 12　桿型彎管器

(2) 彎管之前需先決定 X 之尺寸，然後在銅管上做一個記號。詳見圖 13。

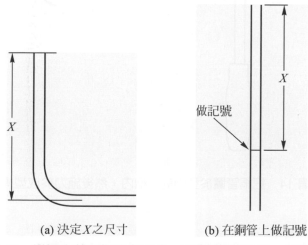

(a) 決定 X 之尺寸　　(b) 在銅管上做記號

圖 13　彎管之前需先決定尺寸，然後在銅管上做一個記號

(3) 把銅管如圖 14 所示置於型輪的凹槽內(必須選用凹槽與銅管外徑相符之彎管器,否則銅管彎曲後會變扁。)。

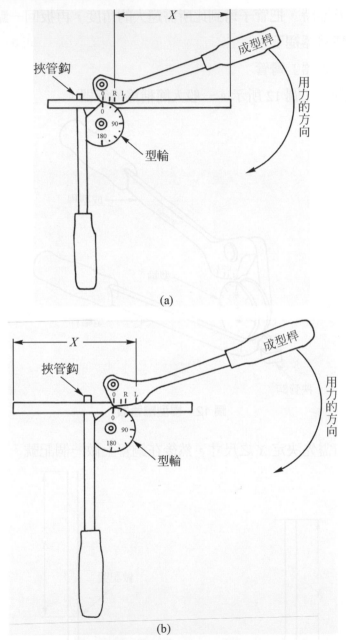

(a)

(b)

圖 14 把銅管置於型輪的凹槽內,然後施力於成型桿

(4) 若 X 放在挾管鉤的右方(right)，則必須把銅管上所作之記號對準成型桿上之 "R" 標示，如圖 14(a)所示。若 X 置於挾管鉤的左方(left)，則必須把銅管上所作之記號對準成型桿上之 "L" 標示，如圖 14(b)所示。

(5) 對成型桿施以力量，銅管即隨之彎曲。若欲彎曲 90° 則施加力量至成型桿上之刻度 "0" 與型輪上之刻度 "90" 對準爲止。若欲彎曲 180° 則施加力量至成型桿上之刻度 "0" 與型輪上之刻度 "180" 對準爲止。

五、氧乙炔焊之使用要領

1. 冷凍管路之焊接設備如圖 15 所示。冷凍系統之焊接，多採用 50 號或 75 號火嘴。無論是氧氣或乙炔氣，都必須使用壓力調節器把筒內的高壓降至適當的低壓，以供使用。筒頂漆綠色者爲氧氣，筒頂漆紅色者爲乙炔氣。

2. 點火順序：

(1) 把氧氣壓力調節器及乙炔壓力調節器之把手均逆時針轉至最鬆之狀態(此時壓力調節器是處於關閉之狀態)。

(2) 打開氧氣筒上方之閥門(逆時針稍爲轉動即可，不得轉動一圈以上)，此時瓶內壓力表會立即指示氧氣筒內部之壓力(150 kg/cm² 以下)。

(3) 將氧氣壓力調節器把手順時針方向緩緩轉動，使工作壓力表之指示由 0 上升至 1.5～2.5 kg/cm² 之壓力爲止。

(4) 轉動乙炔氣筒上方之瓶閥板手(勿轉動一圈以上)此時工作壓力表會立即指示乙炔氣筒內部之壓力(15 kg/cm² 以下)。

(5) 將乙炔壓力調節器把手順時針方向緩緩轉動，直至工作壓力表指示 0.2～0.3kg/cm 爲止。

(6) 把橡皮管理順，不要有扭絞現象，並且把橡皮管置於焊接者的右後側。

(7) 戴上護目鏡(墨綠色眼鏡)。

(8) 右手握住焊炬之把手。

(9) 用左手輕輕的開啓乙炔調節螺絲。

(10) 以左手拿磨擦式點火器點火(不能用火柴或抽香煙用的打火機點火，否則易燒傷手臂)。此時若火焰噴離火嘴，應將乙炔調節螺絲關小一點。

(11) 用右手之大姆指及食指輕輕的開啓氧氣調節螺絲。

(12) 繼續加大氧氣至火焰成爲三層，如圖 16(a)所示，此種火焰稱爲還原焰。

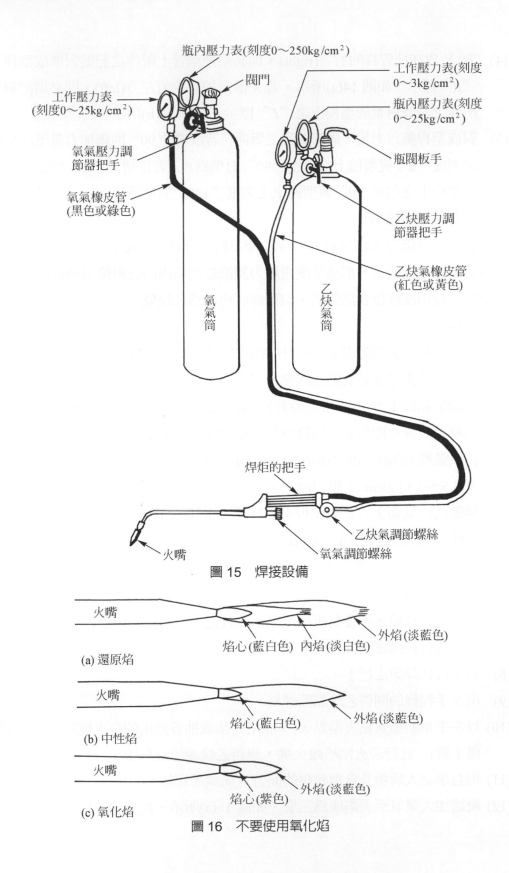

瓶內壓力表(刻度0～250kg/cm²)

閥門

工作壓力表(刻度0～3kg/cm²)

工作壓力表(刻度0～25kg/cm²)

瓶內壓力表(刻度0～25kg/cm²)

氧氣壓力調節器把手

瓶閥板手

氧氣橡皮管(黑色或綠色)

乙炔壓力調節器把手

乙炔氣橡皮管(紅色或黃色)

氧氣筒

乙炔氣筒

焊炬的把手

火嘴

乙炔氣調節螺絲

氧氣調節螺絲

圖 15　焊接設備

火嘴

焰心(藍白色)　內焰(淡白色)　外焰(淡藍色)

(a) 還原焰

火嘴

焰心(藍白色)　外焰(淡藍色)

(b) 中性焰

火嘴

焰心(紫色)　外焰(淡藍色)

(c) 氧化焰

圖 16　不要使用氧化焰

(13) 若再加大氧氣，則火焰成為圖 16(b)所示之中性焰。

(14) 若再加大氧氣，則火焰縮短，且焰心帶紫色，稱為氧化焰。氧化焰不能用來焊銅管，只適於焊鐵。

(15) 焊接銅管時，火焰應調節至由還原焰剛轉變為中性焰之狀態，千萬不能使用氧化焰。

3. 熄火順序

(1) 先關閉乙炔氣調節螺絲，再關閉氧氣調節螺絲，然後取下護目鏡。

(2) 先關氧氣筒的閥門，再關乙炔氣筒的閥門。

(3) 打開氧氣調節螺絲及乙炔氣調節螺絲，把橡皮管內之氣體放掉。

(4) 將氧氣壓力調節器把手及乙炔氣壓力調節器把手逆時針旋轉至最鬆狀態。

(5) 關閉氧氣調節螺絲及乙炔氣調節螺絲。

4. 回火的處理

焊炬若長時間連續使用，將導致火嘴的溫度過高，使火焰熄火並產生音爆，或火焰往焊炬內部燃燒(此時右手所持之焊炬把手有一種高熱的感覺，稱為回火)。此時應立即關閉氧氣調節螺絲，再關閉乙炔氣調節螺絲，而後將火嘴浸入水中冷卻。

5. 安全守則

(1) 勿面向壓力表或壓力調節器開啓瓶閥或轉動壓力調節器把手，以免發生意外。

(2) 千萬不要用油布去擦拭氣筒的閥門或壓力調節器，以免發生危險。若雙手沾有油污，不能觸及氧氣瓶，否則有發生爆炸之虞。

六、銅管之銲接要領

1. 焊接銅管，為求接縫能填滿焊料，形成良好的焊接，因此多使用滲透性甚優之銀焊條。銀焊條之特性如下表所示：

代號	含銀比例	適用範圍
SG-5	2%	銅與銅靜止部位之焊接
SG-15	5%	銅與銅振動部位之焊接
SG-150	15%	銅與鐵靜止部位之焊接
SG-425	30%	銅與鐵之焊接
SG-435	50%	銅與鐵振動處所之焊接

2. 要把銅管焊接得好，必須將銅管之欲焊處徹底清潔。銅管若有銅鏽，需用細砂紙磨光。

3. 把銅管欲焊處之周緣塗上少許銀焊膏(銀焊膏只有幫助焊料滲透之功能，並無清潔銅管之作用)，然後插好。若爲異徑連接，則需把大管挾扁，詳見圖 17 之圖解。

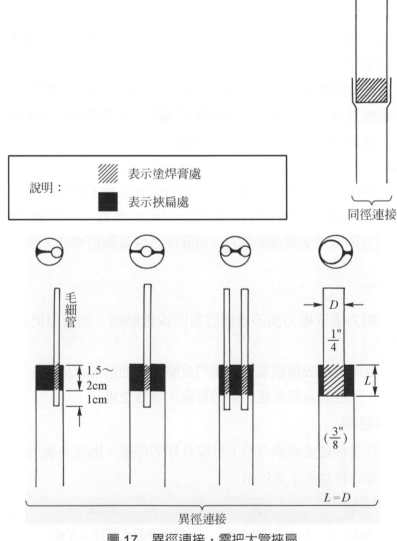

圖 17　異徑連接，需把大管挾扁

4. 戴上護目鏡。

5. 把氧乙炔焊具點燃並調整至中性焰或還原焰 (切忌使用氧化焰)。

6. 把火焰沿著銅管接合處之周緣加熱,使銅管四週均勻加熱 (若爲異徑連接,火焰只能對粗管加熱,不能對細管加熱,毛細管若用火焰直接加熱,一下子就熔掉了。)。

7. 銅管均勻加熱到變成紫色後,將銀焊條輕觸銅管接縫,待焊條熔化些許後把焊條移走。注意!銀焊條是靠與銅管接觸而熔解,並不是靠火焰的直接加熱而熔解。(註:在適於加上焊條之溫度時,銀焊膏恰好由牙膏狀轉變成透明的流體狀,故初學者可利用銀焊膏作爲溫度指示器。)

8. 用火焰在接合處一方面繞銅管旋轉,一方面刷掃,使焊料能流遍接合面,而在接合面的內外管壁之間形成一均勻的焊料膜。火焰刷掃的方向如圖 18 所示。

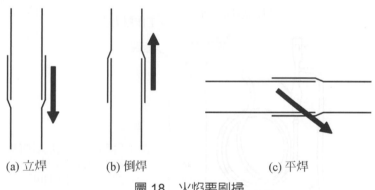

(a) 立焊　　　(b) 倒焊　　　(c) 平焊

圖 18　火焰要刷掃

9. 移開火焰,讓銅管徐徐冷卻。

10. 在接頭尚未完全冷卻之前,以濕布擦拭,以除去多餘的銀焊膏。

11. 優良的焊接,不得有針孔或砂孔出現。

12. 焊料應冒出管緣 0.8 mm 以上,如圖 19。

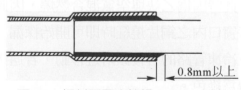

0.8mm以上

圖 19　焊料要冒出管緣 0.8mm 以上

13. 焊接不良的原因有:

(1) 加熱過度。

(2) 銅管表面有雜質存在。

(3) 銀焊膏使用過多。

七、冷凍系統探漏

1. 當電冰箱或冷氣機等冷凍類電器因冷媒洩漏而冷凍能力降低時，必須採取下列措施：
   (1) 把洩漏的地方找出，並重新加以焊接。
   (2) 將冷凍系統之原有冷媒放掉，並抽眞空、灌冷媒。
2. 雖然使用肥皂水(應採用較易起泡之塊狀肥皂泡水，不宜使用肥皂粉泡水)塗抹在所有接頭以檢查有無氣泡冒出，也能夠查出何處漏氣(冒氣泡處即表示漏氣)。但若使用圖 20 所示之探漏器，則靈敏度更高，只要空氣中含有一萬分之一的冷媒(R-12 或 R-22 等)，即可檢出。

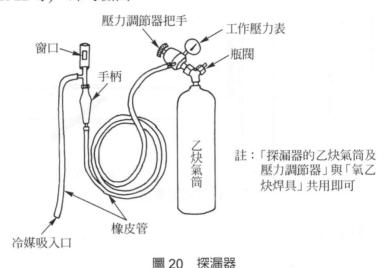

圖 20　探漏器

3. 使用探漏器之方法如下：
   (1) 把探漏器點火。此時因爲乙炔與空氣混合燃燒，因此可由探漏器的窗口看到黃色的火焰，待窗口內之銅片燒紅時即可開始探漏。
   (2) 把冷媒吸入口在冷凍管路的各接頭附近移動，若遇接頭漏氣，則可由窗口看到火焰由黃色轉爲綠色。

八、抽真空與灌冷媒

1. 冷凍系統中，除了供冷媒循環所需之銅管外，尚有兩枝末端被封閉的管子存在。這兩枝管子分別被稱爲高壓處理管與低壓處理管，如圖 21 所示。處理管是用以作抽眞空、灌冷媒等各種處理之用。
2. 以切管器將處理管末端之封閉處切掉。

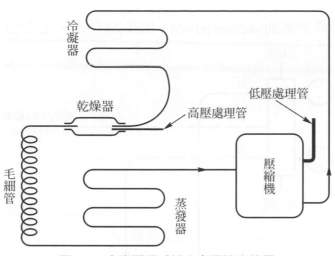

圖 21　冷凍循環系統中處理管之位置

3. 取長約 15 公分之 1/4″O.D.銅管兩段，分別焊在高、低壓處理管上(冷凍系統所預留之處理管，長度頗短，不方便直接作管路處理，故需以 1/4″O.D.之銅管延長之。然後在 1/4″O.D 銅管套上 1/4″之喇叭口螺帽，並於管末端製作喇叭口，詳見圖 22。)。

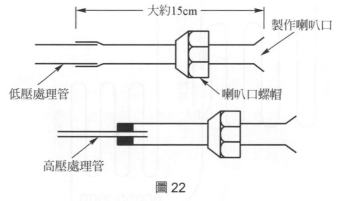

圖 22

4. 在喇叭口前端鎖上一個套管節(union)，如圖 23 所示。

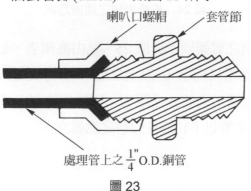

圖 23

5. 把檢修表組及真空幫浦(vacuum pump)，如圖 24 所示，連接至冷凍系統。

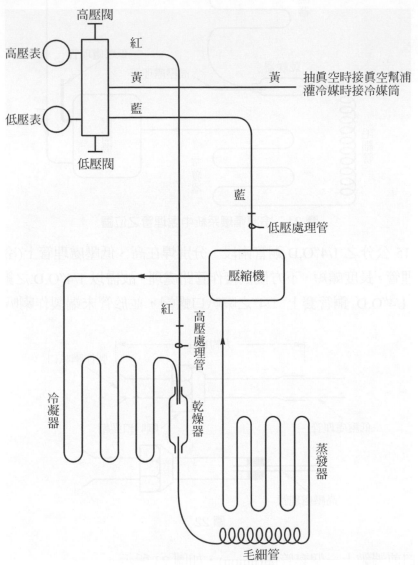

圖 24 檢修表組之連接方法

6. 相關知識：檢修表組之實體圖示於圖 25，是由高壓表、低壓表及高壓閥、低壓閥所組成。高壓表只能用以指示 0 以上之壓力(壓力表是以一大氣壓力作為刻度的 0)。低壓表則不但能指示大於 0 之壓力，同時也能指示低於 0 之壓力。壓力比大氣壓力低(即指針指在零以下) 時我們稱之為真空。

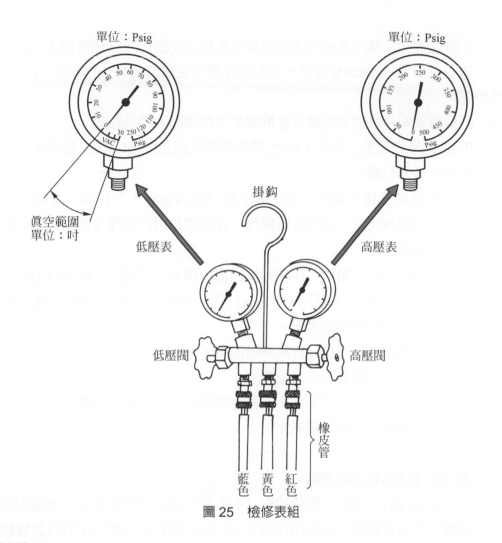

圖 25　檢修表組

7. 抽眞空

(1) 把檢修表組中央的黃色橡皮管接眞空幫浦。

(2) 打開檢修表組的高壓閥及低壓閥，然後把眞空幫浦之電源 ON 進行抽眞空(抽眞空的目的在除掉管路內之空氣及水份，水份在低壓下較易蒸發爲氣體而被抽出。)。

(3) 待低壓表指示 29.85 吋的眞空度(用眼睛看，低壓表的指針是逆時針偏轉到底，幾乎指在 30 吋的位置) 時，把檢修表之高、低壓閥皆關閉，然後把眞空幫浦之電源 OFF。

(4) 實際從事修護工作時，抽眞空時需在乾燥器旁用一個燈泡加以照射(加熱)，使乾燥器內部之水份加速蒸發而被抽出。同時，抽眞空的時間約需長達 24

小時才能完全抽除系統內部的空氣及水份(學校的實習，因時間上的限制，抽真空只要 20 分鐘即算完成，目的只在讓學生知道抽真空的方法。)。

8. 灌冷媒

(1) 把檢修表組中央的黃色橡皮管拆離真空幫浦而改接冷媒筒。

(2) R-12 的冷媒筒是白色的，R-22 的冷媒筒是綠色的，R410A 的冷媒筒是粉紅色的，甚易分辨。

(3) 將黃色橡皮管接於檢修表組那端之螺母稍為旋鬆，並打開冷媒筒上方之瓶閥。待冷媒洩出時，即刻旋緊螺母。此步驟是用以將橡皮管內之空氣排出，稱為「排空」。

(4) 稍開檢修表組之低壓閥，使低壓表的指示值 R-12 勿超過 20 Psig (R-22 勿超過 80 Psig，R-410A 勿超過 130 Psig)，半分鐘後把冷凍系統(電冰箱或冷氣機)之電源 ON，讓壓縮機運轉。

(5) 若冷媒已夠(判斷的方法，詳見稍後的第 10 點之說明)則把檢修表組之低壓閥關閉，並關閉冷媒筒上方之瓶閥。

(6) 運轉 5 分鐘後，若一切正常，則移走冷媒瓶，若冷媒還稍嫌不足，則再稍開低壓閥及冷媒筒之瓶閥補充之。

9. 封管

(1) 繼續讓冷凍系統通電運轉。

(2) 在低壓處理管之末端，距管端約 1～2 公分處以封管鉗夾扁，並隨即取下封管鉗，然後在離第一道封閉口約 2～3 公分處作第二道管口封閉(封管鉗挾緊於第二道封閉處，不要取下)，如圖 26 所示。

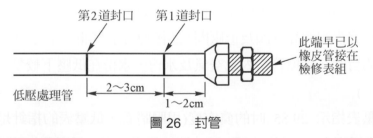

第2道封口　第1道封口

此端早已以橡皮管接在檢修表組

低壓處理管

2～3cm

1～2cm

圖 26　封管

(3) 將第一道封口折斷(為防管內殘留之冷媒濺到眼睛，應戴護目鏡)。

(4) 將已折斷之第一道封口用銀焊焊好。

(5) 電源 OFF，讓壓縮機停轉。5 分鐘後用(2)至(4)之方法把高壓處理管作封管處理。

(6) 封管後之處理管應作檢漏工作，以確保焊接良好。

(7) 相關知識：圖 27 所示為封管鉗之實體圖，壓下「釋放把手」即能使「挾口」
張開，「調節螺絲」可改變挾口的大小至我們所需要挾緊之緊度，使用時把
銅管放進挾口內，以手緊握「握把」，即能將銅管牢牢挾住。除非壓下釋放
把手，否則封管鉗的挾口不會自己放鬆。

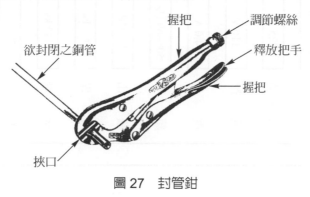

握把
調節螺絲
釋放把手
欲封閉之銅管
握把
挾口

圖 27 封管鉗

10. 冷媒充灌量的正確判斷方法：

(1) 由運轉電流判斷：各大廠商在他們的電器產品上都貼有銘牌。銘牌如圖 28
所示，都有記載著額定電流之大小 (例如圖 28 所示之歌林冰箱，額定電流為
4A)。當所灌充之冷媒比正常量少時，所消耗之電流會比額定值小，若冷媒
灌充過多，則電流會大於額定電流。因此，只要使用一個交流的電流表(或夾
式電流表)測量電冰箱或冷氣機之輸入電流，即可作正確的冷媒灌充。

(2) 由冷媒的重量判斷：在銘牌上除了記載電流值外，同時還註明該機型之冷媒
灌充重量(例如圖 28 的銘牌告訴我們，該電冰箱是灌充 R-12 共 0.445 公斤)。
我們只要事先把冷媒筒放在磅秤上，然後灌至銘牌所指定之重量即可。

(3) 以結霜情況判斷

① 電冰箱：電冰箱運轉一段時間後，若整個蒸發器結霜，則冷媒量剛好。
若連毛細管也結霜，表示冷媒不足，需稍加補充。假如在蒸發器入口一
段長度後才結霜，表示冷媒灌充過多，應放掉一些。

② 冷氣機：當毛細管化霜至與蒸發器相接處之霜剛熔化掉時，即為冷媒充
灌量恰好充足。

(4) 利用檢修表組作壓力判斷

① 電冰箱：一般的電冰箱，在正常運轉中，高壓約 100～110 Psig，低壓約
11～12 Psig。

② 冷氣機：一般的冷氣機，在正常運轉中，高壓約 230～240 Psig，低壓約 70～75 Psig。

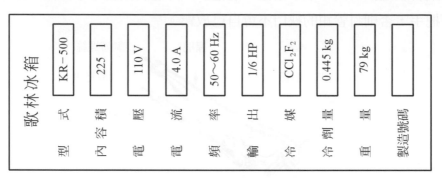

歌林冰箱		
型　　式	KR－500	
內 容 積	225 l	
電　　壓	110 V	
電　　流	4.0 A	
頻　　率	50～60 Hz	
輸　　出	1/6 HP	
冷　　媒	CCl$_2$F$_2$	
冷 劑 量	0.445 kg	
重　　量	79 kg	
製造號碼		

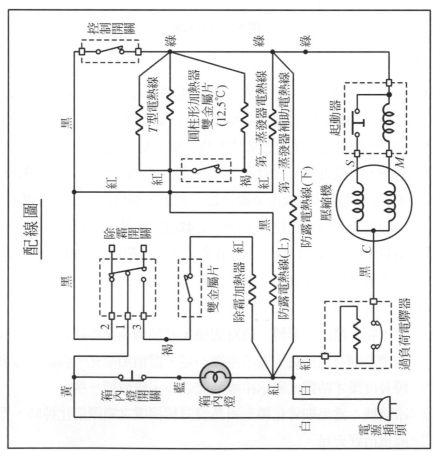

圖 28　銘牌之一例

🍲 附錄四　用電安全

電力提供方便又穩定的能源，爲生活帶來更多的進步與便捷，但由於電是肉眼看不見的東西，無形的電流卻也常因設備裝置、環境或人爲等因素造成感電、電弧灼傷、電氣火災、雷擊⋯⋯等等危及生命健康及財產設備的損壞。因此必須了解用電安全和相關注意事項，養成正確用電習慣，以防止意外發生。以下是用電安全的基本常識，請讀者謹記並切實遵守，可以避免任何可能發生的意外事故。

一、基本常識

1. 燈泡或其他電熱裝置，切勿靠近易燃物品，尤其不可在衣櫃內裝設電燈，以免自動開關失靈引起火災。

2. 室內裝置電燈，至少應離開天花板 1 英吋處裝設，不可裝設在天花板裏面，因天花板裏面裝設電燈，在攝氏 300℃即會引起燃燒，如離天花板 1 英吋處裝設，則須攝氏 1500℃方能燃燒。

3. 用電不可超過電線許可負荷能力。

4. 切勿自接臨時線路或任意增設燈泡及插座。

5. 電線(含延長線)不可綑綁，不可壓在家具或重物下方，或放置於容易踏壓之處所；不可用釘子、騎馬釘或訂書針固定，亦不可經由地毯或高掛在有易燃物的牆上。

6. 延長線應在容許負載容量下使用，多孔插座應選用具保險絲或過負荷保護裝置之產品。

7. 耗電量大的電器如冷暖氣機、烘乾機、微波爐、電磁爐、烤箱、電暖器、電鍋等，應避免共用同一電源線組(延長線)。

   電器所需電流算法，以圖 1 爲例：

   (1) 若電子鍋耗電功率爲 660W(瓦特)，則除以 110V(伏特)的額定電壓，所需的電流即爲 6A(安培)。

   $$660W \div 110V = 6A$$

   (2) 若電熱水瓶爲 110V 660W，則電流爲

   $$660W \div 110V = 6A$$

(3) 若電熨斗為 110V 770W，則電流為

$$770W \div 110V = 7A$$

(4) 將三種電器使用的電流量加總，共 19A，已超過延長線及插座的容許電流，超載使用將導致延長線及插座過熱、燒熔，甚至引起火災。

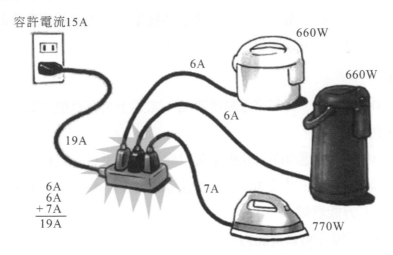

圖1　用電不可超過延長線與插座的容許電流

8. 在浴室等潮濕處所，穿著拖鞋可降低觸電危險。發生漏電時，若使用者赤足，易造成嚴重感電傷害。依規定浴室等潮濕處所，不可裝設插座，若需安裝則在該插座分路加裝漏電斷路器。

圖2　浴室插座必須加裝漏電斷路器

9. 流汗或手腳潮濕時容易感電，應擦乾後再使用電器。

10. 觸電可能引發的危險：
    (1) 停止呼吸：腦部觸電，會導致觸電者停止呼吸，心臟停止跳動；若電流通過心臟，心臟便會亂跳，最後便停了下來。
    (2) 窒息：大多數的觸電意外是由於電流經過胸部，意外發生時，胸部肌肉痙攣會導致窒息死亡。
    (3) 觸電後無法鬆脫：當手接觸到電源時，前臂的肌肉開始痙攣而不能鬆脫，直到電源被關掉為止。
11. 應安裝正確數值的保險絲或無熔絲開關(無熔線斷路器)。
12. 保險絲熔斷，通常是用電過量的警告，不可換用較粗的，不可用銅絲、鐵絲替代。
13. 總開關或分路開關，若經常跳脫啟斷，應檢討是否電器使用過多或導線是否有漏電情形，不可貿然再投入開關(即把開關撥至 ON)或換裝較大的開關，這樣極可能造成導線及電器燒毀，甚至引發火災。
14. 若發生短路造成火花、燒焦、電線走火等情形，發生過問題之所有電線，須加以抽換；若短路造成無熔絲開關跳脫啟斷時，同時須考慮是否更換該無熔絲開關(無熔線斷路器)。
15. 不可使用拉扯電線的方式拔出電器插頭，以免造成該插頭內導線損傷，家電無法使用，甚至可能造成感電危險。
16. 增設大型電器時，應先申請重新裝設屋內配線或電錶後再使用。
17. 連接電線的插頭螺絲應旋緊，插頭與插座應接妥，以免因接觸不良而發熱燒毀。

二、注意事項

1. 使用電器時，千萬不可因事分心突然離開忘了關閉，這樣很容易造成火災。
2. 使用電暖器時，切勿靠近衣物或易燃物品，尤其在烘烤衣服時，更不可隨意離開，以免烤燃衣物引起火災。
3. 使用過久的電視機，如內部塵埃厚積，則很容易使絕緣劣化，發生漏電，或因蟲鼠咬傷，將配線破壞，發生火花引起燃燒或爆炸，應特別注意維護及檢查。
4. 電器插頭務必插牢，不使鬆動，以免發生火花引燃近旁物品。
5. 電熱水器發生爆炸案已有多起，應隨時注意檢查其自動調節裝置是否損壞，以免發生高熱引起爆炸。

6. 電器在使用時切勿讓小孩接近玩弄，以免觸電或引起火災；離家外出，應將室內電器關閉，以免發生火警。

7. 放風箏請遠離高壓電線，以免觸電。

8. 衣物掉落高壓線上時，請通知電力公司人員處理，切勿自行勾取以免發生感電危險。且不可利用電線在線路下方晾衣服。

9. 靠近高壓線施工或吊運物品，請先向電力公司申請，可免費在電線上加裝防護線管，以確保施工安全。

10. 發現電線斷落，切勿碰觸，請通知電力公司人員處理。

11. 切勿攀爬電桿、鐵塔抓取物，以免發生感電危險。

12. 架設電視、收音機天線、招牌等請遠離高壓電線。

13. 搬運梯子、手拿釣魚竿或長型金屬物品，接近高壓電線時，請注意遠離，以免碰觸感電。

14. 若因意外電線掉落，碰觸車體時，請留在車內待援，以免因下車同時碰觸車身與地面而感電。

15. 當有人感電，且未脫離電線與帶電物時，應以乾燥木棒或絕緣物撥開施救，以免自身亦感電。

16 檢查房子的電線，根據電業法規定每三年要檢查一次；向當地臺電營業處或領有合格證照之專業人員申請；利用「高阻計」檢查。

17. 家庭電器經常因過熱而破壞絕緣，造成電線短路引起火災。

18. 家中最常發生火災的電器設備有魚缸馬達過熱、回帶機卡死空轉、神明桌上的燈長期使用而短路、浴室抽風馬達軸承過緊導致過熱等。

19. 變壓器爆炸或電線掉落地面，請立即通知臺灣電力公司(或區營業處)派員處理，並代為看守現場不要讓行人或車輛靠近(通行)，以免發生觸電危險。

20. 電錶外殼或水管用手碰觸有一點麻麻漏電的現象，請立即通知臺灣電力公司(或區營業處)或委託電器承裝業，儘速派員處理。

21. 電氣房及電源開關附近，應置備四氯化碳或乾粉滅火器，以資防火。電氣火災，可用海龍、乾粉及二氧化碳滅火器撲滅。

附錄五　電器修護丙級技術士技能檢定參考資料

壹、電器修護丙級技術士技能檢定術科試題應檢人員須知

一、本檢定共分為三站，應檢人員必須各站檢定及格，才認定及格。

二、術科測試開始逾 15 分鐘，不准入場測試，以缺考論。

三、報到時應攜帶術科測試通知單、身分證或法定證明文件。

四、為工作安全應著長袖(或袖套)及長褲，不得穿著涼鞋、拖鞋，否則不得入場。
　　並全程配戴安全帽。

五、除自備工具及應檢身份證明文件外，其它物品均不得攜入檢定場。

六、入場後應依監評人員指示到達應檢之崗位。

七、依據試題自行檢查材料、工具。

八、應將現場工具、儀錶復原，並清理現場經檢查確認後始可離場。

九、不遵守檢定場規則或犯嚴重錯誤致危及機具設備安全或損壞者，監評人員得令
　　即時停檢，並離開檢定場，其檢定結果以不及格論外，並照價賠償。

十、各站提前完成者或各站間待檢者，應在各站休息區等候應檢(中途需離場者，
　　須向監評人員報備同意)，禁止與他人交談，並不得使用手機，否則以不及格
　　論。

十一、應檢人於術科測試進行中，對術科測試採實作方式之試題及試場環境，有疑
　　　義者，應即時當場提出，由監評人員予以記錄，未即時當場提出並經作成記
　　　錄者，事後不予處理。

貳、電器修護丙級技術士技能檢定應檢人員自備工具表

項次	名稱	規格	單位	數量	備註
1	電工鉗	200mm(8") (附絕緣套管)	支	1	
2	尖嘴鉗	150mm(6") (附絕緣套管)	支	1	
3	斜口鉗	150mm(6") (附絕緣套管)	支	1	
4	剝線鉗	附絕緣套管	支	1	
5	一字起子	4" (附絕緣套管)	支	1	
6	十字起子	4" (附絕緣套管)	支	1	
7	三用電錶		只	1	
8	夾式電流錶	600V，6～150A	只	1	
9	電銲槍(或電烙鐵)	AC110V，30W~80W	支	1	
10	活動扳手	6"或 8"	支	1	
11	壓著端子鉗	1.25～8mm^2	支	1	
12	安全帽	工作用	頂	1	

 檢定場地不提供上述工具。

參、電器修護丙級技術士技能檢定術科試題

一、電器修護丙級技術士技能檢定術科試題三站輪站方式一覽表

※各站由應檢人員代表抽籤決定起始試題編號後，其餘應檢人則依術科測試編號，
　依序對應試題編號順序測試。

	第一站		第二站	第三站
必考題	無		洗衣機之故障檢修 (010-1080302-01)	電冰箱之電路故障檢修 (010-1080303-01)
應檢題數	五		三	二
檢定時間	前十分鐘	後四十分鐘	五十分鐘	五十分鐘
	1. 裝配或配線 (010-1080301-01~06) 擇一	2. 照明類電器之故障診斷 (010-1080301-07~09) 擇二 3. 電熱器之故障診斷 (010-1080301-10~16) 擇二	1. 洗衣機之故障檢修 (010-1080302-01) 2. 其他電動類電器之故障檢修 (010-1080302-02~05) 擇二檢定	1. 電冰箱之電路故障檢修 (010-1080303-01) 2. 窗型冷(暖)氣機及分離式冷氣機之故障檢修 (010-1080303-02~03) 擇一檢定
抽題方式	由應檢人員代表抽籤決定起始試題編號。	由應檢人員代表抽籤決定照明及電熱類電器起始試題編號，依起始試題編號連續三題為試題，再由監評人員依照明、電熱交錯順序排出檢定崗位。	由應檢人員代表抽籤決定起始試題編號，每人為連續題號二題作為檢定崗位。	由應檢人員代表抽籤決定起始試題編號。
範例	若應檢人員代表抽中 (010-1080301-04) 其應檢試題順序分別為 (010-1080301-04、05、06、01、02、03)	若應檢人員代表抽中照明類 (010-1080301-08)及電熱類(010-1080301-12) 1. 其應檢試題順序分別為 第一位應檢人 (010-1080301-08、12、09、13)， 第二位應檢人 (010-1080301-12、09、13、07)， 餘者以此類推。 2. 監評人員應依照明、電熱交錯順序排出檢定崗位，設備排列依序為 (010-1080301-08、12、09、13、07、14)。	若應檢人員代表抽中 (010-1080302-04) 其應檢試題順序分別為 第一位應檢人 (010-1080302-04、05)， 第二位應檢人 (010-1080302-02、03)， 餘者以此類推。	若應檢人員代表抽中 (010-1080303-03) 其應檢試題順序分別為 (010-1080303-03、02、03、02、03、02)
及格標準	達三題(含)以上者為及格		洗衣機檢修正確且其他電動類電器檢修正確一題(含以上)	二題全正確者為及格

二、丙級第一站術科檢定試題

(一) 檢定說明

1. 本試題有三項共計有 16 小題,檢定設備及項目為照明類與電熱類電器之裝配、配線及故障診斷。

2. 檢定時間:50 分鐘。

3. 試題檢定內容分別為:

   (1) 裝配或配線 (010-1080301-01~06) 擇一檢定;

   (2) 照明類電器之故障診斷 (010-1080301-07~09) 擇二撿定;

   (3) 電熱類電器之故障診斷 (010-1080301-10~16) 擇二檢定。

4. 本站照明類與電熱類電器之每人應檢題數為五題(含裝配或配線和故障診斷),故障診斷每題故障至多一處為原則(不含接線脫落),其中錯誤達三題(含)以上者為不及格。燒斷保險絲或損壞設備者,則該站亦視為不及格。

5. 檢定內容說明:

   (1) 應檢人員先做電器裝配或配線(010-1080301-01～06)。由應檢人員代表抽籤決定起始試題編號。

   (2) 電器裝配、配線檢定時間 10 分鐘。於該小題開始達 9 分鐘未完成裝配或配線及靜態測試,或 10 分鐘內未完成通電功能測試者,該小題即視為不及格。

   (3) 故障診斷由該站應檢人員代表分別抽籤決定照明(010-1080301-07～09)及電熱(010-1080301-10～16)類電器起始試題編號。依起始試題編號連續三題為試題,再由監評人員依照明、電熱交錯順序排出檢定崗位,依序檢定。

   (4) 電器故障診斷,每台檢定時間 10 分鐘。

   (5) 檢定範圍係由電源到器具間的線路、構造及控制。

   (6) 如判斷設備不正常時,需填寫故障徵狀及故障原因敘述。

6. 注意事項:

   (1) 故障診斷之機器僅做故障診斷及故障原因判斷敘述,應檢人員不可排除故障(若排除者為不及格)。

   (2) 應檢人於故障診斷時,如需通電診斷、拆裝器具、配線或調線時,應事先報備,並於換崗位前恢復進場前之狀態,否則以不及格論。

   (3) 通電中嚴禁插拔各機器上接線端子,以免造成元件損壞及人員受傷。

   (4) 因工作不當而損壞設備者,本站視為不及格外,並應照價賠償。

7. 檢定時,應遵守試場各項規定,並服從監評人員之指導。

(二) 檢定試題

1. 裝配及配線

試題編號	檢定項目	檢定內容
010-1080301-01	日光燈之裝配	依所提供之零件完成裝配，使功能正常。
010-1080301-02	檯燈之裝配	依所提供之零件完成裝配，使功能正常。
010-1080301-03	電鍋之配線	依所提供之組件完成配線，使功能正常。
010-1080301-04	光線自動點滅水銀燈電路之配線	依所提供之組件完成配線，使功能正常。
010-1080301-05	緊急照明燈之裝配	依所提供之零件完成裝配，使功能正常。
010-1080301-06	電熨斗之配線	依所提供之零件完成配線，使功能正常。

2. 照明類電器故障診斷(檢定時，緊急照明燈之實際電路圖由承辦單位提供)

試題編號	檢定項目	故障徵狀 (擇一檢定)	故障原因 (擇一檢定)
010-1080301-07	日光燈之故障診斷	不亮	①燈管不良或燈絲斷。 ②管座不良。 ③安定器不良或斷線。 ④線路斷線。 ⑤配線錯誤。 ⑥插頭不良或電源線斷線。
010-1080301-08	光線自動點滅水銀燈之故障診斷	不亮	①電源線斷線。 ②燈座不良。 ③線路斷線。 ④配線錯誤。 ⑤安定器不良或斷線。 ⑥水銀燈泡不良。 ⑦光線自動點滅器故障。
010-1080301-09	緊急照明燈之故障診斷	(1) 停電時不亮	①開關不良。 ②線路斷線。 ③配線錯誤。 ④燈泡不良。 ⑤蓄電池電壓不夠或沒電。 ⑥電路基板不良。
		(2) 不能充電	①線路斷線。 ②配線錯誤。 ③蓄電池不良。 ④電路基板不良。

3.　電熱類電器故障診斷

試題編號	檢定項目	故障徵狀 (擇一檢定)	故障原因 (擇一檢定)
010-1080301-10	電鍋之故障診斷	(1) 不熱	①電源線斷線。 ②開關不良。 ③線路斷線。 ④配線錯誤。 ⑤電熱線斷路。
		(2) 無法保溫	①保溫開關不良。 ②線路斷線。 ③配線錯誤。 ④保溫電熱線斷路。
		(3) 指示燈指示異常	①指示燈不良。 ②色碼電阻不良。 ③線路斷線。 ④配線錯誤。
		(4) 漏電	①開關之絕緣不良。 ②內部配線碰觸外殼。 ③發熱體與外殼碰觸。
010-1080301-11	電熨斗之故障診斷	(1) 不熱	①電源線斷線。 ②開關不良。 ③線路斷線。 ④配線錯誤。 ⑤電熱線斷路。
		(2) 不能調溫	①溫控開關失靈。
010-1080301-12	電暖器之故障診斷	(1) 不熱	①電源線斷線。 ②開關不良。 ③線路斷線。 ④配線錯誤。 ⑤電熱線斷路。
		(2) 部分不熱	①開關不良。 ②配線脫落或錯接。 ③部分發熱體斷路。
010-1080301-13	電熱快煮壺之故障診斷	不熱	①電源線斷線。 ②開關不良。 ③線路斷線。 ④配線錯誤。 ⑤電熱線斷路。

試題編號	檢定項目	故障徵狀 (擇一檢定)	故障原因 (擇一檢定)
010-1080301-14	烤麵包機之故障診斷	不熱	①電源線斷線。 ②線路斷線。 ③配線錯誤。 ④開關之接點接觸不良。 ⑤電熱線斷路。
010-1080301-15	電烤箱之故障診斷	(1) 不熱	①電源線斷路。 ②開關不良。 ③線路斷線。 ④配線錯誤。 ⑤發熱體斷路。
		(2) 漏電	①配線脫落與外殼碰觸。 ②開關之絕緣不良。 ③發熱體與外殼碰觸。
010-1080301-16	吹風機之故障診斷	(1) 無熱風	①切換開關不良。 ②線路斷線。 ③配線錯誤。 ④電熱線斷路。
		(2) 完全不動作	①電源線斷線。 ②開關不良。 ③線路斷線。 ④配線錯誤。

(三) 檢定參考圖

1. 水銀燈及自動點滅器之接線參考圖

(1) 接線圖

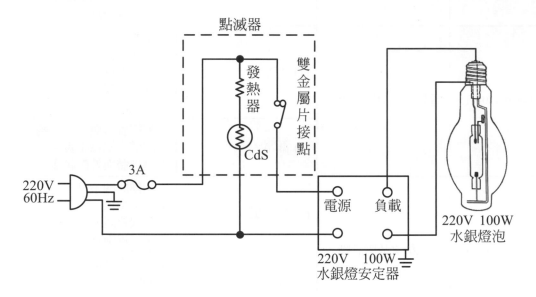

(2) 檢定時之配置接線圖

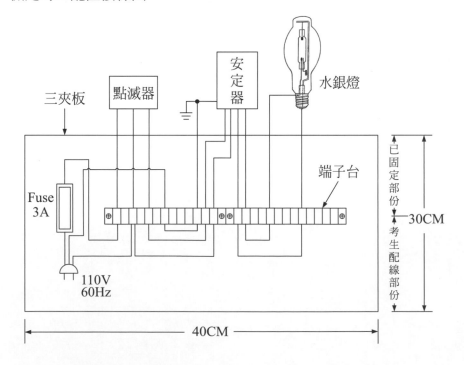

2. 緊急自動照明燈

(1) 參考線路圖

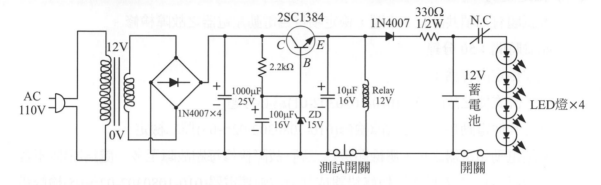

(2) 術科場地實際線路圖

(術科場地申請單位依現場實際器具設備提供)

三、丙級第二站術科檢定試題

(一) 檢定說明

1. 本試題有二項共計有 5 小題，檢定項目為電動類電器之故障檢修。

2. 測驗時間：50 分鐘。

3. 試題檢定內容為：

    (1) 洗衣機之故障檢修(010-1080302-01)為必考題；

    (2) 其他電動類電器之故障檢修(010-1080302-02～05)擇二檢定。

4. 本站電動類電器之每人應檢題數為三題，故障檢修每題故障至多一處為原則(不含接線脫落)，洗衣機故障檢修錯誤或其他電動類電器(010-1080302-02～05)檢修錯誤二題(含)以上者為不及格。燒斷保險絲或損壞設備者，則該站亦視為不及格。

5. 檢定內容說明：

    (1) 其他電動類電器之故障檢修(010-1080302-02～05)。由應檢人員代表抽籤決定起始試題編號。每人為連續題號二題做為檢定崗位。

    (2) 檢定範圍係由電源到器具間的線路、構造及控制。

    (3) 設備不正常時，需填寫故障徵狀及故障原因，並需做實際故障排除。

6. 注意事項：

    (1) 應檢人於故障檢修時，如需通電檢修、拆裝器具、配線或調線時，應事先報備。

    (2) 通電中嚴禁插拔各機器上接線端子，以免造成元件損壞及人員受傷。

    (3) 因工作不當而損壞設備者，本站視為不及格外，並應照價賠償。

7. 檢定時，應遵守試場各項規定，並服從評審人員之指導。

(二) 檢定試題(檢定時，洗衣機之實際電路圖由承辦單位提供)

試題編號	檢定項目	故障徵狀 (擇一檢定)	故障原因 (擇一檢定)
010-1080302-01	洗衣機之故障檢修	(1) 不脫水	①電容器不良 ②線路斷線。 ③配線錯誤。 ④煞車線調整不良。
		(2) 不洗衣	①洗衣皮帶鬆脫。 ②線路斷線 ③配線錯誤。
		(3) 洗衣時漏水	①排水閥有異物。
		(4) 洗衣不反轉	①水流選擇開關不良。 ②主定時開關不良。
		(5) 不排水	①排水閥或引線故障。
		(6) 漏電	①開關之絕緣不良。 ②內部配線碰觸外殼。 ③線路零件金屬部分與外殼碰觸。
010-1080302-02	電扇之故障檢修	(1) 馬達不運轉	①電容器不良。 ②線路斷線。 ③配線錯誤。 ④開關不良。
		(2) 無法變速	①線路斷線。 ②配線錯誤。
		(3) 變速不良	①開關不良。 ②配線錯誤。
010-1080302-03	果汁機之故障檢修	(1) 馬達不運轉	①電刷接觸不良。 ②配線脫落。 ③配線錯誤。 ④開關不良。
		(2) 無法變速	①切換開關不良。 ②線路斷線。
		(3) 攪刀不轉	①上下連軸不良。
010-1080302-04	吸排氣扇之故障檢修	(1) 馬達不運轉	①開關不良。 ②電容器不良。 ③起動線圈斷線。 ④起動線圈短路。 ⑤線路斷線。 ⑥配線錯誤。 ⑦扇葉卡住。 ⑧插頭或插座不良。
		(2)無法反轉	①開關不良。 ②配線錯誤。

試題編號	檢定項目	故障徵狀 (擇一檢定)	故障原因 (擇一檢定)
010-1080302-05	吸塵器之故障檢修	(1) 馬達不運轉	①電刷磨損或接觸不良。 ②捲線盤接點不良。 ③開關不良。 ④線路斷線。 ⑤配線錯誤。
		(2) 吸力不強	①集塵袋滿或吸管阻塞。

(三) 檢定參考圖

1. 雙槽半自動洗衣機

   (1) 參考線路圖

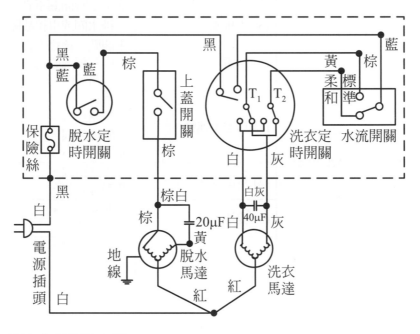

   (2) 術科場地實際線路圖

(術科場地申請單位依現場實際器具設備提供)

四、丙級第三站術科檢定試題

(一) 檢定說明

1. 本試題有二項共計有 3 小題，檢定項目為冷凍空調類電器之故障檢修。

2. 測驗時間：50 分鐘。

3. 試題檢定內容為：

    (1) 電冰箱電路之故障檢修(010-1080303-01)為必考題；

    (2) 窗型冷(暖)氣機及分離式冷氣機之電路故障檢修(010-1080303-02～03)擇一檢定。

4. 本站冷凍空調類電器之每人應檢題數為二題，故障檢修每題故障至多一處為原則(不含接線脫落)，任有一題檢修錯誤者即為不及格。

5. 檢定內容說明：

    (1) 窗型冷(暖)氣機或分離式冷氣機電路故障檢修(010-1080303-02～03)，由應檢人員代表抽籤決定起始試題編號做為檢定崗位。

    (2) 檢定範圍係由電源到器具間的線路、構造及控制。

    (3) 設備不正常時，需填寫故障徵狀及故障原因，並需做實際故障排除。

6. 注意事項：

    (1) 應檢人於故障檢修時，如需通電檢修、拆裝器具、配線或調線時，應事先報備。

    (2) 通電中嚴禁插拔各機器上接線端子，以免造成元件損壞及人員受傷。

    (3) 因工作不當而損壞設備者，本站視為不及格外，並應照價賠償。

7. 檢定時，應遵守試場各項規定，並服從評審人員之指導。

(二) 檢定試題(檢定時，實際電路圖由承辦單位提供)

試題編號	檢定項目	故障徵狀 (擇一檢定)	故障原因 (擇一檢定)
010-1080303-01	電冰箱之電路故障檢修(實體)	(1) 壓縮機不運轉	①電源插頭或保險絲熔斷。 ②線路斷線。 ③配線錯誤。 ④調溫器不良。 ⑤電容器不良或接錯。 ⑥過載保護器不良。 ⑦啓動繼電器不良或接錯。 ⑧壓縮機不良。 ⑨除霜控制器接點未接通或故障。
		(2) 箱內燈不亮	①線路斷線。 ②配線錯誤。 ③門開關不良。 ④燈泡不良。
		(3) 除霜作用不良	①除霜定時器損壞。 ②除霜過熱保護器損壞。 ③除霜終止開關失效。 ④除霜電熱絲不良。 ⑤溫度保險絲斷路。 ⑥除霜電氣線路斷線。 ⑦配線錯誤。
		(4) 漏電	①開關之絕緣不良。 ②內部配線碰觸外殼。 ③線路零件金屬部分與外殼碰觸。
010-1080303-02	窗型冷(暖)氣機之電路故障檢修(實體)	(1) 壓縮機不運轉或啓動不良	①電源插頭或保險絲熔斷。 ②線路斷線。 ③配線錯誤。 ④壓縮機線圈短路或斷路。 ⑤調溫器故障。 ⑥電容器故障。 ⑦選擇開關不良。 ⑧過載保護器故障。
		(2) 風扇馬達運轉不正常	①風扇馬達不良。 ②選擇開關不良。 ③線路斷線。 ④配線錯誤。 ⑤電容器不良。
		(3) 漏電	①開關之絕緣不良。 ②內部配線碰觸外殼。 ③線路零件金屬部分與外殼碰觸。

試題編號	檢定項目	故障徵狀 (擇一檢定)	故障原因 (擇一檢定)
010-1080303-03	分離式冷氣機之電路故障檢修(實體)	(1)完全無法動作	①電源插頭或保險絲熔斷。 ②線路斷線。 ③配線錯誤。 ④遙控器損壞。 ⑤室內與室外通訊線斷線。 ⑥遙控器接收器不良。
		(2) 室內風機不運轉	①室內風扇馬達堵轉。 ②室內風扇馬達線斷。 ③配線錯誤。 ④主機板損壞。 ⑤室內溫度感溫器異常。
		(3) 壓縮機不運轉	①已達設定溫度。 ②壓縮機線斷線。 ③配線錯誤。 ④室內溫度感測元件異常。 ⑤壓縮機停機 3 分鐘待機中。 ⑥壓縮機過載跳脫。 ⑦主機板損壞。
		(4) 室外機風扇不運轉	①室外風扇馬達堵轉。 ②室外風扇馬達線斷。 ③配線錯誤。 ④主機板損壞。 ⑤室外溫度感溫器異常。
		(5) 漏電	①開關之絕緣不良。 ②內部配線碰觸外殼。 ③線路零件金屬部分與外殼碰觸。 ④未接地。

(三) 檢定參考圖

1. 電冰箱線路配線

(1) 參考線路圖

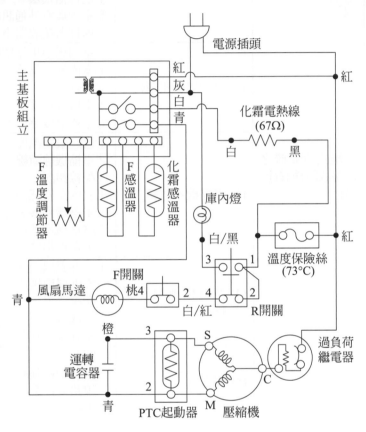

(2) 術科場地實際線路圖

(術科場地申請單位依現場實際器具設備提供)

2. 窗型冷(暖)氣機

(1) 參考線路圖

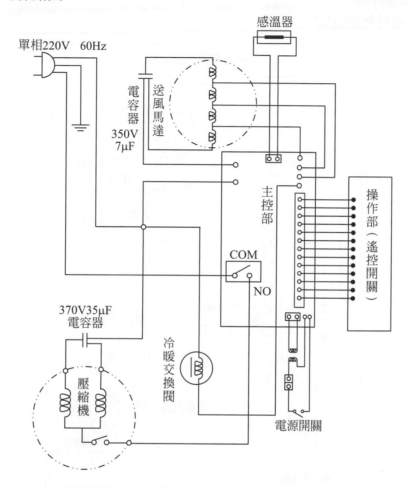

(2) 術科場地實際線路圖

(術科場地申請單位依現場實際器具設備提供)

3. 分離式冷氣機

(1) 參考線路圖

A. 室外機配線圖

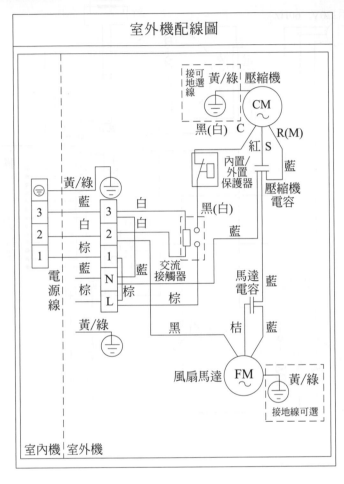

B. 室內機配線圖

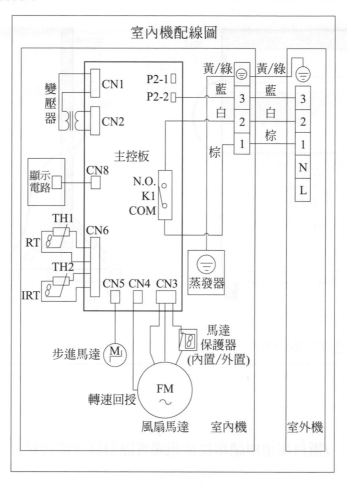

(2) 檢定時之機具配置參考圖

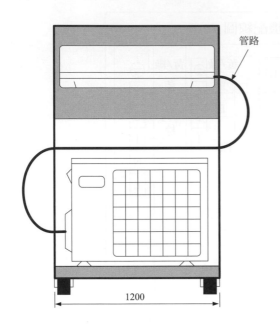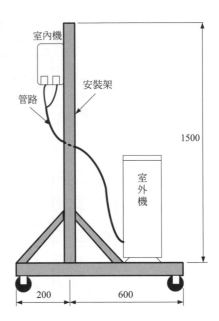

(3) 術科場地實際線路圖

(術科場地申請單位依現場實際器具設備提供)

肆、電器修護丙級技能檢定術科檢定答案卷

電器修護丙級技能檢定術科檢定第一站答案卷

檢定日期：＿＿＿＿年＿＿＿＿月＿＿＿＿日

姓　　　名		檢 定 崗 位	
術科測試編號			

一、裝配或配線	
檢定設備	檢定結果 (本欄由監評人員填寫；完成打「○」，未完成打「×」)
	□完成　　　　　□未完成

二、故障診斷

	檢定設備	故障徵狀	故障原因	檢定結果
1				
2				
3				
4				

檢定結果欄：本欄由監評人員填寫；正確打「○」，錯誤打「×」

評審結果：□及格　　　　□不及格　　　　(及格打「○」，不及格打「×」)

監評人員簽章：＿＿＿＿＿＿＿＿＿＿＿＿＿＿＿＿＿(請勿於測試結束前先行簽名)

電器修護丙級技能檢定術科檢定第二站答案卷

檢定日期：＿＿＿＿年＿＿＿＿月＿＿＿＿日

姓　　　名		檢 定 崗 位	
術科測試編號			

故障檢修

	檢定設備	故障徵狀	故障原因	檢定結果
1	**洗衣機**			
2				
3				

檢定結果欄：本欄由監評人員填寫；正確打「○」，錯誤打「×」

評審結果：□及格　　　　　□不及格　　　　　(及格打「○」，不及格打「×」)

監評人員簽章：＿＿＿＿＿＿＿＿＿＿＿＿＿＿＿＿＿**(請勿於測試結束前先行簽名)**

電器修護丙級技能檢定術科檢定第三站答案卷

檢定日期：＿＿＿＿年＿＿＿＿月＿＿＿＿日

姓　　　名		檢 定 崗 位	
術科測試編號			

故障檢修

	檢定設備	故障徵狀	故障原因	檢定結果
1	**電冰箱**			
2				

檢定結果欄：本欄由監評人員填寫；正確打「○」，錯誤打「×」

評審結果：□及格　　　　　□不及格　　　　　(及格打「○」，不及格打「×」)

監評人員簽章：＿＿＿＿＿＿＿＿＿＿＿＿＿＿＿＿＿**(請勿於測試結束前先行簽名)**

伍、電器修護丙級技能檢定術科檢定答案卷填寫範例

<table>
<tr><td colspan="4" align="center">電器修護丙級技能檢定術科檢定第一站答案卷(填寫範例)</td></tr>
<tr><td colspan="4" align="right">檢定日期：_____年_____月_____日</td></tr>
<tr><td>姓　　名</td><td></td><td>檢 定 崗 位</td><td></td></tr>
<tr><td>術科測試編號</td><td colspan="3"></td></tr>
<tr><td colspan="4" align="center">一、裝配或配線</td></tr>
<tr><td colspan="2" align="center">檢定設備</td><td colspan="2" align="center">檢定結果
(本欄由監評人員填寫；完成打「○」，未完成打「×」)</td></tr>
<tr><td colspan="2" align="center">電鍋</td><td colspan="2" align="center">□完成　　　　□未完成</td></tr>
<tr><td colspan="4" align="center">二、故障診斷</td></tr>
</table>

<table>
<tr><td></td><td>檢定設備</td><td>故障徵狀</td><td>故障原因</td><td>檢定結果</td></tr>
<tr><td>1</td><td>光線自動點滅水銀燈</td><td>不亮</td><td>水銀燈泡不良</td><td></td></tr>
<tr><td>2</td><td>電熨斗</td><td>不能調溫</td><td>溫控開關失靈</td><td></td></tr>
<tr><td>3</td><td>緊急照明燈</td><td>不能充電</td><td>蓄電池不良</td><td></td></tr>
<tr><td>4</td><td>電暖器</td><td>不熱</td><td>配線脫落</td><td></td></tr>
</table>

檢定結果欄：本欄由監評人員填寫；正確打「○」，錯誤打「×」

評審結果：□及格　　　　□不及格　　　　(及格打「○」，不及格打「×」)

監評人員簽章：_____(請勿於測試結束前先行簽名)

電器修護丙級技能檢定術科檢定第二站答案卷(填寫範例)

檢定日期：＿＿＿＿年＿＿＿＿月＿＿＿＿日

姓　　名		檢 定 崗 位	
術科測試編號			

故障檢修

	檢定設備	故障徵狀	故障原因	檢定結果
1	洗衣機	不洗衣	洗衣皮帶鬆脫	
2	果汁機	馬達不運轉	電刷接觸不良	
3	吸排氣扇	馬達不運轉	電容器不良	

檢定結果欄：本欄由監評人員填寫；正確打「○」，錯誤打「×」

評審結果：□及格　　　　　□不及格　　　　　(及格打「○」，不及格打「×」)

監評人員簽章：＿＿＿＿＿＿＿＿＿＿＿＿＿＿＿＿＿＿＿(請勿於測試結束前先行簽名)

電器修護丙級技能檢定術科檢定第三站答案卷(填寫範例)

檢定日期：＿＿＿＿年＿＿＿＿月＿＿＿＿日

姓　　名		檢 定 崗 位	
術科測試編號			

故障檢修

	檢定設備	故障徵狀	故障原因	檢定結果
1	電冰箱	壓縮機不運轉	調溫器不良	
2	分離式冷氣機	完全無法動作	電源線斷線	

檢定結果欄：本欄由監評人員填寫；正確打「○」，錯誤打「×」

評審結果：□及格　　　　　□不及格　　　　　(及格打「○」，不及格打「×」)

監評人員簽章：＿＿＿＿＿＿＿＿＿＿＿＿＿＿＿＿＿＿＿(請勿於測試結束前先行簽名)

陸、電器修護丙級技術士技能檢定術科試題評審表

電器修護丙級技術士技能檢定術科試題第一站評審表

姓　　　名		檢　定　日　期	檢定崗位編　　號	本 站 監 評結 果
術科測試編號		年　　月　　日		□　　及　　格
試 題 編 號				□　不　及　格 (及格者以「○」， 不及格者以「×」 表示。)

監　　　　　　評　　　　　　欄	備　　　　註
一、如有下列事項，請在□打「×」；任何一個「×」，視為不及格。	
1.未能在規定時間內完成： □缺考　□未完成　□中途棄權　(＿＿時＿＿分離場)	
2.□答案卷評審結果不及格　□未繳交答案卷	
3.送電試驗： □燒斷保險絲 □損壞電器零件或設備(請註明)：＿＿＿＿＿＿＿＿	
4.經評審人員判定有具體重大違紀事實： □不遵守考場規則(請註明)：＿＿＿＿＿＿＿＿ □攜帶危險物品(請註明)：＿＿＿＿＿＿＿＿ □其他重大違紀(請註明)：＿＿＿＿＿＿＿＿ □未注意工作時之安全致使自身或他人受傷不能繼續檢定 　(請註明)：＿＿＿＿＿＿＿＿	
二、如有下列事項，請在□打「×」；達三個「×」，視為不及格。	
1.□電線連接處，未按規定剝線或剝線不良。(請註明)：＿＿＿＿＿＿ 2.□電線未按規定連接或應銲接處未銲接。(請註明)：＿＿＿＿＿＿ 3.□配線凌亂(請註明)：＿＿＿＿＿＿＿＿ 4.□零件固定不良(請註明)：＿＿＿＿＿＿＿＿ 5.□儀表使用不當(請註明)：＿＿＿＿＿＿＿＿ 6.□工具使用不當(請註明)：＿＿＿＿＿＿＿＿ 7.□未報備自行送電 8.□工作安全未加顧慮(請註明)：＿＿＿＿＿＿ 9.□檢修完畢未清理現場 10.□服裝儀容不整 11.□不遵守試場各項規定，經監評人員糾正者(請註明)：＿＿＿＿＿＿	
監評人員簽章：	

(請勿於測試結束前先行簽名)

電器修護丙級技術士技能檢定術科試題第二站評審表

姓　　　名		檢　定　日　期		檢定崗位編　　號	本站監評結　　果
術科測試編號		年　　月　　日			□　及　　格 □　不　及　格 (及格者以「○」，不及格者以「×」表示。)
試　題　編　號					

監　　　　　　　評　　　　　　　欄	備　　　　註
一、如有下列事項，請在□打「×」；任何一個「×」，視為不及格。	
1.未能在規定時間內完成： □缺考　□未完成　□中途棄權　(____時____分離場)	
2.□答案卷評審結果不及格　□未繳交答案卷	
3.送電試驗： □燒斷保險絲 □損壞電器零件或設備(請註明)：_____	
4.經評審人員判定有具體重大違紀事實： □不遵守考場規則(請註明)：_____ □攜帶危險物品(請註明)：_____ □其他重大違紀(請註明)：_____ □未注意工作時之安全致使自身或他人受傷不能繼續檢定 　(請註明)：_____	
二、如有下列事項，請在□打「×」；達三個「×」，視為不及格。	
1.□電線連接處，未按規定剝線或剝線不良。(請註明)：_____ 2.□電線未按規定連接或應銲接處未銲接。(請註明)：_____ 3.□配線凌亂(請註明)：_____ 4.□零件固定不良(請註明)：_____ 5.□儀表使用不當(請註明)：_____ 6.□工具使用不當(請註明)：_____ 7.□未報備自行送電 8.□工作安全未加顧慮(請註明)：_____ 9.□檢修完畢未清理現場 10.□服裝儀容不整 11.□不遵守試場各項規定，經監評人員糾正者(請註明)：_____	
監評人員簽章：	

(請勿於測試結束前先行簽名)

電器修護丙級技術士技能檢定術科試題第三站評審表

姓　　　名		檢　定　日　期	檢 定 崗 位 編　　　號	本 站 監 評 結　　　果
術科測試編號		年　　月　　日		□　　及　　格 □　　不　及　格
試 題 編 號				(及格者以「○」， 不及格者以「×」 表示。)

監　　　　　　評　　　　　　欄	備　　　　　　註
一、如有下列事項，請在□打「×」；任何一個「×」，視爲不及格。	
1.未能在規定時間內完成： □缺考　□未完成　□中途棄權　(____時____分離場)	
2.□答案卷評審結果不及格　□未繳交答案卷	
3.送電試驗： □燒斷保險絲 □損壞電器零件或設備(請註明)：_____	
4.經評審人員判定有具體重大違紀事實： □不遵守考場規則(請註明)：_____ □攜帶危險物品(請註明)：_____ □其他重大違紀(請註明)：_____ □未注意工作時之安全致使自身或他人受傷不能繼續檢定 　(請註明)：_____	
二、如有下列事項，請在□打「×」；達三個「×」，視爲不及格。	
1.□電線連接處，未按規定剝線或剝線不良。(請註明)：_____ 2.□電線未按規定連接或應銲接處未銲接。(請註明)：_____ 3.□配線凌亂(請註明)：_____ 4.□零件固定不良(請註明)：_____ 5.□儀表使用不當(請註明)：_____ 6.□工具使用不當(請註明)：_____ 7.□未報備自行送電 8.□工作安全未加顧慮(請註明)：_____ 9.□檢修完畢未清理現場 10.□服裝儀容不整 11.□不遵守試場各項規定，經監評人員糾正者(請註明)：_____	
監評人員簽章：	

(請勿於測試結束前先行簽名)

電器修護丙級技術士技能檢定術科試題評審總表

姓名	術科測試編號	檢定日期	總評結果		及 格
		年　月　日			不及格
					缺　考

各站評審結果	站　　別	及　格	不及格	缺　考	監評人員簽章
	第　一　站				
	第　二　站				
	第　三　站				
監評長簽章：					

(請勿於測試結束前先行簽名)

備註：1. 各站檢定都及格，總評才及格；若其中有一站不及格，則總評為不及格。
2. 及格打「○」
3. 不及格打「×」
4. 缺考打「✓」

柒、電器修護丙級技術士技能檢定術科測試時間配當表

每一檢定場，每日排定測試場次為上、下午各乙場；程序表如下

時間	內容	備註
07：30－08：00	1. 監評前協調會議(含監評檢查機具設備) 2. 應檢人報到完成	
08：00－08：30	1. 測試應注意事項說明 2. 應檢人檢查設備及材料 3. 應檢人抽題及工作崗位 4. 其他事項	
08：30－12：30	第一場測試及進行監評	
12：30－13：00	1. 監評人員休息用膳時間 2. 第二場應檢人報到完成	
13：00－13：30	1. 測試應注意事項說明 2. 應檢人檢查設備及材料 3. 應檢人抽題及工作崗位 4. 其他事項	
13：30－17：30	第二場測試及進行監評	
17：30－18：00	召開檢討會	